中等职业教育规划教材

计算机网络技术与应用

（第 2 版）

武马群　主编

刘　冰　编著

北京工业大学出版社

《中等职业教育规划教材》

编 委 会

主　任：武马群
　　　　（北京市高职中专教育研究会副会长、计算机教学研究会理事长
　　　　中国计算机学会教育专业委员会常委、高职中专教育研究会理事长
　　　　北京信息职业技术学院院长）

副主任：匡　松　　罗光春　　丁文健

编　委：梁庆龙　　张艳珍　　王勇杰　　李自力　　何振林
　　　　　吕峻闽　　缪春池　　郭黎明　　薛　飞　　何　嘉
　　　　　卫　丹　　何　峥　　梁浴文　　林　珣　　何福良
　　　　　刘　金　　蒋义军　　涂　宏　　曾吉贵　　张　力

序

近年来，随着国民经济发展水平的提高和教育改革的不断深入，我国的职业教育发展迅速，进入到了一个新的历史阶段。国家对中等职业教育的改革与发展提出了明确的要求，倡导"以职业能力为本位，以就业为导向"的教育观念，促进中等职业教育更好地满足劳动力市场的需要。

为了适应全面推进素质教育，深化中等职业教育教学改革的需要，提高中等职业学校教学质量，培养"具有综合职业能力强，在生产、服务、技术和管理第一线工作的高素质的劳动者和初中级专门人才"，我们依据教育部制定的《中等职业学校计算机及应用专业教学指导方案》，以及教育部等六部委最新制定的《中等职业学校计算机应用与软件技术专业领域技能型紧缺人才培养指导方案》的精神，组织职教专家和一批优秀教师，结合最新的教学改革研究成果，编写出版了中等职业教育系列规划教材。

本套教材第一版自 2005 年出版以来，较好地满足了学校教学的需要，受到了全国各地师生的好评。在此期间，我们也发现了本套教材存在的一些不足之处和需要完善更新的地方。因此，经过广泛的调研，我们在第一版的基础上对教材进行了修订再版，以期能更好地为教学服务。

本套教材在编写上具有以下特点：

1. 适应中等职业教育课程模块化和综合化改革的需要，本套教材采用模块化结构，运用"任务驱动，案例教学"的方法编写。

2. 联系实际，强化应用。每章前明确学习目标，章末配有习题和上机操作实训，突出实践技能和动手能力的培养。

3. 适应行业技术发展，体现教学内容的先进性和前瞻性。在教材中注意突出本专业领域的新知识、新技术、新软件，尽可能实现专业教学基础性与先进性的统一。

为了方便教师教学，我们免费为使用本套教材的师生提供电子教学参考资料包，包括以下内容：

- ◆ PowerPoint 多媒体课件
- ◆ 习题参考答案
- ◆ 教材中的程序源代码
- ◆ 教材中涉及的实例制作的各类素材

有需要的教师请登录 Http://www.21pcedu.com 免费下载。在教材使用中有什么意见或建议也可以直接和我们联系，电子邮件地址：scqcwh@163.com。

武马群

再版前言

计算机网络无疑是当今世界最激动人心的高新技术之一,它的出现与迅速发展正在改变人们传统的学习、生活和工作方式,并由此使得计算机网络管理成为一种必然要求,计算机网络管理也正成为一种新的职业。许多部门和行业需要大量人员从事计算机网络的管理与维护,以保障网络高效、安全、可靠的运行。

本书是作者根据多年的教学经验编写而成,在编写过程中,作者力求使本书体现以下特点:

(1)注重教材的系统性。包括知识的系统性、内容的连贯性以及语言的逻辑性,力求使本书符合网络知识学习的规律,帮助读者循序渐进地掌握计算机网络知识。

(2)注重教材的先进性。本书力求反映当前网络技术发展的最新成果。

(3)注重教材的实用性。本书力求使读者能将所掌握的计算机网络知识运用于实际中。在内容编排上,除了理论阐述外,又在最后两章中加入了网页制作技术和局域网组建方法,旨在帮助读者掌握和了解计算机网络知识的应用。

本书共分9章。第1章为计算机网络基础,着重介绍了计算机网络的概念、计算机网络的拓扑结构、数据通信基础、网络体系结构及协议等。第2章为局域网与城域网,着重介绍了局域网的概念、局域网的体系结构、局域网的硬件组成、以太网技术、交换局域网及虚拟局域网、令牌环与令牌总线、FDDI及城域网等方面的相关知识。第3章为网络互连和Internet,着重介绍了各种网络互连设备和技术,TCP/IP协议及Internet的基本服务。第4章为网络操作系统,着重介绍了Windows Server 2003的安装与设置。第5章为Internet的使用,着重介绍了Internet接入技术,IE浏览器的使用、电子邮件的收发及文件的下载与上传。第6章为网络管理与网络安全,着重介绍了网络安全与防范技术,Windows Server 2003的安全与配置。第7章为Intranet与电子商务,着重介绍了Intranet的基本概念、安全措施和组建步骤,电子商务的基本概念及其相关的网络与安全技术。第8章为网页制作技术,着重介绍了HTML及FrontPage的使用。第9章为局域网组建实例,介绍了局域网组建的一般原则、局域网设计的步骤、布线方案和布线产品的确定以及服务器和网络操作系统的确定,并给出三个实际案例。

本书既可作为中等职业学校的计算机网络课程教材,也可作为计算机网络管理人员的参考用书。

在编写过程中,作者参考了一些相关的书籍和文献资料。在此,对本书参考书籍的作者表示衷心感谢,若有不妥之处,敬请批评。

限于作者的水平,本书难免有错误或不当之处,恳请专家和读者批评指正。

编 者

目　录

第1章　计算机网络基础 1
1.1　计算机网络概述 1
1.1.1　计算机网络的定义 1
1.1.2　计算机网络的发展阶段 1
1.1.3　计算机网络的功能 2
1.1.4　计算机网络的组成 3
1.1.5　计算机网络的分类 3
1.1.6　计算机网络的应用 6
1.2　计算机网络的拓扑结构 9
1.2.1　拓扑结构与计算机网络拓扑 9
1.2.2　计算机网络拓扑结构的分类及其特点 9
1.3　数据通信基础 12
1.3.1　基本概念 12
1.3.2　信息的传输方式 13
1.3.3　数据通信的工作方式 14
1.3.4　传输介质 15
1.3.5　基带传输与频带传输 19
1.3.6　差错控制技术 20
1.3.7　常用的纠错码 21
1.4　广域网技术基础 23
1.4.1　数据通信网的交换方式 23
1.4.2　多路复用技术 24
1.4.3　ATM 简介 26
1.5　网络协议及体系结构 27
1.5.1　网络协议与体系结构的概念 27
1.5.2　协议的层次化 27
1.5.3　开放系统互连 28
1.5.4　OSI 模型各层特性及基本功能 29
【本章小结】 32
【习题】 32

第2章　局域网与城域网 33
2.1　局域网的概念及其拓扑结构 33
2.1.1　局域网的概念 33

    2.1.2 局域网的拓扑结构 34
  2.2 局域网的体系结构 37
    2.2.1 局域网参考模型 37
    2.2.2 IEEE 802 标准 38
  2.3 局域网的硬件组成 39
    2.3.1 网络服务器 39
    2.3.2 网络工作站 40
    2.3.3 集线器 40
    2.3.4 交换机 42
    2.3.5 网卡 43
  2.4 以太网技术 44
    2.4.1 以太网的介质访问控制方式 45
    2.4.2 10 Mb/s 以太网 46
    2.4.3 快速以太网 48
    2.4.4 千兆以太网 49
    2.4.5 万兆以太网 50
  2.5 交换式局域网与虚拟局域网 52
    2.5.1 交换式局域网 52
    2.5.2 虚拟局域网 53
  2.6 令牌环和令牌总线的工作原理 55
    2.6.1 令牌环的工作原理 55
    2.6.2 令牌总线的工作原理 56
  2.7 光纤分布数据接口（FDDI） 57
    2.7.1 FDDI 的结构和特点 57
    2.7.2 FDDI 的工作原理 57
    2.7.3 FDDI 的网络拓扑结构 58
    2.7.4 FDDI 的应用环境 59
  2.8 局域网结构化布线系统 59
    2.8.1 结构化布线的概念及其特点 59
    2.8.2 结构化布线的构成 60
  2.9 城域网简介 60
  【本章小结】 62
  【习题】 62
第 3 章 网络互连和 Internet 63
  3.1 网络互连的概述 63
    3.1.1 网络互连的概念 63
    3.1.2 网络互连的目的 63
    3.1.3 网络互连的形式 64

3.1.4 网络互连的准则 64
3.2 网络互连的设备 64
　　3.2.1 中继器 64
　　3.2.2 集线器 65
　　3.2.3 路由器 65
　　3.2.4 网桥 67
　　3.2.5 网关 72
3.3 Internet 概述 73
　　3.3.1 Internet 的定义 73
　　3.3.2 Internet 的形成和发展 73
　　3.3.3 Internet 的结构特点 75
　　3.3.4 Internet 在中国的发展 75
3.4 TCP/IP 协议体系和域名系统 77
　　3.4.1 TCP/IP 的分层结构 77
　　3.4.2 IP 协议 81
　　3.4.3 TCP 协议 87
　　3.4.4 域名系统 88
3.5 Internet 提供的基本服务 89
　　3.5.1 电子邮件 89
　　3.5.2 WWW 89
　　3.5.3 文件传输 89
　　3.5.4 远程登录 90
　　3.5.5 其他服务 90
【本章小结】 91
【习题】 91
第 4 章 网络操作系统 92
　4.1 网络操作系统的基本概念 92
　　4.1.1 网络操作系统概述 92
　　4.1.2 局域网操作系统的工作模式 93
　4.2 Windows Server 2003 操作系统的安装与设置 94
　　4.2.1 Windows Server 2003 简介 94
　　4.2.2 Windows Server 2003 的安装 95
　4.3 Windows Server 2003 服务器的配置 98
　　4.3.1 Windows Server 2003 活动目录简介 98
　　4.3.2 Windows Server 2003 活动目录的安装与配置 102
　　4.3.3 网络协议 104
　　4.3.4 DNS 服务器的安装与设置 106
　　4.3.5 DHCP 服务器的安装与设置 111

    4.3.6 Windows Server 2003 的打印服务 114
  4.4 计算机和用户的管理 115
    4.4.1 基本概念 115
    4.4.2 用户账户的管理 117
    4.4.3 组的管理 119
    4.4.4 组织单位的管理 119
【本章小结】 120
【习题】 120

第 5 章 Internet 的使用 121
  5.1 Internet 的接入方法 121
    5.1.1 通过电话拨号接入 121
    5.1.2 通过局域网接入 121
    5.1.3 通过 ISDN 接入 122
    5.1.4 数字用户环路 XDSL 接入 122
    5.1.5 使用 Windows Server 2003 实现共线上网 122
    5.1.6 使用代理服务器软件实现共线上网 123
    5.1.7 其他接入方法 126
  5.2 IE 浏览器的使用 126
    5.2.1 启动 IE 126
    5.2.2 浏览网页 126
    5.2.3 保存网页 128
    5.2.4 使用收藏夹 129
    5.2.5 IE 的设置 129
    5.2.6 搜索信息 130
  5.3 电子邮件的使用 131
    5.3.1 Outlook Express 的功能与界面 131
    5.3.2 设置电子邮件账号 132
    5.3.3 创建和发送电子邮件 134
    5.3.4 接收、转发和回复电子邮件 135
    5.3.5 管理和使用通讯簿 136
  5.4 文件的下载与上传 138
    5.4.1 使用浏览器下载文件 138
    5.4.2 使用 CuteFTP 下载、上传文件 138
    5.4.3 下载软件 FlashGet 的使用 140
【本章小结】 143
【习题】 143

第 6 章 网络管理与网络安全 144
  6.1 网络管理 144

        6.1.1　网络管理的概念 ... 144
        6.1.2　网络管理的内容 ... 145
        6.1.3　网络管理体系结构概念 ... 146
        6.1.4　典型网络管理体系结构 ... 146
    6.2　网络安全 ... 147
        6.2.1　网络安全的概念 ... 147
        6.2.2　Internet 上存在的主要安全隐患 ... 147
        6.2.3　网络安全防范的内容 ... 148
        6.2.4　主要的网络安全技术 ... 148
    6.3　Windows Server 2003 的安全与配置 ... 152
        6.3.1　Windows Server 2003 的安全 ... 152
        6.3.2　Windows Server 2003 的用户安全设置 ... 153
        6.3.3　Windows Server 2003 的密码安全设置 ... 154
        6.3.4　Windows Server 2003 的系统安全设置 ... 155
        6.3.5　Windows Server 2003 的服务安全设置 ... 155
    【本章小结】 ... 156
    【习题】 ... 156
第 7 章　Intranet 与电子商务 ... 157
    7.1　企业内部网 ... 157
        7.1.1　Intranet 的基本概念 ... 157
        7.1.2　Intranet 的特点 ... 158
        7.1.3　Intranet 的网络结构 ... 158
        7.1.4　Intranet 提供的基本功能 ... 159
        7.1.5　Intranet 的安全措施 ... 159
        7.1.6　Intranet 的组建步骤 ... 160
    7.2　电子商务的基本概念 ... 161
        7.2.1　电子商务的概念 ... 161
        7.2.2　电子商务的功能和特点 ... 162
        7.2.3　电子商务的分类 ... 164
        7.2.4　电子商务的基本形式 ... 166
        7.2.5　电子商务的支付方式 ... 167
        7.2.6　电子商务的应用 ... 168
    7.3　电子商务中的网络技术与安全技术 ... 169
        7.3.1　EDI 技术 ... 169
        7.3.2　电子商务中主要的安全要素 ... 173
        7.3.3　电子商务中的安全技术 ... 174
        7.3.4　与电子商务安全有关的协议 ... 177
    【本章小结】 ... 178

【习题】 178

第8章 网页制作技术 179

8.1 网页的基本概念 179
8.1.1 几个基本概念 179
8.1.2 网页制作的工具 179

8.2 HTML语言简介 181
8.2.1 标记语法和文档结构 181
8.2.2 构成网页的基本元素 183
8.2.3 超文本链接指针 186
8.2.4 版面风格控制 189
8.2.5 使用表格 191
8.2.6 使用框架 192

8.3 使用FrontPage制作网页 193
8.3.1 FrontPage 2002简介 193
8.3.2 创建一个简单网页 194
8.3.3 建立站点 195
8.3.4 使用表格 197
8.3.5 框架网页的制作 199
8.3.6 测试与发布站点 199
8.3.7 站点的维护 201

【本章小结】 201
【习题】 201
【实验】 201

第9章 局域网的组建实例 202

9.1 如何组建局域网 202
9.1.1 局域网设计的一般原则 202
9.1.2 局域网设计的步骤 203
9.1.3 布线方案和布线产品的确定 203
9.1.4 服务器和网络操作系统的确定 204
9.1.5 其他 204

9.2 局域网的组建实例 204
9.2.1 Windows环境中对等网的组建 204
9.2.2 网吧的组建 208
9.2.3 办公局域网的组建 209

【本章小结】 215
【习题】 215
【实验】 215

第 1 章　计算机网络基础

【学习目标】

1. 了解计算机网络的概念、功能、组成、分类及其应用。
2. 熟悉掌握计算机网络的拓扑结构。
3. 了解数据通信的有关概念、信息的传输方式、数据通信的工作方式、信息传输所需的传输介质及其相关的差错控制技术等。
4. 理解数据通信网的交换方式及多路复用技术。
5. 理解网络的体系结构及 OSI 模型的各层特性及基本功能。

1.1　计算机网络概述

1.1.1　计算机网络的定义

什么是计算机网络呢？目前理论界对这一概念有多种表述。本书在综合各种表述的基础上给出如下定义：计算机网络即是利用通信设备和线路将地理位置分散、功能独立的多个计算机互连起来，以功能完善的网络软件（即网络通信协议、信息交换方式和网络操作系统等）实现网络中资源共享和信息传递的系统。

1.1.2　计算机网络的发展阶段

自 1946 年世界上第一台数字电子计算机问世后，有将近十年，计算机和通信并没有什么关系。1954 年制造出了终端，人们用这种终端将穿孔卡片上的数据从电话线路上发送到远地的计算机。此后，又有了电传打字机，用户可在远地的电传打字机上键入程序，而计算出来的结果又可以从计算机传送到电传打字机打印出来。计算机与通信的结合就这样开始了。现代的计算机网络技术起始于 20 世纪 60 年代末，当时，美国国防部要求计算机科学家为无限量的计算机通信找到某种途径，使任何一台计算机都无需充当"中枢"。其时，美苏关系紧张，不知将来是否会爆发核大战，而防务战略家认为，一个中枢控制的网络遭到"核攻击"的可能性防不胜防，于是美国国防部于 1969 年出资研究开发 ARPA 网，该网络被设计成可在计算机间提供许多路线（在计算机术语中称为路由）的网络。到 20 世纪 80 年代末，有数百万计算机和数千网络使用 TCP/IP，而且，正是从它们的相互联网开始，现代网络才得以诞生。

计算机网络的发展历史不长，但发展速度很快。在 40 多年的时间里，其演变过程大致可概括为 4 个阶段：

第一阶段：计算机技术与通信技术相结合，形成计算机网络的雏形。其主要特点是：
- 以主机为中心，面向终端。
- 分时访问和使用中央服务器上的信息资源。
- 中央服务器的性能和运算速度决定连接终端用户的数量。

第二阶段：在计算机通信网络的基础上，完成网络体系结构与协议的研究，形成了计算机网络。其主要特点是：
- 以通信子网为中心，实现了"计算机—计算机"的通信。
- ARPANET 的出现，为 Internet 以及网络标准化建设打下了坚实的基础。
- 大批公用数据网的出现。
- 局域网的成功研制。

第三阶段：在解决计算机连网与网络互连标准化问题的背景下，提出开放系统互连参考模型与协议，促进了符合国际标准的计算机网络技术的发展。其主要特点是：
- 网络技术标准化的要求更为迫切。
- 制定出计算机网络体系结构 OSI 参考模型。
- 随着 Internet 的发展，TCP/IP 协议族的广泛应用。
- 局域网的全面发展。

第四阶段：计算机网络向互连、高速、智能化方向发展，并获得广泛的应用。其主要特点是：
- 网络的高速发展。
- 网络在社会生活中的大量应用。
- 网络经济的快速发展。

1.1.3 计算机网络的功能

计算机网络的基本功能可以归纳为以下 5 个方面。

1．资源共享

充分利用计算机资源是组建计算机网络的重要目的之一。资源共享除共享硬件资源外，还包括共享数据和软件资源。

2．数据通信

利用计算机网络可实现各计算机之间快速可靠的互相传送数据，进行信息处理，如传真、电子邮件（E-mail）、电子数据交换（EDI）、电子公告牌（BBS）、远程登录（Telnet）与信息浏览等通信服务。数据通信能力是计算机网络最基本的功能。

3．均衡负载

通过网络可以缓解用户资源缺乏的矛盾，使各种资源得到合理的调整。

4．分布处理

一方面，对于一些大型任务，可以通过网络分散到多个计算机上进行分布式处理，也可以使各地的计算机通过网络资源共同协作，进行联合开发、研究等；另一方面，计算机网络促进了分布式数据处理和分布式数据库的发展。

5．提高计算机的可靠性

计算机网络系统能实现对差错信息的重发，网络中各计算机还可以通过网络成为彼此的后备机，从而增强了系统的可靠性。

1.1.4 计算机网络的组成

计算机网络要完成数据的处理和通信任务，因此其基本组成就必须包括进行数据处理的设备以及承载着数据传输任务的通信设施。

1．网络节点

网络节点又称为网络单元，是指网络系统中的各种数据处理设备、数据通信设备和终端设备。网络节点可以分为3类：端节点、中间节点和混合节点。端节点又称为访问节点或站点，是指计算机资源中的用户设备，如用户主机、用户终端设备等。中间节点是指在计算机网络中起到数据交换作用的连通性设备，如路由器、网关、交换机等设备。混合节点又称为全功能节点，它是既可以作为端节点又可以作为中间节点的设备。

2．网络链路

网络链路承载着节点间的数据传输任务。链路又分为物理链路和逻辑链路。物理链路是在网络节点间用各种传输介质连接起来的物理线路，是实现数据传输的基本设施。网络就是由许多的物理链路串联起来的。逻辑链路则是在物理链路的基础上增加了实现数据传输控制任务的硬件和软件的通道，真正实现数据传输任务仅仅依靠物理链路是无法完成的，必须通过逻辑链路才能实现。

3．资源子网

资源子网由主机、终端和终端控制器组成，其目标是使用户共享网络的各种软、硬件及数据资源，提供网络访问和分布式数据处理功能。早期的计算机系统通常由主机、终端和终端控制器组成。主机的任务是完成数据处理，提供共享资源给用户或其他联网计算机；终端是人与计算机进行交互对话的界面，也可以具备存储能力或信息处理能力；终端控制器则负责终端的链路管理和信息重组任务。现代计算机系统则包括用于工作站节点的客户机和用于网站节点的各种服务器，如浏览服务器、邮件服务器等。

4．通信子网

通信子网由各种传输介质、通信设备和相应的网络协议组成，它为网络提供数据传输、交换和控制能力，实现了联网计算机之间的数据通信功能。我们熟悉的传输介质包括同轴电缆、双绞线、光纤等；通信设备包括集线器、中继器、路由器、调制解调器以及网卡等。不同的网络对数据交换格式有不同的规定，我们对所依据的规则的正式描述就是网络之间的协议。目前在开放系统互联协议中，应用最广、最完全的协议就是著名的TCP/IP，它已被Internet广泛使用。

1.1.5 计算机网络的分类

计算机网络的分类是多种多样的，人们从不同的出发点可以将网络分为很多类型。一般来说，有如下几种分类方法。

1．按网络覆盖的地理范围分类

（1）局域网

局域网是计算机在比较小的范围内由通信线路连接组成的网络，一般限定在较小的区域内，通常采用有线的方式连接起来。

（2）城域网

城域网的规模局限在一座城市的范围内，覆盖的范围从几十公里至数百公里。城域网基本上是局域网的延伸，通常使用与局域网相似的技术，但是在传输介质和布线结构方面牵涉范围比较广。

（3）广域网

覆盖的地理范围非常广，又称远程网，在采用的技术、应用范围和协议标准方面有所不同。

2．按传输介质分类

（1）有线网

采用同轴电缆、双绞线，甚至利用有线电视电缆来连接计算机网络。有线网通过"载波"空间传输信息，需要用导线来实现。

（2）无线网

用空气做传输介质，用电磁波作为载体来传播数据。无线网包括：无线电话、语音广播网、无线电视网、微波通信网、卫星通信网。

3．按网络的拓扑结构分类

（1）星形网络

各站点通过点到点的链路与中心相连。特点是很容易在网络中增加新的站点，数据的安全性和优先级容易控制，易实现网络监控，但一旦中心节点有故障会引起整个网络瘫痪。

（2）总线型网络

网络中所有的站点共享一条数据通道。总线型网络安装简单方便，需要铺设的电线最短，成本低，某个站点的故障一般不会影响整个网络，但介质的故障会导致网络瘫痪。总线网安全性低，监控比较困难，增加新站点也不如星形网络容易。

（3）树形网络

是上述两种网的综合。

（4）环形网络

环形网容易安装和监控，但容量有限，网络建成后，增加新的站点较困难。

（5）网状型网络

网状型网络是以上述各种拓扑网络为基础的综合应用。

4．按通信方式分类

（1）广播式传输网络

广播式传输网络采用单一的、由该网络上的全部主机共享的传输介质，同一时刻只允许一台主机发送数据包，而网络上的任何主机发送的数据包均可被网络上所有其他的主机接收到。在数据包中使用一个地址域来放置接收数据包的主机的地址，网络上其他的主机接收到该数据包时，即检查其地址域；如果是给自己的，则对之进行处理；如果不是给自己的，则不予理睬。

（2）点对点传输网络

点对点传输网络由许多成对互连的主机组成。在这种网络上，同时允许多台主机发送数据包，即网络上可能同时传输来自多个不同源站点和需要传到多个不同目的站点的数据包，而每个从信息源发出的数据包一般要经过一个或多个中间结点才能最终到达接收站点。此外，由于各个数据包从源站点到目的站点可能存在多种长度不同的传输路径，显然，既要确定各数据包传输的先后顺序，又要选择最佳路径，还要保证所传输的数据包正确无误和不丢失等。而确定最佳路线的算法是这种网络传输技术的关键。

一般说来（也有例外）覆盖范围较小的网络（如局域网、城域网等）使用广播传输技术；而覆盖范围较大的网络（如广域网、网络之间互连的网络）使用点对点传输技术。

5. 按网络使用的目的分类

（1）共享资源网

使用者可共享网络中的各种资源，如文件、扫描仪、绘图仪、打印机以及各种服务。internet 网是典型的共享资源网。

（2）数据处理网

用于处理数据的网络，例如科学计算网络、企业经营管理网络。

（3）数据传输网

用来收集、交换、传输数据的网络，如情报检索网络等。

6. 按服务方式分类

（1）客户机/服务器网络

服务器是指专门提供服务的高性能计算机或专用设备，客户机是用户计算机。这是客户机向服务器发出请求并获得服务的一种网络形式，多台客户机可以共享服务器提供的各种资源。这是最常用、最重要的一种网络类型。不仅适合于同类计算机联网，也适合于不同类型的计算机联网，如 PC 机、MAC 机的混合联网。这种网络安全性容易得到保证，计算机的权限、优先级易于控制，监控容易实现，网络管理能够规范化。网络性能在很大程度上取决于服务器的性能和客户机的数量。目前针对这类网络有很多优化性能的服务器称为专用服务器。银行、证券公司都采用这种类型的网络。

（2）对等网

对等网不要求文件服务器，每台客户机都可以与其他每台客户机对话，共享彼此的信息资源和硬件资源，组网的计算机一般类型相同。这种网络方式灵活方便，但是较难实现集中管理与监控，安全性也低，较适合于部门内部协同工作的小型网络。

7. 其他分类方法

如按信息传输模式的特点来分类的 ATM 网，网内数据采用异步传输模式，数据以 53 字节单元进行传输，提供高达 1.2 Gb/s 的传输率，有预测网络延时的能力。可以传输语音、视频等实时信息，是最有发展前途的网络类型之一。

另外还有一些非正规的分类方法：如企业网、校园网，根据名称便可理解。

1.1.6 计算机网络的应用

计算机网络在资源共享和信息交换方面所具有的功能,是其他系统所不能替代的。计算机网络所具有的高可靠性、高性能价格比和易扩充性等优点,使得它在工业、农业、交通运输、邮电通信、文化教育、商业、国防以及科学研究等各个领域、各个行业获得了越来越广泛的应用。计算机网络的应用范围实在太广,下面仅能涉及一些带有普遍意义和典型意义的应用领域。

1. 办公自动化

办公自动化系统,按计算机系统结构来看是一个计算机网络,每个办公室相当于一个工作站。它集计算机技术、数据库、局域网、远距离通信技术以及人工智能、声音、图像、文字处理技术等综合应用技术之大成,是一种全新的信息处理方式。办公自动化系统的核心是通信,其所提供的通信手段主要为数据声音综合服务、可视会议服务和电子邮件服务。

2. 电子数据交换

电子数据交换,是将贸易、运输、保险、银行、海关等行业信息用一种国际公认的标准格式,通过计算机网络通信,实现各企业之间的数据交换,并完成以贸易为中心的业务全过程。EDI 在发达国家应用已很广泛,我国的"金关"工程就是以 EDI 作为通信平台的。

3. 远程交换

远程交换是一种在线服务(Online Serving)系统,原指在工作人员与其办公室之间的计算机通信形式,按通俗的说法即为家庭办公。

一个公司内本部与子公司办公室之间也可通过远程交换系统,实现分布式办公系统。远程交换的作用也不仅仅是工作场地的转移,它大大加强了企业的活力与快速反应能力。近年来各大企业的本部,纷纷采用一种称之为"虚拟办公室"(Virtual Office)的技术,创造出一种全新的商业环境与空间。远程交换技术的发展,对世界的整个经济运作规则产生了巨大的影响。

4. 远程教育

远程教育是一种利用在线服务系统,开展学历或非学历教育的全新的教学模式。远程教育几乎可以提供大学中所有的课程,学员们通过远程教育,同样可得到正规大学从学士到博士的所有学位。这种教育方式,对于已从事工作而仍想完成高学位的人士特别有吸引力。远程教育的基础设施是电子大学网络(EUN,Electronic University Network)。EUN 的主要作用是向学员提供课程软件及主机系统的使用,支持学员完成在线课程,并负责行政管理、协作合同等。这里所指的软件除系统软件之外,包括 CAI 课件,即计算机辅助教学(Computer Aided Instruction)软件。CAI 课件一般采用对话和引导的方式指导学生学习,发现学生错误还具有回溯功能,从本质上解决了学生学习中的困难。

5. 电子银行

电子银行也是一种在线服务系统,是一种由银行提供的基于计算机和计算机网络的新型金融服务系统。电子银行的功能包括:金融交易卡服务、自动存取款作业、销售点自动转账服务、电子汇款与清算等,其核心为金融交易卡服务。金融交易卡的诞生,标志了人类交换方式从物物交换、货币交换到信息交换的又一次飞跃。

围绕金融交易卡服务，产生了自动存取款服务，自动取款机（CD）及自动存取款机（ATM）也应运生。自动取款机与自动存取款机大多采用联网方式工作，现已由原来的一行联网发展到多行联网，形成覆盖整个城市、地区，甚至全国的网络，全球性国际金融网络也正在建设之中。

电子汇款与清算系统可以提供客户转账、银行转账、外币兑换、托收、押汇信用证、行间证券交易、市场查证、借贷通知书、财务报表、资产负债表、资金调拨及清算处理等金融通信服务。由于大型零售商店等消费场所采用了终端收款机（POS），从而使商场内部的资金即时清算成为现实。销售点的电子资金转账是 POS 与银行计算机系统联网而成的。当前电子银行服务又出现了智能卡（IC）。IC 卡内装有微处理器、存储器及输入输出接口，实际上是一台不带电源的微型电子计算机。由于采用 IC 卡，持卡人的安全性和方便性大大提高了。

6. 电子公告板系统

电子公告板是一种发布并交换信息的在线服务系统。BBS 可以使更多的用户通过电话线以简单的终端形式实现互联，从而得到廉价的丰富信息，并为其会员提供进行网上交谈、发布消息、讨论问题、传送文件、学习交流和游戏等的机会和空间。

7. 证券及期货交易

证券及期货交易由于其获利巨大、风险巨大，且行情变化迅速，投资者对信息的依赖显得格外重要。金融业通过在线服务计算机网络提供证券市场分析、预测、金融管理、投资计划等需要大量计算工作的服务，提供在线股票经纪人服务和在线数据库服务（包括最新股价数据库、历史股价数据库、股指数据库以及有关新闻、文章、股评等）。

8. 广播分组交换

广播分组交换实际上是一种无线广播与在线系统结合的特殊服务，该系统使用户在任何地点都可使用在线服务系统。广播分组交换可提供电子邮件、新闻、文件等传送服务，无线广播与在线系统通过调制解调器，再通过电话局可以结合在一起。移动式电话也属于广播系统。

9. 校园网

校园网是在大学校园区内用以完成大中型计算机资源及其他网内资源共享的通信网络。一些发达国家已将校园网确定为信息高速公路的主要分支，校园网的存在与否，是衡量该院校学术水平与管理水平的重要标志，也是提高学校教学、科研水平不可或缺的重要支撑环节。共享资源是校园网最基本的应用，人们通过网络更有效地共享各种软、硬件及信息资源，为众多的科研人员提供一种崭新的合作环境。校园网可以提供异型机联网的公共计算环境、海量的用户文件存储空间、昂贵的打印输出设备、能方便获取的图文并茂的电子图书信息，以及为各级行政人员服务的行政信息管理系统和为一般用户服务的电子邮件系统。

10. 信息高速公路

如同现代高速公路的结构一样，信息高速公路也分为主干、分支及树叶。图像、声音、文字转化为数字信号在光纤主干线上传送，由交换技术再送到电话线或电缆分支线上，最终送到具体的用户"树叶"。主干部分由光纤及其附属设备组成，是信息高速公路的骨架。

我国政府也十分重视信息化事业，为了促进国家经济信息化，提出了"金桥"工程——国家公用经济信息网工程、"金关"工程——外贸专用网工程、"金卡"工程——电子货币工程。这些工程是规模宏大的系统工程，其中的"金桥"工程是国民经济的基础设施，也是其他"金"字系列工程的基础。"金桥"工程包含信息源、信息通道和信息处理三个组成部分，通过卫星网与地面光纤网开发，并利用国家及各部委、大中型企业的信息资源为经济建设服务。"金卡"工程是在金桥网上运行的重要业务系统之一，主要包括电子银行及信用卡等内容。"金关"工程又称为无纸化贸易工程，其主要实现手段为 EDI，它以网络通信和计算机管理系统为支撑，以标准化的电子数据交换替代了传统的纸面贸易文件和单证。其他的一些"金"字系列工程，如"金税"工程、"金智"工程、"金盾"工程等亦在筹划与运作之中。这些重大信息工程的全面实施，在国内外引起了强烈反响，开创了我国信息化建设事业的新纪元。

11. 企业网络

集散系统和计算机集成制造系统是两种典型的企业网络系统。集散系统实质上是一种分散型自动化系统，又称作以微处理机为基础的分散综合自动化系统。集散系统具有分散监控和集中综合管理两方面的特征，而更将"集"字放在首位，更注重于全系统信息的综合管理。上世纪 80 年代以来，集散系统逐渐取代常规仪表，成为工业自动化的主流。工业自动化不仅体现在工业现场，也体现在企业的事务行政管理上。集散系统的发展及工业自动化的需求，导致了一个更庞大、更完善的计算机集成制造系统（CIMS，Computer Integrated Manufacturing System）的诞生。

集散系统一般分为三级：过程级、监控级与管理信息级。集散系统是将分散于现场的以微机为基础的过程监测单元、过程控制单元、图文操作站及主机（上位机）集成在一起的系统。它采用了局域网技术，将多个过程监控、操作站和上位机互连在一起，使通信功能增强，信息传输速度加快，吞吐量加大，为信息的综合管理提供了基础。因为 CIMS 具有提高生产率、缩短生产周期等一系列极具吸引力的优点，所以已经成为未来工厂自动化的方向。

12. 智能大厦和结构化综合布线系统

智能大厦（Intelligent Building）是近十年来新兴的高技术建筑形式，它集计算机技术、通信技术、人类工程学、楼宇控制、楼宇设施管理为一体，使大楼具有高度的适应性（柔性），以适应各种不同环境与不同客户的需要。智能大厦是以信息技术为主要支撑的，这也是其具有"智能"之名称的由来。有人认为具有三 A 的大厦可视为智能大厦。所谓三 A 就是 CA（通信自动化）、OA（办公自动化）和 BA（楼宇自动化）。概括起来，可以认为智能大厦除有传统大厦的功能之外，主要必须具备下列基本构成要素：高舒适的工作环境、高效率的管理信息系统和办公自动化系统、先进的计算机网络和远距离通信网络及楼宇自动化。智能大厦及计算机网络的信息基础设施是结构化综合布线系统（SCS，Structure Cabling System）。在建设计算机网络系统时，布线系统是整个计算机网络系统设计中不可分割的一部分，它关系到日后网络的性能、投资效益、实际使用效果以及日常维护工作。结构化布线系统是指在一个楼宇或楼群中的通信传输网络能连接所有的话音、数字设备，并将它们与交换系统相连，构成一个统一、开放的结构化布线系统。在综合布线系统中，设备的增减、工位的变动，仅需通过跳线简单的插拔即可，不必变动布线本身，从而大大方便了管理、使用和维护。

1.2 计算机网络的拓扑结构

1.2.1 拓扑结构与计算机网络拓扑

对于复杂的网络结构设计,人们引入了拓扑结构的概念。拓扑学是几何学中的一个分支,它是从图论演变过来的。拓扑学首先把实体抽象为与其大小、形状无关的"点",并将连接实体的线路抽象为"线",进而研究点、线、面之间的关系。计算机网络拓扑是通过计算机网络中的各个节点与通信线路之间的几何关系来表示网络结构,并反映出网络中各实体之间的结构关系。

1.2.2 计算机网络拓扑结构的分类及其特点

常见的计算机网络基本拓扑结构有:总线型、星形、环形、树形和网状等。

1. 总线型拓扑结构

总线型拓扑结构采用一个信道作为传输媒体,所有站点都通过相应的硬件接口直接连到这一公共传输媒体上,或称总线上。任何一个站点发送的信号都沿着传输媒体传播,而且能被其他站点接收。总线型拓扑结构如图 1-1 所示。

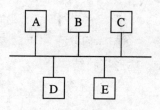

图 1-1　总线型拓扑结构

总线型拓扑结构因为所有站点共享一条公用的传输信道,所以一次只能由一个设备传输信号。通常采用分布式控制策略来决定下一次哪一个站可以发送。发送时,发送站将报文分成分组,然后一个一个依次发送这些分组,有时要与其他站来的分组交替地在媒体上传输。当分组经过各站时,其中的目的站会识别到分组的目的地址,然后拷贝下这些分组的内容。

(1) 总线型拓扑的优点
- 总线结构所需要的电缆数量少。
- 总线结构简单,又是无源工作,有较高可靠性。
- 易于扩充,增加或减少用户比较方便。

(2) 总线型拓扑的缺点
- 系统范围受到限制。同轴电缆的工作长度一般在 2 km 以内,在总线的干线基础上扩展长度时,需使用中继器扩展一个附加段。
- 故障诊断和隔离较困难。因为总线拓扑网络不是集中控制,故障检测需在网上各个节点进行,故障检测不容易。如故障发生在节点,则只需将节点从总线上去掉。如传输媒体故障,则整个这段总线要切断。

2. 星形拓扑结构

星形拓扑是由中央节点和通过点到点通信链路接到中央节点的各个站点组成,如图 1-2 所示。中央节点执行集中式通信控制策略,因此中央节点较复杂,而各个站点的通信处理负

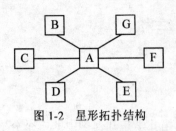

图1-2 星形拓扑结构

担都很小。采用星形拓扑的交换方式有电路交换和报文交换，尤以电路交换更为普遍。现在的数据处理和声音通信的信息网大多采用这种拓扑结构。目前流行的专用交换机（PBX，Private Branch Exchange）就是星形拓扑的典型实例。一旦建立了通道连接，就可以无延迟地在连通的两个站点之间传送数据。

（1）星形拓扑的优点
- 控制简单。在星形网络中，任何一个站点都和中央节点相连接，因而媒体访问控制的方法很简单，致使访问协议也十分简单。
- 容易做到故障诊断和隔离。在星形网络中，中央节点对连接线路可以一条一条地隔离开来进行故障检测和定位。单个连接点的故障只影响一个设备，不会影响全网。
- 方便服务。中央节点可方便地对各个站点提供服务和网络重新配置。

（2）星形拓扑的缺点
- 电缆长度和安装工作量可观。因为每个站点都要和中央节点直接连接，需要耗费大量的电缆。安装、维护的工作量也骤增。
- 中央节点的负担加重，形成瓶颈，一旦出现故障，则全网就会受到影响，因此对中央节点的可靠性和冗余度方面的要求很高。
- 各站点的分布处理能力较少。

3. 环形拓扑结构

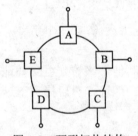

图1-3 环形拓扑结构

环形拓扑由站点和连接站点的链路组成一个闭合环。如图1-3所示。

每个站点能够接收从一条链路传来的数据，并以同样的速度串行地把该数据传送到另一端链路上。这种链路可以是单向的，也可以是双向的。单向的环型网络，数据只能沿一个方向传输，数据以分组形式发送，例如图中A站希望发送一个报文到C站，那么要把报文分成若干个分组，每个分组包括一段数据加上某些控制信息，其中包括C站的地址。A站依次把每个分组送到环上，开始沿环传输，C站识别到带有它自己地址的分组时，将它接收下来。由于多个设备连接在一个环上，因此需要用分布控制形式的功能来进行控制，每个站都有控制发送和接收的访问逻辑。

（1）环形拓扑优点
- 电缆长度短。环形拓扑网络所需的电缆长度和总线拓扑网络相似，但比星形拓扑网络要短得多。
- 增加或减少工作站时，仅需简单地连接。
- 可使用光纤。它的传输速度很高，十分适用于环形拓扑的单向传输。

（2）环形拓扑的缺点
- 节点的故障会引起全网故障，这是因为在环上的数据是通过接在环上的每一个节点传输的，一旦环中某一节点发生故障就会引起全网的故障。
- 检测故障困难，这与总线拓扑相似，因为不是集中控制，故障检测需在网上各个节点进行，故障的检测就不很容易。
- 环形拓扑结构的媒体访问控制协议都采用令牌传递的方式，则在负载很轻时，其等待时间相对来说就比较长。

4．树形拓扑结构

树形拓扑是从总线拓扑演变而来的，形状像一棵倒置的树，顶端是树根，树根以下带分枝，每个分枝还可再带子分枝，如图1-4所示。

这种拓扑结构的站点发送信号时，由根接收该信号，然后再重新广播发送到全网。树形拓扑的优缺点大多和总线拓扑的优缺点相同，但也有一些特殊点。

（1）树形拓扑的优点
- 易于扩展。从本质上讲，这种结构可以延伸出很多分支和子分支，这些新节点和新分支都较容易加入网内。
- 故障隔离较容易。如果某一分支的节点或线路发生故障，很容易将故障分支和整个系统隔离开来。

（2）树形拓扑的缺点

各个节点对根的依赖性太大，如果根发生故障，则全网不能正常工作，从这一点来看，树形拓扑结构的可靠性与星形拓扑结构相似。

5．网状拓扑结构

网状结构的网络，由分布在不同地理位置的计算机经传输介质和通信设备连接而成的。在网状拓扑结构中节点之间的连接是任意的、无规律的。每两个节点之间的通信链路可能有多条，因此，必须使用"路由选择"算法进行路径选择，如图1-5所示。

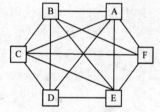

图1-5 网状拓扑结构

网状结构的优点是系统可靠性高，缺点是结构复杂。目前，大型广域网和远程计算机网络大都采用网状拓扑结构。其目的在于，通过邮电部门提供的线路和服务，将若干个不同位置的局域网连接在一起。

6．混合型拓扑结构

将以上两种单一拓扑结构类型混合起来，取两种拓扑结构的优点构成一种混合型拓扑结构。如图1-6所示是星形拓扑和环型拓扑混合成的星形环状拓扑，以及星形拓扑与总线拓扑混合成的星形总线型拓扑。

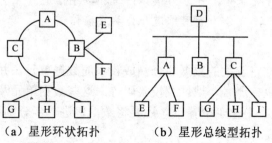

(a) 星形环状拓扑　　(b) 星形总线型拓扑

图1-6 混合型拓扑结构

这种拓扑的配置是由一批接入环中的集线器组成,由集线器再按星形结构连至每个用户站。

(1) 混合型拓扑的优点
- 故障诊断和隔离较为方便。一旦网络发生故障,首先诊断哪一个集线器有故障,然后,将该集线器和全网隔离。
- 易于扩展。如果要扩展用户时,可以加入新的集线器,以后在设计时,在每个集线器留出一些备用的可插入新的站点的连接口。
- 安装方便。网络的主电缆只要连通这些集线器,安装时就不含有电缆管道拥挤的问题。这种安装和传统的电话系统电缆安装很相似。

(2) 混合型拓扑的缺点
- 需要选用带智能的集线器:这是为了实现网络故障自动诊断和故障节点的隔离所必需的。
- 集线器到各个站点的电缆安装会像星形拓扑结构一样,可增加电缆的安装长度。

1.3 数据通信基础

1.3.1 基本概念

1. 数据与信号

网络中传输的二进制代码被称为数据,它是传递信息的载体。数据与信息的区别在于,数据仅涉及事物的表示形式,而信息则涉及到这些数据的内容和解释。

通常,对数据的表示方式分为数字信号和模拟信号两种。从时间域来看,数字信号是一种离散信号,模拟信号是一种连续变化信号。因此,信号是数据在传输过程中的电磁波表示形式。

2. 通信与信道

通信是把信号、消息从一地传送到另一地的过程。如果传送的信号是模拟信号,就称为模拟通信;如果传送的信号是数字信号,就称为数字通信。

"信道"是数据信号传输的必经之路,它一般由传输线路和传输设备组成。"信道"可按不同的方法分类:
- 按传输介质来分,可分为有线信道和无线信道。
- 按传输信号的种类来分,可分为模拟信道和数字信道。
- 按使用权限来分,可分为专用信道和公共交换信道。

3. 数据单元

在数据传输时,通常将较大的数据块分割成较小的数据单元,并在每一段上附加一些信息,这些附加信息通常包括序号、地址及校验码等。这些数据单元及其附加信息一起被称为"数据包"(即数据分组)。在实际传输时,还要将数据包进一步分割成更小的逻辑数据单位,这就是"数据帧"。

4．带宽和信道容量

带宽是指物理信道的频带宽度，即信道允许的最高频率和最低频率之差，单位为 Hz（赫兹）。

信道容量一般是指物理信道上能够传输数据的最大能力。

5．比特率和误码率

比特率是一种数字信号的传输速率，它是指在有效带宽上，单位时间内所传送的二进制代码的有效位数，单位为 bit（位）。比特率用 b/s（比特数/每秒）、kb/s（千比特数/每秒）或 Mb/s（兆比特数/每秒）等单位来表示。

误码率是指二进制码元在数据传输中被传错的概率，也称为"出错率"。

1.3.2 信息的传输方式

1．并行传输与串行传输

并行传输指的是数据以成组的方式，在多条并行信道上同时进行传输。常用的就是将构成一个字符代码的几位二进制码，分别在几个并行信道上进行传输。例如，采用 8 单位代码的字符，可以用 8 个信道并行传输。一次传送一个字符，因此收、发双方不存在字符的同步问题，不需要另加"起"、"止"信号或其他同步信号来实现收、发双方的字符同步，这是并行传输的一个主要优点。但是，并行传输必须有并行信道，这往往带来了设备或实施条件上的限制，因此，实际应用受限。如图 1-7 所示是可同时传送 8 位数据的并行传输。

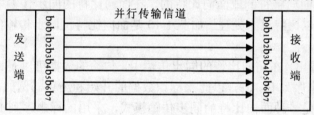

图 1-7　并行传输方式

串行传输指的是数据流以串行方式，在一条信道上传输。在数据通信中，可以按图 1-8 所示的方式，将一个字符的二进制代码由高位到低位顺序排列进行发送，到达对方后，再由通信接收装置将二进制代码还原成字符。这样一个字符接一个字符地串接起来形成串行数据流在一条传输信道上进行传输。这种方式易于实现，是目前主要采用的一种传输方式。但是串行传输存在一个收、发双方如何保持码组或字符同步的问题，这个问题不解决，接收方就不能从接收到的数据流中正确地区分出一个个字符来，因而传输将失去意义。如何解决码组或字符的同步问题，目前有两种不同的办法，即异步传输方式和同步传输方式。

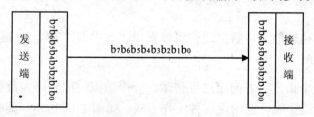

图 1-8　串行传输方式

2. 异步传输与同步传输

异步传输一般以字符为单位，不论所采用的字符代码长度为多少位，在发送每一字符代码时，前面均加上一个"起"信号，其长度规定为1个码元，极性为"0"，即空号的极性；字符代码后面均加上一个"止"信号，其长度为1或2个码元，极性皆为"1"，即与信号极性相同，加上起、止信号的作用就是为了能区分串行传输的"字符"，也就是实现串行传输收、发双方码组或字符的同步。这种传输方式的特点是同步实现简单，收发双方的时钟信号不需要严格同步。缺点是对每一字符都需加入"起"、"止"码元，使传输效率降低，故适用于1200 b/s以下的低速数据传输。图1-9描述了包含7位信息位和1位校验位的异步传输的例子。

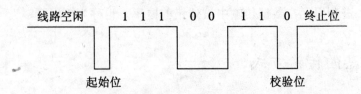

图1-9　包含7位信息位和1位校验位的异步传输

同步传输是以同步的时钟节拍来发送数据信号的，因此在一个串行的数据流中，各信号码元之间的相对位置都是固定的（即同步的）。接收端为了从收到的数据流中正确地区分出一个个信号码元，首先必须建立准确的时钟信号。数据的发送一般以组（或称帧）为单位，一组数据包含多个字符收发之间的码组或帧同步，是通过传输特定的传输控制字符或同步序列来完成的，传输效率较高。

同步传输可以是面向字符的或面向比特的，在面向比特的同步传输中，数据块不是以字符流来处理的，而是以比特流来处理。如图1-10是面向比特位同步传输的帧头和帧尾（标志序列FLAG）的实例。

从图1-10可以看出，在面向比特的同步传输中，传输的数据可以是比特位构成的数据块（帧）。其后加上标志序列FLAG，以此来标识数据的开始和结束。例如，HDLC（High level Data Link Control）是一种面向比特的同步传输模式，采用的标志序列FLAG的比特序列是01111110。为了避免在数据块中出现同样的8个二进制位的排列，发送方通过在发送的6个连续的"1"后插入一个附加的"0"的方法来避免差错。

标志序列 FLAG		标志序列 FLAG
01111110	任意组合的位数据（帧）	01111110

图1-10　面向比特位同步传输的帧头和帧尾（标志序列FLAG）

1.3.3　数据通信的工作方式

根据数据电路的传输能力，数据通信可以有单工、半双工和全双工三种通信方式。

1. 单工通信方式

两地间只能在一个指定的方向上进行传输，一个数据站固定作为数据源，而另一个固定作为数据宿。在二线连接时可能出现这种工作方式。如图1-11所示，其中A端只能作为发射端发送资料，B端只能作为接收端接收资料。为了使双方能单工通信，还需要一根线路用于控制。单工通信的信号传输链路一般由两条线路组成，一条用于传输数据，另一条用于传送控制信号，通常又称为二线制。

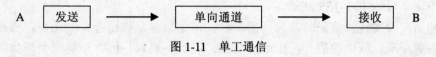

图 1-11　单工通信

2．半双工通信方式

两地间可以在两个方向上进行传输，但两个方向的传输不能同时进行，利用二线电路在两个方向上交替地传输数据信息。由 A 到 B 方向一旦传输结束，为使信息从 B 传送到 A，线路必须倒换方向。这种换向动作是由调制解调器完成的，如图 1-12 所示。

图 1-12　半双工通信

3．全双工通信方式

可以在两个方向上同时进行传输。在四线连接中均采用这种工作方式。在二线连接中，采用某些技术（如回波消除，频带分割）也可以进行双工传输，如图 1-13 所示。

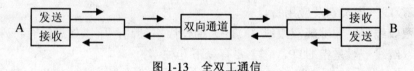

图 1-13　全双工通信

1.3.4　传输介质

传输介质是网络中连接收发双方的物理通路，也是通信中实际传送信息的载体。目前常用的传输介质有：双绞线，同轴电缆，光导纤维和无线信道等。

1．双绞线

（1）双绞线的组成

双绞线是局域网布线中最常用到的一种传输介质，尤其在星形网络拓扑中，双绞线是必不可少的布线材料。双绞线由两根具有绝缘保护层的铜导线组成。把两根绝缘的铜导线按一定密度互相绞在一起，可降低信号干扰的程度，每一根导线在传输中辐射的电波会被另一根线上发出的电波抵消。双绞线一般由两根 22～26 号绝缘铜导线相互缠绕而成，每根铜导线的绝缘层上分别涂有不同的颜色，以示区别。如果把一对或多对双绞线放在一个绝缘套管中便成了双绞线电缆。在双绞线电缆（也称双扭线电缆）内，不同线对具有不同的扭绞长度，一般地说，扭绞长度在 38.1~14 cm 内，按逆时针方向扭绞，相邻线对的扭绞长度在 12.8 cm 以上。与其他传输介质相比，双绞线在传输距离、信道宽度和数据传输速度等方面均受到一定限制，但价格较为低廉。

（2）双绞线的传输特性

虽然双绞线主要是用来传输模拟声音信息的，但同样适用于数字信号的传输，特别适用于较短距离的信息传输。在传输期间，信号的衰减比较大，并且产生波形畸变。采用双绞线的局域网的带宽取决于所用导线的质量、长度及传输技术。只要精心选择和安装双绞线，就可以在有限距离内达到每秒几百万位的可靠传输率。当距离很短，并且采用特殊的电子传输技术时，传输率可达 100~155 Mb/s。

由于利用双绞线传输信息时要向周围辐射，信息很容易被窃听，因此要花费额外的代价加以屏蔽。屏蔽双绞线电缆的外层由铝箔包裹，以减小辐射，但并不能完全消除辐射。

屏蔽双绞线电缆的价格相对较高，安装时要比非屏蔽双绞线电缆困难。类似于同轴电缆，它必须配有支持屏蔽功能的特殊连接器和相应的安装技术。但它有较高的传输速率，100 m 内可达到 155Mb/s。

（3）双绞线的分类

双绞线可分为屏蔽双绞线（STP，Shielded Twisted Pair）和非屏蔽双绞线（UTP，Unshielded Twisted Pair）两大类。

屏蔽双绞线电缆的外面由一层金属材料包裹，以减小辐射，防止信息被窃听，同时具有较高的数据传输速率（5 类 STP 在 100 m 内可达到 155 Mb/s，而 UTP 只能达到 100 Mb/s）。但屏蔽双绞线电缆的价格相对较高，安装时要比非屏蔽双绞线困难，必须使用特殊的连接器，技术要求也比非屏蔽双绞线电缆高。与屏蔽双绞线相比，非屏蔽双绞线电缆外面只需一层绝缘胶皮，因而重量轻、易弯曲、易安装，组网灵活，非常适用于结构化布线，所以在无特殊要求的计算机网络布线中，常使用非屏蔽双绞线电缆。

（4）双绞线不同类别及应用特点

因为在双绞线中，非屏蔽双绞线（UTP）的使用率最高，所以如果没有特殊说明，在应用中所指的双绞线一般是指 UTP，它主要有以下几种：

- 3 类双绞线：指目前在 ANSI 和 EIA/TIA568 标准中指定的双绞线电缆。该双绞线的传输频率为 16 MHz，用于语音传输及最高传输速率为 10 Mb/s 的数据传输，主要用于 10Base-T。目前 3 类双绞线正逐渐从市场上消失，取而代之的是 5 类和超 5 类双绞线。
- 4 类双绞线：该类双绞线电缆的传输频率为 20 MHz，用于语音传输和最高传输速率为 16Mb/s 的数据传输，主要用于基于令牌的局域网和 10Base-T/100Base-T。4 类双绞线在以太网布线中应用很少，以往多用于令牌网的布线，目前市面上基本看不到。
- 5 类双绞线：该类双绞线电缆增加了绕线密度，外套一种高质量的绝缘材料，传输频率为 100 MHz，用于语音传输和最高传输速率为 100 Mb/s 的数据传输，主要用于 100Base-T 和 10Base-T 网络，这是最常用的以太网电缆。5 类双绞线是目前网络布线的主流。
- 超 5 类双绞线：与 5 类双绞线相比，超 5 类双绞线的衰减和串扰更小，可提供更坚实的网络基础，满足大多数应用的需求（尤其支持千兆位以太网 1000Base-T 的布线），给网络的安装和测试带来了便利，成为目前网络应用中较好的解决方案。原标准规定的超 5 类线的传输特性与普通 5 类线的相同，只是超 5 类双绞线的全部 4 对线都能实现全双工通信。超 5 类双绞线主要用于千兆位以太网环境。
- 6 类双绞线：电信工业协会（TIA）和国际标准化组织（ISO）已经着手制定 6 类布线标准。该标准将规定未来布线应达到 200MHz 的带宽，可以传输语音、数据和视频，足以应付未来高速和多媒体网络的需要。

- 7类双绞线：国际标准化组织在 1997 年 9 月曾宣布要制定 7 类双绞线标准，建议带宽为 600 MHz。但到目前为止，有关 7 类双绞的标准还没有正式提出来。

图 1-14 和 1-15 分别为 5 类 25 对非屏蔽双绞线和超 5 类 4 对非屏蔽双绞线。

图 1-14 5 类 25 对非屏蔽双绞线   图 1-15 超 5 类 4 对非屏蔽双绞线

2．同轴电缆

同轴电缆的结构是在一个包有一层绝缘的实心导线外，再套上一层外面也有一层绝缘的空心圆形导线。由于其高带宽（高达 300～400 Hz）、低误码率、性能价格比高，所以用在 LAN 中，同轴电缆的最大传输距离随电缆型号和传输信号的不同而不同，由于易受低频干扰，在使用时多将信号调制在高频载波上。

（1）同轴电缆的结构

同轴电缆是由一根空心的圆柱网状铜导体和一根位于中心轴线位置的铜导线组成的，铜导线、空心圆柱导体和外界之间分别用绝缘材料隔开。具有足够的可柔性，能支持 254 mm（10 英寸）的弯曲半径。中心导体是直径为（2.17±0.013）mm 的实芯铜线。

绝缘材料必须满足同轴电缆电气参数。屏蔽层是由满足传输阻抗和 ECM 规范说明的金属带或薄片组成，屏蔽层的内径为 6.15 mm，外径为 8.28 mm。外部隔离材料一般选用聚氯乙烯（如 PVC）或类似材料。

（2）同轴电缆的传输特性

与双绞线相比，同轴电缆的抗干扰能力强，屏蔽性能好，所以常用于设备与设备之间的连接，或用于总线型网络拓扑中。

在网络中，同轴电缆适合传输速率 10 Mb/s 的数字信号，但具有比双绞线更高的传输带宽。同轴电缆的带宽取决于电缆长度。1 km 的电缆可以达到 1~2 Gb/s 的数据传输速率。还可以使用更长的电缆，但是传输率要降低或使用中间放大器。目前，同轴电缆大量被光纤取代，但仍广泛应用于有线电视和某些局域网。

（3）同轴电缆的类型

有两种广泛使用的同轴电缆。一种是 50Ω 电缆，用于数字传输，由于多用于基带传输，也叫基带同轴电缆。另一种是 75Ω 电缆，用于模拟传输，即宽带同轴电缆。这种区别是由于历史原因造成的，而不是由于技术原因或生产厂家。

使用有限电视电缆进行模拟信号传输的同轴电缆系统被称为宽带同轴电缆。在计算机网络中，"宽带电缆"指任何使用模拟信号进行传输的电缆网。由于宽带网使用标准的有线电视技术，可使用的频带高达 300 MHz（常达到 450 MHz）；由于使用模拟信号，需要在接口处安放一个电子设备，用以把进入网络的比特流转换为模拟信号，并把网络输出的信号再转换成比特流。

宽带系统又分为多个信道，电视广播通常占用 6 MHz 信道。每个信道可用于模拟电视、CD 质量声音（1.4 Mb/s）或 3 Mb/s 的数字比特流。电视和数据可在一条电缆上混合传输。

宽带系统和基带系统的一个主要区别是：宽带系统由于覆盖的区域广，因此，需要模拟放大器周期性地加强信号。这些放大器仅能单向传输信号，因此，如果计算机间有放大器，则报文分组就不能在计算机间逆向传输。为了解决这个问题，人们已经开发了两种类型的宽带系统：双缆系统和单缆系统。

- 双缆系统：双缆系统有两条并排铺设的完全相同的电缆。为了传输数据，计算机通过电缆1将数据传输到电缆根部的设备，即顶端器（head-end），随后顶端器通过电缆2将信号沿电缆往下传输。所有的计算机都通过电缆1发送，通过电缆2接收。
- 单缆系统：另一种方案是在每根电缆上为内、外通信分配不同的频段。低频段用于计算机到顶端器的通信，顶端器收到的信号移到高频段，向计算机广播。在子分段系统中，5~30 MHz频段用于内向通信，40~300 MHz频段用于外向通信。在中分系统中，内向频段是5~116 MHz，而外向频段为168~300 MHz。这一选择是由历史的原因造成的。

宽带系统有很多种使用方式。在一对计算机间可以分配专用的永久性信道；另一些计算机可以通过控制信道，申请建立一个临时信道，然后切换到申请到的信道频率；还可以让所有的计算机共用一条或一组信道。从技术上讲，宽带电缆在发送数字数据上比基带（即单一信道）电缆差，但它的优点是已被广泛安装。

3. 光导纤维

光导纤维即光纤，是一种细小、柔韧并能传输光信号的介质，一根光缆中包含有多条光纤。20世纪80年代初期，光缆开始进入网络布线。与铜质介质相比，光纤具有一些明显的优势。因为光纤不会向外界辐射电子信号，所以使用光纤介质的网络无论是在安全性、可靠性、还是网络性能方面都有了很大的提高。

（1）光纤的通信原理

光纤通信的主要组成部件有光发送机、光接收机和光纤，在进行长距离信息传输时还需要中继器。通信中，由光发送机产生光束，将表示数字代码的电信号转变成光信号，并将光信号导入光纤，光信号在光纤中传播，在另一端由光接收机负责接收光纤上传出的光信号，并进一步将其还原成为发送前的电信号。为了防止长距离传输而引起的光能衰减，在大容量、远距离的光纤通信中，每隔一定的距离需设置一个中继器。在实际应用中，光缆的两端都应安装有光纤收发器，光纤收发器集成了光发送机和光接收机的功能；既负责光的发送也负责光的接收。

（2）光纤的结构

光纤和同轴电缆相似，只是没有网状屏蔽层。中心是光传播的玻璃芯。在多模光纤中，芯的直径是15~50 μm，大致与人的头发粗细相当。而单模光纤芯的直径为8~10 μm。芯外面包围着一层折射率比芯低的玻璃封套，以使光纤保持在芯内。再外面的是一层薄的塑料外套，用来保护封套。光纤通常被扎成束，外面有外壳保护。纤芯通常是由石英玻璃制成的横截面积很小的双层同心圆柱体，它质地脆，易断裂，因此需要外加一个保护层。

陆地上的光纤通常埋在地下1m处。在靠近海岸的地方，越洋光纤外壳被埋在沟里。在深水中，它们处于底部。

（3）光纤通信的特点

与铜质电缆相比较，光纤通信明显具有其他传输介质无法比拟的优点。

- 传输信号的频带宽，通信容量大；信号衰减小，传输距离长；抗干扰能力强，应用范围广。
- 抗化学腐蚀能力强，适用于一些特殊环境下的布线。
- 原材料资源丰富。

当然，光纤也存在着一些缺点：如质地脆，机械强度低；切断和连接中技术要求较高等，这些缺点也限制了目前光纤的普及。

（4）光纤分类

光纤主要分以下两大类：

- 传输点模数类：根据传输点模数的不同，光纤分为单模光纤和多模光纤两种（"模"是指以一定角速度进入光纤的一束光）。单模光纤采用激光二极管 LD 作为光源，而多模光纤采用发光二极管 LED 为光源。多模光纤的芯线粗，传输速率低、距离短，整体的传输性能差，但成本低，一般用于建筑物内或地理位置相邻的环境中。单模光纤的纤芯相应较细，传输频带宽、容量大、传输距离长，但需激光源，成本较高，通常在建筑物之间或地域分散的环境中使用。单模光纤是当前计算机网络中研究和应用的重点。
- 折射率分布类：折射率分布类光纤可分为跳变式光纤和渐变式光纤。跳变式光纤纤芯的折射率和保护层的折射率都是一个常数。

在纤芯和保护层的交界面，折射率呈阶梯型变化。渐变式光纤纤芯的折射率随着半径的增加按一定规律减小，在纤芯与保护层交界处减小为保护层的折射率。纤芯的折射率的变化近似于抛物线。

4. 无线信道

分地面微波接力通信和卫星通信。其主要优点是频率高，频带范围宽，通信信道的容量大；信号所受工业干扰较小，传输质量高，通信比较稳定；不受地理环境的影响，建设投资少、见效快。缺点是地面微波接力通信在空间是直线传播，传输距离受到限制，一般只有 50 km，隐蔽性和保密性较差。卫星通信虽然通信距离远且通信费用与通信距离无关，但传播时延较大，技术较复杂，价格较贵。

1.3.5 基带传输与频带传输

通信网络中的数据传输形式基本上可分为两种：基带传输和频带传输。

1. 基带传输

基带传输是按照数字信号原有的波形（以脉冲形式）在信道上直接传输，它要求信道具有较宽的通频带。基带传输不需要调制解调，设备花费少，适用于较小范围的数据传输。

基带传输时，通常对数字信号进行一定的编码，数据编码常用三种方法：非归零码 NRZ、曼彻斯特编码和差动曼彻斯特编码。后两种编码不含直流分量，包含时钟脉冲，便于双方自同步，因此，得到了广泛的应用。

2. 频带传输

频带传输是一种采用调制、解调技术的传输形式。在发送端，采用调制手段，对数字信号进行某种变换，将代表数据的二进制"1"和"0"，变换成具有一定频带范围的模拟信号，以适应在模拟信道上传输;在接收端,通过解调手段进行相反变换,把模拟的调制信号复原为"1"或"0"。常用的调制方法有:频率调制、振幅调制和相位调制。具有调制、解调功能的装置称为调制解调器,即 Modem。

频带传输较复杂,传送距离较远,若通过市话系统配备 Modem,则传送距离可不受限制。PLC 网一般范围有限,故 PLC 网多采用基带传输。频带传输的基本模型如图 1-16 所示。

图 1-16 频带传输的基本模型

1.3.6 差错控制技术

通常将通过通信信道后接收的数据与发送的数据不一致的现象称为传输差错,通常简称为差错。

差错控制技术是指在进行数据通信时,对所传送信息的正确性进行检测及对传送错误进行处理的技术。数据在传输过程中,差错的产生是不可避免的,为了解决这些差错,出现了许多解决这些差错的技术。常见的差错控制技术有:奇偶校验、循环冗余校验等。

1. 差错的产生原因

差错控制是在数据通信过程中能发现或纠正差错,把差错限制在尽可能小的允许范围内的技术和方法。

信号在物理信道中传输时,线路本身电器特性造成的随机噪声、信号幅度的衰减、频率和相位的畸变,电器信号在线路上产生反射造成的回音效应、相邻线路间的串扰以及各种外界因素(如大气中的闪电、开关的跳火、外界强电流磁场的变化、电源的波动等)都会造成信号的失真。在数据通信中,将会使接受端收到的二进制数位和发送端实际发送的二进制数位不一致,从而造成由"0"变成"1"或由"1"变成"0"的差错。

传输中的差错都是由噪声引起的。噪声有两大类,一类是信道固有的、持续存在的随机热噪声;另一类是由外界特定的短暂原因所造成的冲击噪声。

热噪声引起的差错称为随机差错,所引起的某位码元的差错是孤立的,与前后码元没有关系。它导致的随机错误通常较少。

冲击噪声呈突发状,由其引起的差错称为突发错。冲击噪声幅度可能相当大,无法靠提高幅度来避免冲击噪声造成的差错,它是传输中产生差错的主要原因。冲击噪声虽然持续时间较短,但在一定的数据速率条件下,仍然会影响到一串码元。

2. 差错控制的基本方式

差错控制方式基本上分为两类,一类称为"反馈纠错",另一类称为"前向纠错"。在这两类基础上又派生出一种称为"混合纠错"。

(1)反馈纠错

这种方式是发信端采用某种能发现一定程度传输差错的简单编码方法对所传信息进行编码,加入少量监督码元,在接收端则根据编码规则收到的编码信号进行检查,一旦检测出(发现)有错码时,即向发信端发出询问的信号,要求重发。发信端收到询问信号时,立即重发已发生传输差错的那部分发信息，直到正确收到为止。所谓发现差错是指在若干接收码元中知道有一个或一些是错的，但不一定知道错误的准确位置。

（2）前向纠错

这种方式是发信端采用某种在解码时能纠正一定程度传输差错的较复杂的编码方法，使接收端在收到信码时不仅能发现错码，还能够纠正错码。采用前向纠错方式时，不需要反馈信道，也无需反复重发而延误传输时间，对实时传输有利，但是纠错设备比较复杂。

（3）混合纠错

混合纠错的方式是少量纠错在接收端自动纠正，差错较严重，超出自行纠正能力时，就向发信端发出询问信号，要求重发。因此，"混合纠错"是"前向纠错"和"反馈纠错"两种方式的混合。

对于不同类型的信道，应采用不同的差错控制技术，否则就将事倍功半。

反馈纠错可用于双向数据通信，前向纠错则用于单向数字信号的传输，例如广播数字电视系统，因为这种系统没有反馈通道。

3. 差错控制编码的分类

随着数字通信技术的发展，研究开发了各种误码控制编码方案，各自建立在不同的数学模型基础上，并具有不同的检错与纠错特性，可以从不同的角度对误码控制编码进行分类。

按照误码控制的不同功能，可分为检错码、纠错码和纠删码等。检错码仅具备识别错码功能而无纠正错码功能；纠错码不仅具备识别错码功能，同时具备纠正错码功能；纠删码则不仅具备识别错码和纠正错码的功能，而且当错码超过纠正范围时可把无法纠错的信息删除。

按照误码产生的原因不同，可分为纠正随机错误的码与纠正突发性错误的码。前者主要用于产生独立的局部误码的信道，而后者主要用于产生大面积的连续误码的情况，例如磁带数码记录中磁粉脱落而发生的信息丢失。按照信息码元与附加的监督码元之间的检验关系可分为线性码与非线性码。如果两者呈线性关系，即满足一组线性方程式，就称为线性码；否则，两者关系不能用线性方程式来描述，就称为非线性码。

按照信息码元与监督附加码元之间约束方式的不同，可以分为分组码与卷积码。在分组码中，编码后的码元序列每 n 位分为一组，其中包括 k 位信息码元和 r 位附加监督码元，即 n=k+r，每组的监督码元仅与本组的信息码元有关，而与其他组的信息码元无关。卷积码则不同，虽然编码后码元序列也划分为码组，但每组的监督码元不但与本组的信息码元有关，而且与前面码组的信息码元也有约束关系。

按照信息码元在编码之后是否保持原来的形式不变，又可分为系统码与非系统码。在系统码中，编码后的信息码元序列保持原样不变，而在非系统码中，信息码元会改变其原有的信号序列。由于原有码位发生了变化，使译码电路更为复杂，故较少选用。

根据编码过程中所选用的数字函数式或信息码元特性的不同，又包括多种编码方式。对于某种具体的数字设备，为了提高检错纠错能力，通常同时选用几种误码控制编码方式。

1.3.7 常用的纠错码

目前，常用的纠错码主要有奇偶校验码、循环冗余码和卷积码等。

1. 奇偶校验码

奇偶校验码是一种最常见的纠错码，它分为单向奇偶校验和双向奇偶校验。

（1）单向奇偶校验

单向奇偶校验由于一次只采用单个校验位，因此又称为单个位奇偶校验。发送器在数据帧每个字符的信号位后添一个奇偶校验位，接收器对该奇偶校验位进行检查。典型的例子是面向 ASCII 码的数据信号帧的传输，由于 ASCII 码是七位码，因此用第八个位码作为奇偶校验位。

单向奇偶校验又分为奇校验和偶校验，发送器通过校验位对所传输信号值的校验方法如下：奇校验保证所传输每个字符的 8 个位中 1 的总数为奇数；偶校验则保证每个字符的 8 个位中 1 的总数为偶数。

显然，如果被传输字符的 7 个信号位中同时有奇数个（例如 1、3、5、7）位出现错误，均可以被检测出来；但如果同时有偶数个（例如 2、4、6）位出现错误，单向奇偶校验是检查不出来的。

一般在同步传输方式中常采用奇校验，而在异步传输方式中常采用偶校验。

（2）双向奇偶校验

为了提高奇偶校验的检错能力，可采用双向奇偶校验，也可称为双向冗余校验。

2. CRC 循环冗余校验码

（1）CRC 循环冗余校验的基本原理

发送器和接收器约定选择同一个由 $n+1$ 个位组成的二进制位列 P 作为校验列，发送器在数据帧的 k 个位信号后添加 n 个位（$n<k$）组成的 FCS 帧检验列，以保证新组成的全部信号列值可以被预定的校验二进制位列 P 的值对 2 取模整除；接收器检验所接收到数据信号列值（含有数据信号帧和 FCS 帧检验列）是否能被校验列 P 对 2 取模整除，如果不能，则存在传输错误位。P 被称为 CRC 循环冗余校验列，正确选择 P 可以提高 CRC 冗余校验的能力。（注：对 2 取模的四则运算指参与运算的两个二进制数各位之间凡涉及加减运算时均进行 XOR 异或运算，即：1 XOR 1=0，0 XOR 0=0，1 XOR 0=1）。可以证明，只要数据帧信号列 M 和校验列 P 是确定的，则可以惟一确定 FCS 帧检验列（也称为 CRC 冗余检验值）的各个位。

FCS 帧检验列可由下列方法求得：在 M 后添加 n 个零后对 2 取模整除以 P 所得的余数。

例如要传输的 $M=7$ 位列为 1011101，选定的 P 校验二进制位列为 10101（共有 $n+1=5$ 位），对应的 FCS 帧检验列即为用 1011101 0000（共有 $M+n=7+4=11$ 位）对 2 取模整除以 10101 后的余数 0111（共有 $n=4$ 位）。因此，发送方应发送的全部数据列为 10111010111。接收方将收到的 11 位数据对 2 取模整除以 P 校验二进制位列 10101，如余数非 0，则认为有传输错误位。

（2）CRC 循环冗余校验标准多项式 $P(x)$

为了表示方便，实用时发送器和接收器共同约定选择的校验二进制位列 P 常被表示为具有二进制系数（1 或 0）的 CRC 标准校验多项式 $P(x)$。

常用的 CRC 循环冗余校验标准多项式如下：

CRC（16 位）= $x^{16} + x^{15} + x^2 + 1$

CRC（CCITT）= $x^{16} + x^{12} + x^5 + 1$

CRC（32 位）= $x^{32} + x^{26} + x^{23} + x^{16} + x^{12} + x^{11} + x^{10} + x^8 + x^7 + x^5 + x^4 + x^2 + x + 1$

以 CRC（16 位）多项式为例，其对应校验二进制位列为 1 1000 0000 0000 0101。

这儿列出的标准校验多项式 $P(x)$ 都含有 $(x+1)$ 的多项式因子；各多项式的系数均为二进制数，所涉及的四则运算仍遵循对 2 取模的运算规则。

(3) CRC 循环冗余校验标准多项式 $P(x)$ 的检错能力

CRC 循环冗余校验具有比奇偶校验强得多的检错能力。可以证明，它可以检测出所有的单个位错、几乎所有的双个位错、低于 $P(x)$ 对应二进制校验列位数的所有连续位错、大于或等于 $P(x)$ 对应二进制校验列位数的绝大多数连续位错。

但是，当传输中发生的错误多项式 $E(x)$ 能被校验多项式 $P(x)$ 对 2 取模整除时，它就不可能被 $P(x)$ 探测出来，例如当 $E(x)=P(x)$ 时。

3. 卷积码

卷积码是一种非分组码，通常它更适用于前向纠错法，因为其性能对于许多实际情况常优于分组码，而且设备简单。这种卷积码在它的信码元中也有插入的监督码元，但并不实行分组监督，每一个监督码元都要对前后的信息单元起监督作用，整个编解码过程也是一环扣一环，连锁地进行下去。这种码提出至今还不到三十年，但是近十余年的发展表明，卷积码的纠错能力不亚于甚至优于分组码。

1.4 广域网技术基础

1.4.1 数据通信网的交换方式

对于计算机和终端之间的通信，交换是一个重要的问题。如果我们想使用任何遥远的计算机，若没有交换机，只能采用点对点的通信。为避免建立多条点对点的信道，就必须使计算机和某种形式的交换设备相连。交换又称转接，这种交换通过某些交换中心将数据进行集中和转送，可以大大节省通信线路。在当前的数据通信网中，有三种交换方式，那就是电路交换、报文交换和分组交换。一个通信网的有效性、可靠性和经济性直接受网中所采用的交换方式的影响。

1. 电路交换

在数据通信网发展初期，人们根据电话交换原理，发展了电路交换方式。当用户要发信息时，由源交换机根据信息要到达的目的地址，把线路接到那个目的交换机。这个过程称为线路接续，是由所谓的联络信号经存储转发方式完成的，即根据用户号码或地址（被叫），经中继线传送给被叫交换机并转被叫用户。线路接通后，就形成了一条端对端（用户终端和被叫用户终端之间）的信息通路，在这条通路上双方即可进行通信。通信完毕，由通信双方的某一方，向自己所属的交换机发出拆除线路的要求，交换机收到此信号后就将此线路拆除，以供别的用户呼叫使用。

由于电路交换的接续路径是采用物理连接的，在传输电路接续后，控制电路就与信息传输无关，所以电路交换方式的主要优点是：

- 信息传输延迟小，就给定的接续路由来说，传输延迟是固定不变的。
- 信息编码方法、信息格式以及传输控制程序等都不受限制，即可向用户提供透明的通路。

电路交换的主要缺点是电路接续时间长、线路利用率低，目前电路交换方式的数据通信网是利用现有电话网实现的，所以数据终端的接续控制等信号要与电话网兼容。

2. 报文交换

上世纪60年代和70年代，在数据通信中普遍采用报文交换方式，目前这种技术仍普遍应用在某些领域（如电子信箱等）。为了获得较好的信道利用率，出现了存储——转发的想法，这种交换方式就是报文交换。它的基本原理是用户之间进行数据传输，主叫用户不需要先建立呼叫，而先进入本地交换机存储器，等到连接该交换机的中继线空闲时，再根据确定的路由转发到目的交换机。由于每份报文的头部都含有被寻址用户的完整地址，所以每条路由不是固定分配给某一个用户，而是由多个用户进行统计复用。

报文交换的主要优点是：
- 发送端和接收端在通信时不需要建立一条专用的通路，临时动态选择路径。
- 与电路交换相比，报文交换没有建立线路和拆除线路所需的等待和延时。
- 线路利用率高，多个报文可以分时共享一条线路。
- 报文交换可以根据线路情况选择不同的速度高效地传输数据，这是电路交换所不能的。
- 数据传输的可靠性高，每个节点在存储转发中，都进行差错控制，即检错纠错。

报文交换存在的缺点是在报文交换中，若报文较长，需要较大容量的存储器，若将报文放到外存储器中去时，会造成响应时间过长，增加了网路延迟时间。另一方面报文交换通信线路的使用效率仍不高。

3. 分组交换

分组交换与报文交换都是采用存储分组交换与报文交换都是采用存储转发交换方式，即首先把来自用户的信息文电暂存于存储装置中，并划分为多个一定长度的分组，每个分组前边都加上固定格式的分组标题，用于指明该分组的发端地址、收端地址及分组序号等。

分组交换的主要优点是：
- 分组交换方式具有电路交换方式和报文交换方式的共同优点。
- 以报文分组作为存储转发的单位，分组在各交换节点之间传送比较灵活，交换节点不必等待整个报文的其他分组到齐，一个分组一个分组地转发。这样可以大大压缩节点所需的存储容量，也缩短了网路时延。
- 较短的报文分组比长的报文可大大减少差错的产生，提高了传输的可靠性。

1.4.2 多路复用技术

在数据通信系统或计算机网络系统中，传输媒体的带宽或容量往往超过传输单一信号的需求，为了有效地利用通信线路，希望一个信道同时传输多路信号，这就是所谓的多路复用技术（Multiplexing）。采用多路复用技术能把多个信号组合起来在一条物理信道上进行传输，在远距离传输时可大大节省电缆的安装和维护费用。频分多路复用（FDM，Frequency Division Multiplexing）和时分多路复用（TDM，Time Division Multiplexing）是两种最常用的多路复用技术。

1. 频分多路复用 FDM

在物理信道的可用带宽超过单个原始信号所需带宽情况下，可将该物理信道的总带宽分割成若干个与传输单个信号带宽相同（或略宽）的子信道，每个子信道传输一路信号，这就是频分多路复用。多路原始信号在频分复用前，先要通过频谱搬移技术将各路信号的频谱搬移到物理信道频谱的不同段上，也即是信号的带宽不相互重叠，这可以通过采用不同的载波频率进行调制来实现。频分多路复用 FDM 的一个示例如图 1-17 所示，其中 8 个信号源输入到一个多路复用器中，该多路复用器用不同的频率（$f_1 \sim f_8$）调制每一个信号，每个信号需要一个以它的载波频率为中心的一定带宽的通道。为了防止相互干扰，使用保护带来隔离每一个通道，保护带是一些不使用的频谱区。

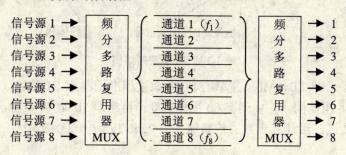

图 1-17　频分多路复用

2. 时分多路复用 TDM

若媒体能达到的位传输速率超过传输数据所需的数据传输速率，则可采用时分多路复用 TDM 技术，也即将一条物理信道按时间分成若干个时间片轮流地分配给多个信号使用。每一时间片由复用的一个信号占用，而不像 FDM 那样，同一时间同时发送多路信号。这样，利用每个信号在时间上的交叉，就可以在一条物理信道上传输多个数字信号。这种交叉可以是位一级的，也可以是由字节组成的块或更大的信息组进行交叉。如图 1-18 中的多路复用器有 8 个输入，每个输入的数据速率假设为 9.616 kb/s，那么一条容量达 76.8 kb/s 的线路就可容纳 8 个信号源。该图描述的时分多路复用四 M 方案，也称同步（Synchronous）时分多路复用 TDM，它的时间片是预先分配好的，而且是固定不变的，因此各种信号源的传输定时是同步的。与此相反，异步时分多路复用 IDM 允许动态地分配传输媒体的时间片。

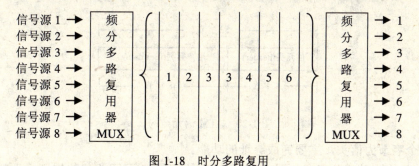

图 1-18　时分多路复用

时分多路复用 TDM 不仅仅局限于传输数字信号，也可以同时交叉传输模拟信号。另外，对于模拟信号，有时可以把时分多路复用和频分多路复用技术结合起来使用。一个传输系统，可以频分成许多条子通道，每条子通道再利用时分多路复用技术来细分。在宽带局域网络中可以使用这种混合技术。

Bell 系统的 T1 载波利用脉码调制（PCM，Pulse Code Modulation）和时分多路复用 TDM 技术，使 24 路采样声音信号复用一个通道，其帧结构如图 1-19 所示。24 路信道各自轮流将编码后的 8 位数字信号组成帧，其中 7 位是编码的数据，第 8 位是控制信号。每帧除了 24×8=192 位之外，另加一位帧同步位。这样，一帧中就包含有 193 位，每一帧用 125μs 时间传送，因此 T1 系统的数据传输速率为 1.544 Mb/s。

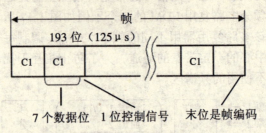

图 1-19 T1 载波帧结构

CCITT 建议了一种 2.048Mb/s 速率的 PCM 载波标准，称为 E1 载波（欧洲标准）。它的每 1 帧开始处有 8b 用作同步，中间有 8b 用作信令，再组织 30 路 8b 数据，全帧含 256b，每 1 帧也用 125μs 传送，可计算出数据传输速率为 256b/125μs=2.048 Mb/s。

1.4.3 ATM 简介

ATM（Asynchronous Transfer Mode）顾名思义就是异步传输模式，就是国际电信联盟 ITU-T 制定的标准，实际上在 20 世纪 80 年代中期，人们就已经开始进行快速分组交换的实验，建立了多种命名不相同的模型，欧洲重在图像通信把相应的技术称为异步时分复用（ATD）美国重在高速数据通信把相应的技术称为快速分组交换（FPS），国际电联经过协调研究，于 1988 年正式命名为 Asynchronous Transfer Mode（ATM）技术，推荐其为宽带综合业务数据网 B-ISDN 的信息传输模式。

ATM 是一种传输模式，在这一模式中，信息被组织成信元，因包含来自某用户信息的各个信元不需要周期性出现，这种传输模式是异步的。

ATM 信元是固定长度的分组，共有 53 个字节，分为两个部分，如图 1-20 所示。

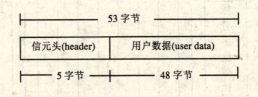

图 1-20 ATM 信元结构

前面 5 个字节为信头，主要完成寻址的功能。

后面的 48 个字节为信息段，用来装载来自不同用户，不同业务的信息。话音、数据、图像等所有的数字信息都要经过切割，封装成统一格式的信元在网中传递，并在接收端恢复成所需格式。

由于 ATM 技术简化了交换过程，去除了不必要的数据校验，采用易于处理的固定信元格式，所以 ATM 交换速率大大高于传统的数据网，如 X.25、DDN、帧中继等。

另外，对于如此高速的数据网，ATM 网络采用了一些有效的业务流量监控机制，对网上用户数据进行实时监控，把网络拥塞发生的可能性降到最小。对不同业务赋予不同的"特权"，如语音的实时性特权最高，一般数据文件传输的正确性特权最高，网络对不同业务分配不同的网络资源，这样不同的业务在网络中才能做到"和平共处"。

1.5 网络协议及体系结构

1.5.1 网络协议与体系结构的概念

1. 网络协议

为了实现异构机、异构网之间的相互通信，产生了网络协议的概念。网络协议是网络通信的语言，是通信的规则和约定。它规定了通信双方相互交换的数据或控制信息的格式、所应给出的响应和所完成的动作以及它们的时间关系。

一个网络协议主要由以下三个要素组成：
①语法，即数据与控制信息的结构或格式。
②语义，即需要发出何种控制信息，完成何种动作以及做出何种应答。
③同步，即实体通信实现顺序的详细说明。

2. 体系结构

计算机网络的体系结构就是为了不同的计算机之间互连和互操作提供相应的规范和标准。首先必须解决数据传输问题，包括数据传输方式、数据传输中的误差与出错、传输网络的资源管理、通信地址以及文件格式等问题。解决这些问题需要互相通信的计算机之间以及计算机与通信网之间进行频繁的协商与调整。这些协商与调整以及信息的发送与接收可以用不同的方法设计与实现。计算机网络体系结构中最重要的框架文件是国际标准化组织制订的计算机网络 7 层开放系统互连标准。其核心内容包含高、中、低三大层，高层面向网络应用，低层面向网络通信的各种物理设备，而中间层则起信息转换、信息交换（或转接）和传输路径选择等作用，即路由选择核心。

计算机网络是一个非常复杂的系统。它综合了当代计算机技术和通信技术，又涉及其他应用领域的知识和技术。由不同厂家的软硬件系统、不同的通信网络以及各种外部辅助设备连接构成网络系统，高速可靠地进行信息共享是计算机网络面临的主要难题，为了解决这个问题，人们必须为网络系统定义一个使不同的计算机、不同的通信系统和不同的应用能够互相连接（互连）和互相操作（互操作）的开放式网络体系结构。互连意味着不同的计算机能够通过通信子网互相连接起来进行数据通信。互操作意味着不同的用户能够在连网的计算机上，用相同的命令或相同的操作使用其他计算机中的资源与信息，如同使用本地的计算机系统中的资源与信息一样。

1.5.2 协议的层次化

大多数的计算机网络都采用层次式结构，即将一个计算机网络分为若干层次，处在高层

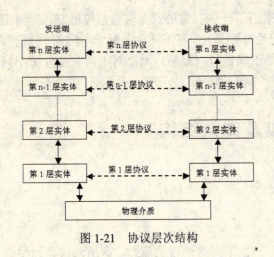

图 1-21 协议层次结构

次的系统仅是利用较低层次的系统提供的接口和功能，不需了解低层实现该功能所采用的算法和协议；较低层次也仅是使用从高层系统传送来的参数，这就是层次间的无关性。因为有了这种无关性，层次间的每个模块可以用一个新的模块取代，只要新的模块与旧的模块具有相同的功能和接口，即使它们使用的算法和协议都不一样。协议的层次结构如图 1-21 所示。

1.5.3 开放系统互连

开放系统互连（Open System Interconnection）基本参考模型是由国际标准化组织（ISO）制定的标准化开放式计算机网络层次结构模型，又称 ISO 的 OSI 参考模型。"开放"这个词表示能使任何两个遵守参考模型和有关标准的系统进行互连。

OSI 包括了体系结构、服务定义和协议规范三级抽象。OSI 的体系结构定义了一个七层模型，用以进行进程间的通信，并作为一个框架来协调各层标准的制定；OSI 的服务定义描述了各层所提供的服务，以及层与层之间的抽象接口和交互用的服务原语；OSI 各层的协议规范精确地定义了应当发送何种控制信息及何种过程来解释该控制信息。

需要强调的是，OSI 参考模型并非具体实现的描述，它只是一个为制定标准机而提供的概念性框架。在 OSI 中，只有各种协议是可以实现的，网络中的设备只有与 OSI 和有关协议相一致时才能互连。

如图 1-22 所示，OSI 七层模型从下到上分别为物理层（Physical Layer）、数据链路层（Data Link Layer）、网络层（Network Layer）、传输层（Transport Layer）、会话层（Session Layer）、表示层（Presentation Layer）和应用层（Application Layer）。

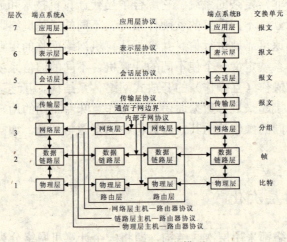

图 1-22 OSI 参考模型

从图中可见，整个开放系统环境由作为信源和信宿的端开放系统及若干中继开放系统通过物理媒体连接构成。这里的端开放系统和中继开放系统，都是国际标准 OSI7498 中使用的术语。通俗地说，它们就相当于资源子网中的主机和通信子网中的节点机（IMP）。只有在主机中才可能需要包含所有七层的功能，而通信子网中的 IMP 一般只需要最低三层甚至只要最低两层的功能就可以了。

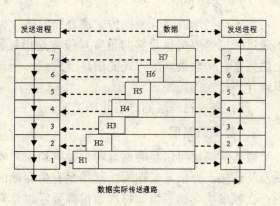

图 1-23 层次结构模型中数据的传送过程

层次结构模型中数据的实际传送过程如图 1-23 所示。图中发送进程送给接收进程和数据，实际上是经过发送方各层从上到下传递到物理媒体；通过物理媒体传输到接收方后，再经过从下到上各层的传递，最后到达接收进程。

在发送方从上到下逐层传递的过程中，每层都要加上适当的控制信息，即图中的 H7、H6、…H1，统称为报头。到最底层成为由"0"或"1"组成的数据比特流，然后再转换为电信号在物理媒体上传输至接收方。接收方在向上传递时过程正好相反，要逐层剥去发送方相应层加上的控制信息。

因接收方的某一层不会收到底下各层的控制信息，而高层的控制信息对于它来说又只是透明的数据，所以它只阅读和去除本层的控制信息，并进行相应的协议操作。发送方和接收方的对等实体看到的信息是相同的，就好像这些信息通过虚通信直接传给了对方一样。

1.5.4 OSI 模型各层特性及基本功能

1. 物理层

物理层是 OSI 的第一层，它虽然处于最底层，却是整个开放系统的基础。物理层为设备之间的数据通信提供传输媒体及互连设备，为数据传输提供可靠的环境。

物理层的媒体包括架空明线、平衡电缆、光纤、无线信道等。通信用的互连设备指 DTE 和 DCE 间的互连设备。DTE 即数据终端设备，又称物理设备，如计算机、终端等都包括在内。而 DCE 则是数据通信设备或电路连接设备，如调制解调器等。数据传输通常是经过 DTE-DCE，再经过 DCE-DTE 的路径。互连设备指将 DTE、DCE 连接起来的装置，如各种插头、插座。LAN 中的各种粗、细同轴电缆、T 型接头、插头、接收器、发送器、中继器等都属物理层的媒体和连接器。

物理层的主要功能是：

（1）为数据端设备提供传送数据的通路

数据通路可以是一个物理媒体，也可以是多个物理媒体连接而成。一次完整的数据传输，包括激活物理连接、传送数据和终止物理连接。所谓激活，就是不管有多少物理媒体参与，都要将通信的两个数据终端设备间连接起来，形成一条通路。

（2）传输数据

物理层要形成适合数据传输需要的实体，为数据传送服务。一是要保证数据能在其上正确通过，二是要提供足够的带宽（带宽是指每秒钟内能通过的比特（Bit）数），以减少信道上的拥塞。传输数据的方式能满足点到点、一点到多点、串行或并行、半双工或全双工、同步或异步传输的需要。

（3）完成物理层的一些管理工作

2．数据链路层

数据链路层可以粗略地理解为数据通道。物理层要为终端设备间的数据通信提供传输介质及其连接。介质是长期的，连接是有生存期的。在连接生存期内，收发两端可以进行不等的一次或多次数据通信。每次通信都要经过建立通信联络和拆除通信联络两个过程。这种建立起来的数据收发关系就叫做数据链路。而在物理媒体上传输的数据难免受到各种不可靠因素的影响而产生差错，为了弥补物理层上的不足，为上层提供无差错的数据传输，就要能对数据进行检错和纠错。数据链路的建立、拆除、数据检错、纠错是数据链路层的基本任务。

链路层是为网络层提供数据传送服务的，这种服务要依靠本层具备的功能来实现。链路层应具备如下功能：

①链路连接的建立、拆除和分离。
②帧定界和帧同步。

链路层的数据传输单元是帧，协议不同，帧的长短和界面也有差别，但无论如何必须对帧进行定界。

③顺序控制，指对帧的收发顺序的控制。
④差错检测和恢复。还有链路标识，流量控制等等。

差错检测多用方阵码校验和循环码校验来检测信道上数据的误码，而帧丢失等用序号检测。各种错误的恢复则常靠反馈重发技术来完成。

独立的链路产品中最常见的当属网卡，网桥也是链路产品。数据链路层将本质上不可靠的传输媒体变成可靠的传输通路提供给网络层。在 IEEE802.3 情况下，数据链路层分成了两个子层，一个是逻辑链路控制，另一个是媒体访问控制。如图 1-24 所示为 IEEE802.3LAN 体系结构。其中：

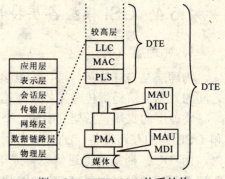

图 1-24　IEEE802.3 体系结构

　　PMA－（Physical Medium Attachment）物理媒体附属装置

　　MAU－（Medium Access Unit）媒体访问单元

　　PLS－（Physical Signaling）物理信令

　　MDI－（Medium Dependent Interface）媒体相关接口

　　LLC－（Logic Link Control）逻辑链路控制

　　MAC－（Medium Access Control）媒体访问控制

　　DTE－（Data terminal equipment）数据终端设备

3. 网络层

网络层的产生也是网络发展的结果。在联机系统和线路交换的环境中，网络层的功能没有太大意义。当数据终端增多时。它们之间有中继设备相连，此时会出现一台终端要求不只是与惟一一台而是能和多台终端通信的情况，这就产生了把任意两台数据终端设备的数据链接起来的问题，也就是路由或者叫寻径。另外，当一条物理信道建立之后，被一对用户使用，往往有许多空闲时间被浪费掉。人们自然会希望让多对用户共用一条链路，为解决这一问题就出现了逻辑信道技术和虚拟电路技术。

网络层为建立网络连接和为上层提供服务，应具备以下主要功能：
①路由选择和中继。
②激活，终止网络连接。
③在一条数据链路上复用多条网络连接，多采取分时复用技术。
④检测与恢复。
⑤排序，流量控制。
⑥服务选择。
⑦网络管理。

4. 传输层

传输层是两台计算机经过网络进行数据通信时，第一个端到端的层次，具有缓冲作用。当网络层服务质量不能满足要求时，它将服务加以提高，以满足高层的要求；当网络层服务质量较好时，它只用很少的工作。传输层还可进行复用，即在一个网络连接上创建多个逻辑连接。传输层也称为运输层。传输层只存在于端开放系统中，是介于低 3 层通信子网系统和高 3 层之间的一层，它是很重要的一层。因为它是源端到目的端对数据传送进行控制从低到高的最后一层。

有一个既存事实，即世界上各种通信子网在性能上存在着很大差异。例如电话交换网，分组交换网，公用数据交换网，局域网等通信子网都可互连，但它们提供的吞吐量，传输速率，数据延迟通信费用各不相同。对于会话层来说，却要求有一性能恒定的界面。传输层就承担了这一功能。它采用分流/合流，复用/介复用技术来调节上述通信子网的差异，使会话层感受不到。

此外传输层还要具备差错恢复，流量控制等功能，以此对会话层屏蔽通信子网在这些方面的细节与差异。传输层面对的数据对象已不是网络地址和主机地址，而是会话层的界面端口。上述功能的最终目的是为会话提供可靠的、无误的数据传输。传输层的服务一般要经历传输连接建立、数据传送和传输连接释放 3 个阶段才算完成一个完整的服务过程。而在数据传送阶段又分为一般数据传送和加速数据传送两种。

5. 会话层

会话层提供的服务是应用建立和维持会话，并能使会话获得同步。会话层使用校验点可使通信会话在通信失效时从校验点继续恢复通信。这种能力对于传送大的文件极为重要。会话层，表示层，应用层构成开放系统的高 3 层，面向应用进程提供分布处理、对话管理、信息表示、检查和恢复与语义上下文有关的传送差错等。为给两个对等会话服务用户建立一个会话连接，应该做如下几项工作：
①将会话地址映射为运输地址。

②数据传输阶段。

③连接释放。

6．表示层

表示层的作用之一是为异种机通信提供一种公共语言，以便能进行互操作。这种类型的服务之所以需要，是因为不同的计算机体系结构使用的数据表示法不同。例如，IBM 主机使用 EBCDIC 编码，而大部分 PC 机使用的是 ASCII 码。在这种情况下，便需要会话层来完成这种转换。通过前面的介绍，可以看出，会话层以下 5 层完成了端到端的数据传送，并且是可靠的、无差错的传送。但是数据传送只是手段而不是目的，最终是要实现对数据的使用。由于各种系统对数据的定义并不完全相同，最易明白的例子是键盘——其上的某些键的含义在许多系统中都有差异。这自然给利用其他系统的数据造成了障碍。表示层和应用层就担负了消除这种障碍的任务。

7．应用层

应用层向应用程序提供服务，这些服务按其向应用程序提供的特性分成组，并称为服务元素。有些可为多种应用程序共同使用，有些则为较少的一类应用程序使用。应用层是开放系统的最高层，是直接为应用进程提供服务的。其作用是在实现多个系统应用进程相互通信的同时，完成一系列业务处理所需的服务。

在 OSI 参考模型中，各层的数据类型是不相同的。应用层、表示层、会话层和传输层的数据是消息，网络层的数据单位是数据包，数据链路层的数据单位是帧，物理层的数据单位则是二进制流。当数据从一层传输到相邻层的时候，支持各功能层协议的软件负责相应的格式转换。

OSI 参考模型定义的标准框架只是一种抽象的分层结构，具体的实现则有赖于各种网络体系的具体标准，它们通常是一组可操作的协议集合，对应于网络分层，不同层次有不同的通信协议。

【本章小结】

本章首先简要介绍了计算机网络的有关概念，包括计算机网络的功能、组成、分类及其应用等，其次介绍了计算机网络的拓扑结构与分类、数据通信、广域网技术等方面的相关知识，最后介绍了计算机网络的体系结构及其协议等。

【习题】

简答题

1. 简述计算机网络的发展阶段。
2. 计算机网络的基本功能有哪些？
3. 计算机网络由哪些部分组成？
4. 简述计算机网络是如何分类的？
5. 简述计算机网络拓扑结构的分类及其特点。
6. 数据的通信方式有哪些？
7. 简述 CRC 循环冗余校验的基本原理。
8. 什么是网络的体系结构？
9. 试述 OSI 模型各层的特性及基本功能。

第 2 章 局域网与城域网

【学习目标】

1. 掌握局域网的概念及其拓扑结构。
2. 熟悉局域网的体系结构。
3. 熟悉局域网的硬件组成。
4. 了解以太网的相关技术。
5. 了解交换局域网与虚拟局域网。
6. 理解令牌环和令牌总线的工作原理。
7. 理解光纤分布数据接口（FDDI）。
8. 熟悉局域网结构化布线的构成。
9. 了解城域网的相关概念。

2.1 局域网的概念及其拓扑结构

2.1.1 局域网的概念

局域网技术是当前计算机网络研究与应用的一个热门话题，也是目前技术发展最快的领域之一。严格定义局域网是比较困难的，但一般认为具有以下三个特点的计算机网络称为局域网：

①覆盖有限的地理范围，适用于有限范围（一间办公室，一幢办公楼等）内计算机的连网需求。

②具有很高的数据传输速率（10～100 Mb/s）、很低的误码率。

③网的所有权和经营权属于一个单位所有。

从技术角度看，决定局域网特性的主要技术要素是：网络拓扑、传输介质及介质访问控制方法。

局域网与广域网的一个重要区别就在于它们所覆盖的地理范围。局域网一般为某个单位独立拥有，范围小、距离短，所以可以铺设专用的传输介质而不必采用公共电话网。从通信机制上它可以采用更为简单的机制，即从广域网的"存储转发"方式改变为"共享介质"方式。因此，在传输介质、介质存取控制方法上形成了自己的特点；在网络拓扑上也采用了简单的总线型、环形及星形结构。

2.1.2 局域网的拓扑结构

一般地来讲,局域网实现的是小范围内的高速数据传输。局域网上连接的经常是价格低廉的微型计算机,因此,局域网不希望耗费时间和金钱在路径选择上。又由于局域网的误码率比广域网低得多,没必要在每一段线路上进行检错,所以局域网常采用广播型的拓扑结构。常见的有:总线型、星形和环形。

1. 总线型拓扑

用一条公共通信线路连接起来的布线方式称为总线型的拓扑结构,如图 2-1 所示:

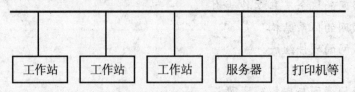

图 2-1 总线型拓扑结构

在总线型拓扑结构中,中央公共的通信线路称为总线。各个计算机通过相应的硬件接口直接连接在总线上。任何一台计算机发出的信息可以沿着向两端传播,并且能被网络上的各个计算机所接受。

(1)总线型的访问方式

由于所有的计算机共享一条传输的数据链路,所以在总线型网络上一次只能有一台计算机发送信息。总线型拓扑结构的访问控制发射一般采用分布控制,常用的是 CSMA/CD 与令牌总线型访问控制方式。

总线型拓扑的扩展(如图 2-2 所示)。

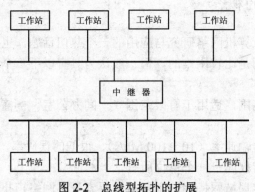

图 2-2 总线型拓扑的扩展

对于总线来说,它具有一定的负责能力,因此长度有一定的限制,因而总线型拓扑结构连接的计算机台数也有一定的限制。为了扩展计算机的台数,需要在网络中添加其他的设备,如中继器等。如图 2-2 所示为总线型拓扑的扩展实例。

(2)总线型的信号发射与终结

在总线型网络中,数据发送到整个网络时,信号将从电缆的一端传到另一端,当信号传递到电路的终端时会发生信号的反射,形成反射信号。这种反射信号是非常有害的,它反射回来后与其他计算机发送的信号相互干扰而导致相互无法被其他计算机识别,从而影响了计算机之间正常的发送和接收,导致网络无法使用。

为了阻止这种反射相互的蔓延,必须有个装置吸收这种干扰信号。有一种称为终端匹配器的器件能够起这种作用,当然其他的器件也可以。电缆的端口可以与计算机相连,可以与其他的电缆连接,也可以与中继器等设备相连,这样,它们都不会产生反射,但是电缆不能有自由的端面,一旦有自由端面,信息就会发生发射导致网络无法正常工作。

(3)总线型网络的特点

总线型拓扑结构的优点是:
- 结构简单灵活。
- 可靠性高。
- 设备少,费用低。
- 安装容易,使用方便。
- 共享资源的能力强,便于广播式工作。
- 在一定程度上扩充容易,在需要增加新计算机的时候,在总线的任何地方加入都可以。

它的缺点是:
- 故障诊断困难。虽然总线拓扑结构简单,可靠性高,但故障的检测却很不容易。因为这种网络不是集中式控制,故障诊断需要在网络的各个计算机上进行。
- 故障隔离比较困难。在这种结构中,如果故障发生在各个计算机内部,这只需要将计算机从总线上去掉,比较容易实现。但是如果介质发生故障,则故障隔离就比较困难。
- 所有的计算机都在一条总线上,发送信息时比较容易发生冲突,故这种结构的网络实时性不强。
- 总线长度有个限制,如果要继续扩展,需要添加其他设备,比较麻烦。

2. 星形拓扑结构

星形拓扑结构是以中央节点与各个计算机连接组成的,各个计算机与中央节点是一种点到点的连接,如图2-3所示。

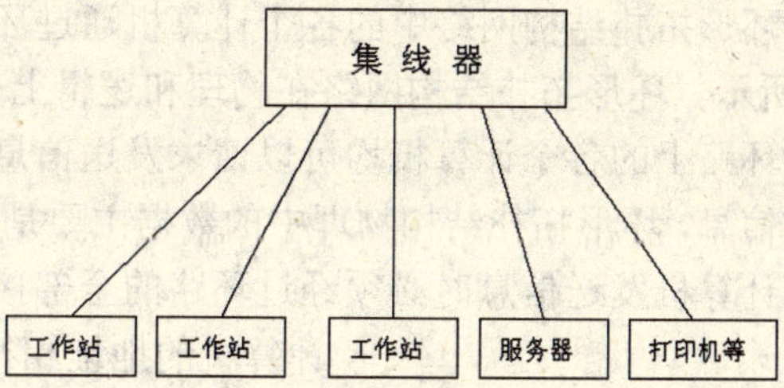

星形网络中每台计算机都与中央节点相连,如果计算机需要发送数据或需要与其他计算机通信时,首先必须向中央节点发送一个请求,以便和需要对话的计算机建立连接,一旦连接建立后,两台计算机就像是用专用线连接的一样,可以点对点的实现通信。

图2-3 星形拓扑结构

(1)星形拓扑结构网络的访问控制

在星形拓扑网络的访问控制中,任何一台计算机都与中央节点相连,因此一般采用集中式的管理。每一个连接涉及到中央节点和一台计算机,这样,访问的协议很简单,也很容易实现。

(2)星形拓扑的中央节点——集线器

星形拓扑网络的中央节点执行集中式的通信控制策略,它接受各个分散计算机的信息,其负担的任务不小,而且它必须具有中继交换和数据处理的能力,因此,中央节点相当复杂而且非常重要。它是星形拓扑网络的传输核心，它的故障会使整个网络无法工作。

星形拓扑网络的中央节点是一个现在已基本成为标准设备的集线器（HUB），集线器可以分为三种：

- 能动式 HUB：除了起连接作用外，还可以对数据进行放大和传输，具有中继器的作用。
- 被动式 HUB：只能起连接的作用，不能对数据进行放大或者重新生成。
- 高级 HUB：它可以连接多种型号的电缆，使用这种 HUB，比较容易扩充，它可以与其他的 HUB 相连。

（3）星形拓扑结构网络的特点

星形拓扑结构网络的优点：

- 网络的结构简单，便于管理。
- 网络的控制容易，组网简单。
- 每个节点只连接一个设备，连接的故障不会影响整个网络。
- 集中控制，故障的检测和隔离方便。
- 网络的延迟时间短，传输的错码比较低。

星形拓扑结构网络的缺点：

- 中央节点的工作负担重，工作复杂，如果中央节点发生问题，整个网络都瘫痪，因此对中央节点的可靠型要求很高。
- 费用比较高，每个计算机直接与中央节点相连，需要大量的电缆，由此引起一系列的问题，如：维护、安装。
- 扩展困难：每增加一台计算机，除了电缆外，还需要增加中央节点的接口。
- 各个计算机点对点连接，共享数据的能力差。
- 通信电缆是专用的，利用率不高。

3. 环形拓扑结构

环形拓扑结构网络中的各个计算机通过环接口连接在一个闭合的环形通信线路中，如图 2-4 所示。环形拓扑结构网络在物理和逻辑上是一个环。

环路上的各个计算机均可以请求发送信息，请求一旦被批准，计算机就可以向环路发送数据信息，环形拓扑结构物理中的数据主要是单向传输。环路上的传输线是各个计算机公用，一台计算机发送信息时必须经过环路的全部接口。只有当传送信息的目标地址与环路上某台计算机的地址相符合时，才被该计算机的环接口所接受，否则，信息传至下一个计算机的环接口。

（1）环形拓扑网络的访问控制

环形网络的访问控制一般是分散式的管理，在物理上，环形网络本身就是一个环，因此它适合采用令牌环访问控制方法。有时也有集中式管理，这时，有台设备专门来管理控制。

（2）环形拓扑网络的环接口

环形网络中的各个计算机发送信息时都必须经过环路的全部环接口，如果一个环接口有程序故障，整个网络 就会瘫痪，所以对环接口的要求比较高。

为了提高可靠性，当一个接口出现故障时，采用环旁通的办法。

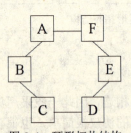

图 2-4 环形拓扑结构

（3）环形拓扑网络的特点

环形拓扑网络的优点：
- 信息在环形网络中的流动是沿一个特定的方向，每两个计算机之间只有一个通路，简化了路径的选择。
- 电缆长度短：在环形网络中所需的电缆总长度与总线型网络相当。
- 网络的实时性好。
- 环形网络非常适合于光纤。由于光纤的传输速度快，而且可以避免同轴电缆的电磁干扰的问题。

环形拓扑网络的缺点：
- 对环接口的要求高。如果一个环接口出现故障，整个网络就会瘫痪。
- 故障的诊断困难。因为某一节点故障会引起整个网络的故障，所以出现故障时需要对每个节点进行检测。
- 网络扩展困难。
- 网络的接点多，影响网络的传输速度。

2.2 局域网的体系结构

2.2.1 局域网参考模型

局域网是一个通信网，只涉及到相当于 OSI/RM 通信子网的功能。由于内部大多采用共享信道的技术，所以局域网通常不单独设立网络层。局域网的高层功能由具体的局域网操作系统来实现。

IEEE 802 标准的局域网参考模型与 OSI/RM 的对应关系如图 2-5 所示，该模型包括了 OSI/RM 最低两层（物理层和链路层）的功能，也包括网间互连的高层功能和管理功能。从图中可见，OSI/RM 的数据链路层功能，在局域网参考模型中被分成媒体访问控制（MAC，Medium Access Control）和逻辑链路控制（LLC，Logical Link Control）两个子层。

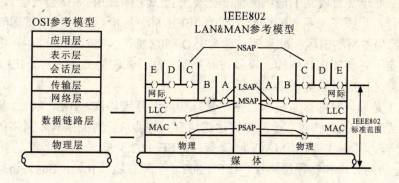

图 2-5 局域网参考模型与 OSI/RM 的对应关系

在 OSI/RM 中，物理层、数据链路层和网络层使计算机网络具有报文分组转接的功能。对于局域网来说，物理层是必需的，它负责体现机械、电气和过程方面的特性，以建立、维持和拆除物理链路。数据链路层也是必需的，它负责把不可靠的传输信道转换成可靠的传输信道，传送带有校验的数据帧，采用差错控制和帧确认技术。

但是，局域网中的多个设备一般共享公共传输媒体，在设备之间传输数据时，首先要解决由哪些设备占有媒体的问题。所以局域网的数据链路层必须设置媒体访问控制功能。由于局域网采用的媒体有多种，对应的媒体访问控制方法也有多种。为了使数据帧的传送独立于所采用的物理媒体和媒体访问控制方法，IEEE 802 标准特意把 LLC 独立出来，形成一个单独子层，使用权 LLC 子层与媒体无关，仅让 MAC 子层依赖于物理媒体和媒体访问控制方法。

由于穿越局域网的链路只有一条，不需要设立路由器选择和流量控制功能，如网络层中的分级寻址、排序、流量控制、差错控制功能都可以放在数据链路层中实现。因此，局域网中可以不单独设置网络层。当局限于一个局域网时，物理层和链路层就能完成报文分组转接的功能。但当涉及网络互连时，报文分组就必须经过多条链路才能到达目的地，此时就必须专门设置一个层次来完成网络层的功能，在 IEEE 802 标准中这一层被称为网际层。

在参考模型中，每个实体和另一个系统和同等实体按协议进行通信；而一个系统中上下层之间的通信，则通过接口进行，并用服务访问点（SAP，Server Access Point）来定义接口。为了对多个高层实体提供支持，在 LLC 层的顶部有多个 LLC 服务访问点（LSAP），为图中的实体 A 和 B 提供接口端；在网际层的顶部有多个网间服务访问点（NSAP），为实体 C、D 和 E 提供接口端；媒体访问控制服务访问点（MSAP），向 LLC 实体提供单个接口端。

LLC 子层中规定了无确认无连接、有确认无连接和面向连接三种类型的链路服务。无确认无连接服务是一种数据报服务，信息帧在 LLC 实体间交换时，无需在同等层实体间事先建立逻辑链路。除了对这种 LLC 帧进行确认外，其他类似于无确认无连接服务。面向连接服务提供访问点之间的虚电路服务，在任何住处帧交换前，一对 LLC 实体之间必须建立逻辑路，在数据传送过程中，信息帧依次发送，并提供差错恢复和流量控制功能。

MAC 子层在支持 LLC 层完成毁灭体访问控制功能时，可以提供多个可供选择的毁灭体访问控制方式。使用 MSAP 支持 LLC 子层，MAC 子层实现帧的寻址和识别。MAC 到 MAC 的操作通过同等层协议来进行，MAC 还产生帧检验序列和完成帧检验等功能。

2.2.2 IEEE 802 标准

IEEE 在 1980 年 2 月成立了局域网标准化委员会（简称 IEEE 802 委员会），专门从事局域网的协议制订，形成了一系列的标准，称为 IEEE 802 标准。该标准已被国际标准化组织 ISO 采纳，作为局域网的国际标准系列，称为 ISO 8802 标准。在这些标准中，根据局域网的多种类型，规定了各自的拓扑结构、媒体访问控制方法、帧和格式等内容。IEEE 802 标准系列中各个子标准之间的关系如图 2-6 所示。

IEEE 802.1 是局域网的体系结构、网络管理和网际互连协议。IEEE 802.2 集中了数据链路层中与媒体无亲的 LLC 协议。涉及与媒体访问有关的协议，则根据具体网络的媒体访问控制访问分别处理。其中主要的 MAC 协议有：IEEE 802.3 载波监听多路访问/冲突检测（CSMA/CD）访问方法和物理层协议、IEEE 802.4 令牌总线（Token Bus）访问方法和物理层的协议、IEEE 802.5 令牌环（Token Ring）访问方法和物理层协议，IEEE 802.6 关于城域网的分布式双列总线（DQDB，Distributed Queue Dual Bus）的标准等。

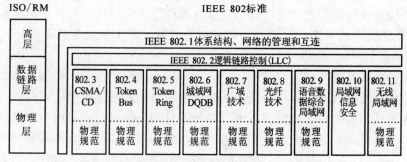

图 2-6 IEEE 802 标准系列

IEEE 802 标准定义了 LLC 子层和 MAC 子层的帧格式。数据传输过程中，LLC 子层将高层递交的报文分组作为 LLC 的信息字段，再加上 LLC 子层目的服务访问点（DSAP）、源服务访问点（SSAP）及相应的控制信息以构成 LLC 帧。LLC 帧格式及其控制字段定义如图 2-7 所示。

LLC 的链路只有异步平衡方式（ABM），也即节点均为组合站，它们既可作为主站发送命令，也可作为从站响应命令。IEEE 802.2 标准定义的 LLC 帧格式与 HDLC 的帧格式有点类似，其控制字段的格式和功能完全效仿 HDLC 的平衡方式制定。LLC 帧也分为信息帧、监控帧和无编号帧三类。信息帧主要用于信息数据传输，监控帧主要用于流量控制，无编号帧用于 LLC 子层传输控制信号以对逻辑链路进行建立与释放。LLC 帧的类型取决于控制字段的第 1、2 位，信息帧和监控帧的控制字段均为 2 字长，无编号帧的控制字段为 1 字节。监控帧控制字段中的第 5～8 位为保留位，一般设置为 0。控制字段中的其他位含义与 HDLC 控制字段中的含义相同。

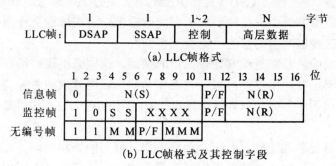

图 2-7 LLC 帧格式及其控制字段

2.3 局域网的硬件组成

2.3.1 网络服务器

网络服务器是网络的控制核心部件，一般由高档微机或由具有大容量硬盘的专用服务器担任。局域网的操作系统就运行在服务器上，所有的工作站都以此服务器为中心，网络工作站之间的数据传输均需要服务器作为媒介。早期的局域网仅有文件服务器的概念，一个网络至少要有一个文件服务器，在它上面一般均安装有网络操作系统及其他实用程序以及可提供共享的硬件资源等。它为网络提供硬盘、文件、数据和打印机共享等功能。工作站需要共享数据时，从文件服务器上获取。文件服务器只负责信息的管理、接收与发送，对工作站需要处理的数据不提供任何帮助。目前，微机局域网操作系统主要流行的是主从式结构的（服务器-客户机）计算机局域网络。它们的访问控制方式属于集中管理分散处理型，也是上世纪90年代以来局域网发展的趋势。

通常，无论采用哪种结构的局域网，在一个局域网内至少需要一个服务器，它的性能直接影响着整个局域网的效率，因此，选择和配置好网络服务器是组建局域网的关键环节。

目前，人们从不同的角度对网络服务器进行了分类。也就是说，网络服务器在充当文件服务器的同时，又可以充当多个角色的服务器。例如，某校园网的文件服务器在作为文件服务器的同时，还充当了打印服务器、邮件服务器、WEB服务器、域名（DNS）服务器和动态主机配置协议（DHCP）服务器等多种类型的服务器。当这个文件服务器作为打印服务器时，应当有一台或多台打印机与它相连，通过内部打印和排队服务，使所有网络用户都可以共享这些打印机，并且管理各个工作站的打印工作。在这种模式中，网络服务器就作为一个打印服务器进行工作。

因此，从网络服务器的应用角度可以分为：文件服务器、应用程序服务器、通信服务器、WEB服务器、打印服务器等；从网络服务器的设计思想角度可以分为，专用服务器和通用服务器；从服务器本身的硬件结构角度可以分为：单处理机网络服务器和多处理机网络服务器。

2.3.2 网络工作站

在网络环境中，工作站是网络的前端窗口，用户可以通过它访问网络的共享资源。工作站至少应当包括键盘、显示器、CPU（包括RAM）。大多数工作站带有软驱和硬磁盘，然而，在某些高度保密的应用系统中，往往要求所有的数据都驻留在远程文件服务器上，所以，此类工作站便属于不带硬磁盘驱动器的"无盘工作站"。

通常用做工作站的机器都是配置比较低档的微机。这些微机通过插在其中的网卡，经传输介质与网络服务器连接，用户便可以通过工作站向局域网请求服务并访问共享的资源。工作站从服务器中取出程序和数据以后，用自己的CPU和RAM进行运算处理，然后可以将结果再存到服务器中去。

工作站可以有自己单独的操作系统，独立工作。但与网络相连时，需要将网络操作系统中的一部分，即"工作站的连接软件"安装在工作站上，形成一个专门的引导程序，通过软盘或硬盘引导上网，访问服务器。在无盘工作站中，必须在网卡上加插一块专用的启动芯片（远程复位EPROM），用于从服务器上引导本地系统。

内存是影响网络工作站性能的关键因素之一。工作站所需要的内存大小取决于操作系统和在工作站上所要运行的应用程序的大小和复杂程度。如上所述，网络操作系统中的"工作站连接软件"部分需要占用工作站的一部分内存。其余的内存容量将用于存放正在运行的应用程序以及相应的数据。因此，工作站的内存不能太小。

2.3.3 集线器

1. 集线器的定义

集线器（HUB）属于数据通信系统中的基础设备，它和双绞线等传输介质一样，是一种不需任何软件支持或只需很少软件管理的硬件设备。它被广泛应用到各种场合。集线器工作在局域网（LAN）环境，像网卡一样，应用于 OSI 参考模型第一层，因此又被称为物理层设备。集线器内部采用了电器互联，当维护 LAN 的环境是逻辑总线或环形结构时，完全可以用集线器建立一个物理上的星形或树形网络结构。在这方面，集线器所起的作用相当于多端口的中继器。其实，集线器就是中继器的一种，其区别仅在于集线器能够提供更多的端口服务，所以集线器又叫多口中继器。

普通集线器外部板面结构非常简单。比如 D-Link 最简单的 10BaseT Ethernet Hub 集线器是个长方体，背面有交流电源插座和开关、一个 AUI 接口和一个 BNC 接口，正面的大部分位置分布有一行 17 个 RJ-45 接口。在正面的右边还有与每个 RJ-45 接口对应的 LED 接口指示灯和 LED 状态指示灯。高档集线器从外表上看，与现代路由器或交换式路由器没有多大区别。尤其是现代双速自适应以太网集线器，由于普遍内置有可以实现内部 10 Mb/s 和 100 Mb/s 网段间相互通信的交换模块，使得这类集线器完全可以在以该集线器为节点的网段中，实现各节点之间的通信交换，有时大家也将此类交换式集线器简单地称之为交换机，这些都使得初次使用集线器的用户很难正确地辨别它们。但根据背板接口类型来判别集线器，是一种比较简单的方法。

2. 集线器的工作特点

依据 IEEE 802.3 协议，集线器功能是，随机选出某一端口的设备，并让它独占全部带宽，与集线器的上联设备（交换机、路由器或服务器等）进行通信。由此可以看出，集线器在工作时具有以下两个特点。

首先，Hub 只是一个多端口的信号放大设备，工作中当一个端口接收到数据信号时，由于信号在从源端口到 Hub 的传输过程中已有了衰减，所以 Hub 便将该信号进行整形放大，使被衰减的信号再生（恢复）到发送时的状态，紧接着转发到其他所有处于工作状态的端口上。从 Hub 的工作方式可以看出，它在网络中只起到信号放大和重发作用，其目的是扩大网络的传输范围，而不具备信号的定向传送能力，是一个标准的共享式设备。因此有人称集线器为"傻 Hub"或"哑 Hub"。

其次，Hub 只与它的上联设备（如上层 Hub、交换机或服务器）进行通信，同层的各端口之间不会直接进行通信，而是通过上联设备再将信息广播到所有端口上。由此可见，即使是在同一 Hub 的不同两个端口之间进行通信，都必须要经过两步操作，第一步是将信息上传到上联设备，第二步是上联设备再将该信息广播到所有端口上。

不过，随着技术的发展和需求的变化，目前的许多 Hub 在功能上进行了拓宽，不再受这种工作机制的影响。由 Hub 组成的网络是共享式网络，同时 Hub 也只能够在半双工下工作。

Hub 主要用于共享网络的组建，是解决从服务器直接到桌面最经济的方案。在交换式网络中，Hub 直接与交换机相连，将交换机端口的数据送到桌面。使用 Hub 组网灵活，它处于网络的一个星形节点，对节点相连的工作站进行集中管理，不让出问题的工作站影响整个网络的正常运行，并且用户的加入和退出也很自由。

3. 集线器分类

集线器有很多种类型。
（1）按结构和功能分类
按结构和功能分，集线器可分为未管理的集线器、堆叠式集线器和底盘集线器三类。

- 未管理的集线器：最简单的集线器通过以太网总线提供中央网络连接，以星形的形式连接起来。这称之为未管理的集线器，只用于很小型的至多 12 个节点的网络中（在少数情况下，可以更多一些）。未管理的集线器没有管理软件或协议来提供网络管理功能，这种集线器可以是无源的，也可以是有源的，有源集线器使用得更多。
- 堆叠式集线器：堆叠式集线器是稍微复杂一些的集线器。堆叠式集线器最显著的特征是 8 个转发器可以直接彼此相连。这样只需简单地添加集线器并将其连接到已经安装的集线器上就可以扩展网络，这种方法不仅成本低，而且简单易行。
- 底盘集线器：底盘集线器是一种模块化的设备，在其底板电路板上可以插入多种类型的模块。有些集线器带有冗余的底板和电源。同时，有些模块允许用户不必关闭整个集线器便可替换那些失效的模块。集线器的底板给插入模块准备了多条总线，这些插入模块可以适应不同的段，如以太网、快速以太网、光纤分布式数据接口和异步传输模式中。有些集线器还包含有网桥、路由器或交换模块。

（2）按局域网的类型分类

从局域网角度来区分，集线器可分为 5 种不同类型。

- 单中继网段集线器：最简单的集线器，是一类用于最简单的中继式 LAN 网段的集线器，与堆叠式以太网集线器或令牌环网多站访问部件（MAU）等类似。
- 多网段集线器：从单中继网段集线器直接派生而来，采用集线器背板，这种集线器带有多个中继网段。其主要优点是可以将用户分布于多个中继网段上，以减少每个网段的信息流量负载，网段之间的信息流量一般要求独立的网桥或路由器。
- 端口交换式集线器：该集成器是在多网段集线器基础上，将用户端口和多个背板网段之间的连接过程自动化，并通过增加端口交换矩阵（PSM）来实现的集线器。PSM 可提供一种自动工具，用于将任何外来用户端口连接到集线器背板上的任何中继网段上。端口交换式集线器的主要优点是，可实现移动、增加和修改的自动化。
- 网络互联集线器：端口交换式集线器注重端口交换，而网络互联集线器在背板的多个网段之间可提供一些类型的集成连接，该功能通过一台综合网桥、路由器或 LAN 交换机来完成。目前，这类集线器通常都采用机箱形式。
- 交换式集线器：目前，集线器和交换机之间的界限已变得模糊。交换式集线器有一个核心交换式背板，采用一个纯粹的交换系统代替传统的共享介质中继网段。此类产品已经上市，并且混合的（中继/交换）集线器很可能在以后几年控制这一市场。应该指出，这类集线器和交换机之间的特性几乎没有区别。

2.3.4 交换机

1. 交换的概念

交换（switching）是按照通信两端传输信息的需要，用人工或设备自动完成的方法，把要传输的信息送到符合要求的相应路由上的技术统称。广义的交换机（switcher）就是一种在通信系统中完成信息交换功能的设备。

交换机是一种基于 MAC（介质访问控制）地址识别，能完成封装转发数据包功能的网络设备。交换机可以"学习"MAC 地址，并把其存放在内部地址表中，通过在数据帧的始发者和目标接收者之间建立临时的交换路径，使数据帧直接由源地址到达目的地址。

2．局域网交换机分类

从传输介质和传输速度上看，局域网交换机可以分为以太网交换机、快速以太网交换机、千兆以太网交换机、FDDI 交换机、ATM 交换机和令牌环交换机等多种，这些交换机分别适用于以太网、快速以太网、FDDI、ATM 和令牌环网等环境。

从规模应用上看，局域网交换机可以分为企业级交换机、部门级交换机和工作组级交换机三类，其中企业级交换机一般都是插槽数较少、功能较多、性能较高的机架式交换机，部门级交换机既有机架式也有固定配置式，而工作组级交换机则是功能较为简单的固定配置式交换机。在不成文的标准下，作为骨干级交换机应用时，根据交换机所支持的信息点可以认定，支持 500 信息点（包括主机、终端和网络外设）以上的大型企业所应用的交换机一般为企业级交换机，支持 300 信息点以下的中型企业所应用的交换机一般为部门级交换机，而支持 100 信息点以内的小型企业所应用的交换机一般作为工作组级交换机。

还有一种广泛采用的普通分类法，即桌面型交换机（Desktop Switch）、组型交换机（Workgroup Switch）和校园网交换机（Campus Switch）三类。

3．交换机的功能

交换机的主要功能包括物理编址、网络拓扑结构、错误校验、帧序列以及流控。目前交换机还具备了一些新的功能，如对 VLAN（虚拟局域网）的支持，对链路汇聚的支持，甚至有的还具有防火墙的功能。交换机除了能够连接同种类型的网络之外，还可以在不同类型的网络（如以太网和快速以太网）之间起到互连作用。如今许多交换机都能够提供支持快速以太网或 FDDI 等的高速连接端口，用于连接网络中的其他交换机或者为带宽占用量大的关键服务器提供附加带宽。

2.3.5 网卡

网卡也称网络接口卡（NIC，Network Interface Card），它是一块插入微机 I/O 槽中，用于发出和接收不同的信息帧，以实现微机通信的集成电路卡，如图 2-8 所示。它的标准是由 IEEE 来定义的。网卡工作在 OSI 参考模型的数据链路层和网络层。网卡的类型不同，与之对应的网线或者其他网络设备也不同，不可盲目混合使用。

网卡的工作原理与调制解调器的工作原理类似，只不过在网卡中输入和输出的都是数字信号，传送速度比调制解调器快得多。每块网卡都有一个惟一的网络节点地址，它是网卡生产厂家在生产时烧入 ROM 中的，并且是惟一的。

图 2-8　网卡

1．网卡的种类

根据传输速度、总线类型和连接线接口类型可以将网卡分为不同的种类，如图 2-9 所示。

（1）按传输速度分类

目前经常用到的是 10 Mb/s 网卡和 10/100 Mb/s 自适应网卡 2 种，它们价格便宜，比较适合于普通服务器，10/100 Mb/s 自适应网卡在各方面都要优于 10 Mb/s 网卡。千兆（1000 Mb/s）

网卡，主要用于高速的服务器。

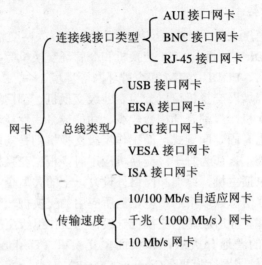

图 2-9 网卡的分类

（2）按总线类型分类

ISA 接口的网卡有两种：8 位 ISA 网卡和 16 位 ISA 网卡。8 位 ISA 网卡目前已被淘汰，市场上常见的是 16 位 ISA 接口的 10 Mb/s 网卡，它的惟一好处就是价格低廉。而 VESA、EISA 网卡速度虽然快，但价格较贵。目前市场上的主流网卡是 PCI 总线的网卡。

PCI 网卡的理论带宽为 133M。PCI 网卡又可分为 10 Mb/s PCI 网卡和 10/100 Mb/s PCI 自适应网卡两种类型。10 Mb/s PCI 网卡价格较便宜，被低端用户广泛采用；而 10/100 Mb/s PCI 自适应网卡作为当今的主流产品，可根据需要自动识别连接网络设备的工作频率，自动工作于 10 Mb/s 或 100 Mb/s 的网络带宽下。PCI 总线网卡的另一好处是比 ISA 网卡的系统资源占用率要低得多。

USB 接口网卡，主要是为了满足没有内置网卡的笔记本用户。它是通过主板上的 USB 接口引出来的。

2．连接线接口类型

①RJ-45 接口是采用 10Base T 双绞线网络接口类型。它的一端就是计算机网卡上的 RJ-45 插口，连接的另一端就是集线器 HUB 上的 RJ-45 插口。

②BNC 接口，是采用 10Base 2 同轴电缆的接口类型，它同带有螺旋凹槽的同轴电缆上的金属接头相连，如 T 型头等。

③AUI 接口，为粗同轴电缆接口。

目前也有些网卡在一块集成电路卡上同时提供 2 种、甚至 3 种接口，用户可依据自己所选的传输介质选用相应的网卡。

2.4 以太网技术

以太网，指由施乐公司创建并由施乐、Intel 和 DEC 公司联合开发的基带局域网规范。以太网络使用 CSMA/CD 技术，并以 10 Mb/s 的速率运行在多种类型的电缆上。

上世纪 90 年代，交换型以太网得到了发展，并先后推出了 100 Mb/s 的快速以太网、1000 Mb/s 的千兆位以太网和 10000 Mb/s 的万兆位以太网等更高速的以太网技术。以太网的帧格式特别适合于传输 IP 数据包。随着 Internet 的快速发展，以太网被广泛使用。值得一提的是，如果接入网也采用以太网，将形成从局域网、接入网、城域网到广域网全部是以太网的结构，这样采用与 IP 数据包结构近似的以太网帧结构，各网之间无缝连接，中间不需要任何格式转换，可以提高运行效率，方便管理，降低成本。这种结构可以提供端到端的连接。基于以上原因，以太网接入得到了快速发展，并且越来越受到人们的重视。

2.4.1 以太网的介质访问控制方式

在以太网中，介质访问控制常见的有以下几种。

1. 载波监听多路访问（CSMA）

CSMA（Carrier Sense Multiple Access）协议是一种带有监听的多路访问系统。CSMA 被通俗地称为"先听后讲"，其工作原理是，每个站在发送数据前先要监听信道上是否有载波，即是否有别的站在传输数据。如果介质空闲，就可发送；如果介质忙，就暂不发送而回避一段时间，这样大大减少了冲突。根据监听到介质状态后采取的回避策略可将 CSMA 分为 3 种：

（1）坚持型 CSMA

又称 1-坚持 CSMA，当某站要送数据时，先监听信道，若信道忙，就坚持监听，直到信道空闲为止，当空闲时立即发送一帧。若两个站同时监听到信道空闲，立即发送，必定冲突，即冲突概率为 1，故称之为 1-坚持型。假如有冲突发生，则等待一段时间后再监听信道。

（2）非坚持型 CSMA

当某站监听到信道忙状态时，不再坚持监听，而是随机后延一段时间再来监听。其缺点是很可能在再次监听之前信道已空闲了，从而产生浪费。

（3）P 坚持型 CSMA

这种方式适合于时隙信道，当某站准备发送信息时，它首先监听信道，若空闲，便以概率 P 传送信息，而以概率（1-P）推迟发送。如果该站监听到信道为忙，就等到下一个时隙再重复上述过程。P 坚持型 CSMA 可以算是 1 坚持型 CSMA 和非坚持型 CSMA 的折衷，这两者算是 P 坚持算法的特例，即 P 分别等于 1 和 0 时的情形。

对于 P 坚持型 CSMA，如何选择 P 值，需要考虑如何避免在重负载情况下系统处于不稳定状态。假如当介质忙时，有 N 个站有数据等待发送，则当前的发送完成时，有 NP 个站企图发送，如果选择 P 值过大，使 NP>1，则冲突不可避免。最坏的情况是，随着冲突概率的不断增大，吞吐率会降为 0。所以必须选择 P 值使 NP<1。如果 P 值选得过于小，则通道利用率会大大降低。

2. 载波监听多路访问/冲突检测（CSMA/CD）

载波监听多路访问/冲突检测方法（CSMA/CD，Carrier Sense Multiple Access/Collision Direct）是一种争用型的介质访问控制协议。它起源于美国夏威夷大学开发的 ALOHA 网所采用的争用型协议，并进行了改进，使之具有比 ALOHA 协议更高的介质利用率。

CSMA/CD 是一种分布式介质访问控制协议，网中的各个站（节点）都能独立地决定数据帧的发送与接收。每个站在发送数据帧之前，首先要进行载波监听，只有介质空闲时，才允许发送帧。这时,如果两个以上的站同时监听到介质空闲并发送帧,则会产生冲突现象,这使发送的帧都成为无效帧,发送随即宣告失败。每个站必须有能力随时检测冲突是否发生,一旦发生冲突,则应停止发送,以免介质带宽因传送无效帧而被白白浪费,然后随机延时一段时间后,再重新争用介质,重发送帧。CSMA/CD 协议简单、可靠,其网络系统(如 Ethernet)被广泛使用。

3. 标记环介质访问(Token Ring)

令牌环由一组用传输介质串联成一个环的站组成,环中有一个令牌在循环传送。任何一个站要发送数据,都必须等待循环的令牌通过该站。令牌是一种特殊的位组合,是一种发送权标志,如其形式可为 01111111,表示空令牌。希望发送数据帧的站等到空令牌来后,将空令牌改成忙令牌,其形式为 01111110,然后紧接着其后传送数据帧。数据信息一个比特接一个比特地附加到环上,环上信息从一站到下一站地环行。所寻址的目的站在信息经过时拷贝此信息,最后由发送该信息的站从环上撤除此信息,并将忙令牌改为空令牌,传至后面的站,使之获得发送权。

接受帧的站在帧经过本站时,将帧中的目的地址与本站的地址进行比较,如地址相符合,则将帧放入接收缓冲器,并同时将帧送回环上,如地址不符合,则将帧沿环下传。

环的长度往往折算成比特数来衡量,环上每个中继器可引入一位或几位延时。把环看作一个环缓冲器,则有:

$$环上的比特数 = 传播延时 \times 发送介质长度 \times 数据率 + 中继器延迟$$

例如,1 km 长的令牌环,其传输速率为 1 Mb/s,上有 20 个站点,每个中继器引入 1 位延迟,设传播延迟为 5 μs/km,则其环的位长度 $=5\times10-6\times106+1\times20=25$ 位。

令牌环的故障处理功能主要是对令牌和数据帧的维护。环上至关重要的差错是没有空令牌和持续的忙令牌,为解决此问题,指定 1 个站为令牌管理站。该管理站通过采用超时机制来检测令牌丢失情况,该超时值比最长的帧完全遍历该环所需要的时间还要长一些,如果在这一段时间里没有检测到令牌,就认为该令牌已经丢失。为恢复令牌,管理站将清除环上的所有残余数据并发出 1 个空令牌。

为了检测到 1 个持续循环的忙令牌,管理站可在经过的忙令牌上置其管理比特为 1。如果管理站看到 1 个忙令牌的管理比特已经是 1,就知道某个站未能清除自己发出的帧,管理站就将此令牌设为空令牌。

环上其他站都具有被动管理站的功能和作用,它们的主要工作是检测出主动管理站的故障,并承担起主动管理站的职能。

令牌环在轻负载时,由于存在等待令牌的时间,效率较低。在重负载时,对各站公平访问且效率高。考虑到数据的位模式可能会和令牌形式相同,此时在数据段使用位插入的办法以确保令牌位模式的惟一性,以区别令牌和数据。采用发送站从环上收回帧的策略,具有广播特性,即可有多个站收同一个数据帧,同时这种策略还具有对发送站自动应答的功能。

2.4.2 10 Mb/s 以太网

1. 10 Mb/s 以太网体系结构

IEEE 802.3 以太网体系结构包括 MAC 子层和物理层。物理层又分为物理信令 PLS 和物理媒体连接件 PMA 两个子层,并根据物理层的两个子层是否在同一个设备上实现。其体系结构如图 2-10 所示。

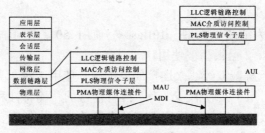

图 2-10 10 Mb/s 以太网体系结构

PLS 子层向 MAC 子层提供服务,它规定了 MAC 子层与物理层的界面,是与传输媒体无关的物理层规范。在发送比特流时,PLS 子层负责对比特流进行曼彻斯特编码。在接收时,负责对曼彻斯特解码。另外,PLS 子层还负责完成载波监听功能。PMA 子层向 PLS 子层提供服务,它负责向媒体上发送比特信号和从媒体上接收比特信号,并完成冲突检测功能。IEEE 802.3 标准规定,PLS 子层和 PMA 子层可以在,也可以不在同一个设备中实现。比如:标准以太网 10Base-5 是在网卡中实现 PLS 功能,在外部接收器中实现 PMA 功能的。所以在 10Base-5 以太网中,需要使用收发器电缆将外部收发器和网络站点连接起来,于是出现了两种 IEEE802.3 体系结构。

MAC 子层的核心协议是 CSMA/CD,它的帧结构如图 2-11 所示。

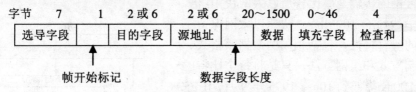

图 2-11 IEEE 802.3 帧结构

其中,7 个字节的先导字段是接收方与发送方时钟同步用的,它每个字节的内容都是 10101010。一个字节的帧开始标志,表示一个帧的开始,内容为 10101011。随后是两个地址段:源地址和目的地址,目的地址可以是单个的物理地址,也可以是一组地址(多点广播),当地址的最高位为 0 时,是普通地址,为 1 时,是组地址。2 字节的数据字段长度标志数据段中的字节数。数据字段就是 LLC 数据帧,如果帧的数据部分少于 46 字节,则用填充字段,使之达到要求的最短长度。

2. 10 Mb/s 以太网组网方式

IEEE 802.3 支持的物理层介质和配置方式有多种,是由一组协议组成的。每一种实现方案都有一个名称代号,由以下三部分组成:

<数据传输率(Mb/s)><信号方式><最大段长度(百米)或介质类型>

如 10Base-5、10Base-2、100Base-T 等。这里,最前面的数字指传输速率,如 10 为 10 Mb/s,100 为 100 Mb/s。中间的 Base 指基带传输,Broad 指宽带传输。最后若是数字的话,表示最大传输距离,如 5 是指最大传输距离 500 m,2 指最大传输距离 200 m。若是字母则第一个表示介质类型,如 T 表示采用双绞线,F 表示采用光纤介质,第二个字母表示工作方式,如 X 表示全双工方式工作。

最常用的以太网有以下 4 种。

①10Base-5 通常称为粗缆以太网。目前由于高速交换以太网技术的广泛应用，在新建的局域网中，10Base-5 很少被采用。

②10Base-2 通常称为细缆以太网。10Base-2 使用 50Ω 细同轴电缆，它的建网费用比 10Base-5 低。目前 10Base-2 已很少被使用。

③10Base-T 是使用无屏蔽双绞线来连接的以太网，使用 2 对 3 类以上无屏蔽双绞线，一对用于发送信号，另一对用于接收信号。为了改善信号的传输特性和信道的抗干扰能力，每一对线必须绞在一起。双绞线以太网系统具有技术简单、价格低廉、可靠性高、易实现综合布线和易于管理、维护、升级等优点。因此比 10Base-5 和 10Base-2 技术有更大的优势，也是目前还在应用的 10 Mb/s 局域网技术。

④10Base-F 是 10 Mb/s 光纤以太网，它使用多模光纤作为传输介质，在介质上传输的是光信号而不是电信号。因此 10Base-F 具有传输距离长、安全可靠、可避免电击等优点。由于光纤介质适宜相距较远的站点，所以 10Base-F 常用于建筑物之间的连接，它能够构建园区主干网。目前 10Base-F 较少被采用，代替它的是更高速率的光纤以太网。

2.4.3 快速以太网

1．快速以太网的体系结构

快速以太网的传输速率比普通以太网快 10 倍，数据传输速率达到了 100Mb/s。快速以太网保留了传统以太网的所有特性，包括相同的数据帧格式、介质访问控制方式和组网方法，只是将每个比特的发送时间由 100ns 降低到 10ns。1995 年 9 月，IEEE 802 委员会正式批准了快速以太网标准 IEEE 802.3u。IEEE802.3u 标准在 LLC 子层使用 IEEE 802.2 标准，在 MAC 子层使用 CSMA/CD 方法，只是在物理层作了一些必要的调整，定义了新的物理层标准（100Base-T）。100Base-T 标准定义了介质

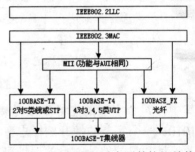

图 2-12　100 Mb/s 以太网的协议结构

专用接口（MII，Media Independent Interface），它将 MAC 子层和物理层分开，使得物理层在实现 100 Mb/s 速率时所使用的传输介质和信号编码方式的变化不会影响 MAC 子层。100Base-T 可以支持多种传输介质，目前制定了三种有关传输介质的标准：100Base-TX、100Base-T4、100Base-FX。100 Mb/s 以太网的协议结构如图 2-12 所示。

2．快速以太网的组网方式

（1）100Base-TX

100Base-TX 是 5 类无屏蔽双绞线方案，它是真正由 10Base-T 派生出来的。100Base-TX 类似于 10Base-T，但它使用的是两对无屏蔽双绞线（UTP）或 150Ω 屏蔽双绞线（STP）。100Base-TX 是目前使用最广泛的快速以太网介质标准。100Base-TX 使用的 2 对双绞线中，一对用于发送数据，另一对用于接收数据。由于发送和接收都有独立的通道，所以 100Base-TX 支持全双工操作。

100Base-TX 的硬件系统由以下几部分组成：带内置收发器、支持 IEEE 802.3u 标准的网卡、5 类无屏蔽双绞线或 150Ω 屏蔽双绞线、8 针 RJ-45 连接器、100Base-TX 集线器（Hub）。有两类 100Base-TX 集线器，Ⅰ类和Ⅱ类。Ⅰ类集线器在输入和输出端口上可以对线路信号重新编码，所以Ⅰ类集线器可以连接使用不同编码技术的介质系统，如 100Base-TX 和 100Base-T4。Ⅱ类集线器的端口没有这种功能，它只是简单地将输入信号转发给其他端口，所以Ⅱ类集线器只能连接使用相同编码方案的介质系统，如 100Base-TX 和 100Base-FX。

100Base-TX 的组网规则如下：

- 各网络站点须通过 HUB（100 m）连入网络中。
- 传输介质用 5 类无屏蔽双绞线或 150Ω 屏蔽双绞线。
- 双绞线与网卡，或与 HUB 之间的连接，使用 8 针 RJ-45 标准连接器。
- 网络站点与 HUB 之间的最大距离为 100 m。
- 在一个冲突域中只能连接一个Ⅰ类 HUB，网络的最大直径（站点－HUB－站点）为 200m。如果使用Ⅱ类 HUB，最多可以级连两个Ⅱ类 HUB，网络的最大直径（站点－HUB－HUB－站点）为 205 m。

（2）100Base-FX

100Base-FX 是光纤介质快速以太网标准，它采用与 100Base-TX 相同的数据链路层和物理层标准协议。它支持全双工通信方式，传输速率可达 200Mb/s。

100Base-FX 的硬件系统包括单模或多模光纤及其介质连接部件、集线器、网卡等部件。用多模光纤时，当站点与站点不经 HUB 而直接连接，且工作在半双工方式时，两点之间的最大传输距离仅有 412 m；当站点与 HUB 连接，且工作在全双工方式时，站点与 HUB 之间的最大传输距离为 2 km。若使用单模光纤作为媒体，在全双工的情况下，最大传输距离可达 10 km。

（3）100Base-T4

100Base-T4 是 3 类无屏蔽双绞线方案，该方案使用 4 对 3 类（或 4 类、5 类）无屏蔽双绞线介质。它能够在 3 类 UTP 线上提供 100 Mb/s 的传输速率。双绞线段的最大长度为 100 m。目前这种技术没有得到广泛的应用。100Base-T4 的硬件系统与组网规则与 100Base-TX 相同。

2.4.4 千兆以太网

1. 千兆以太网的体系结构

1998 年 2 月，IEEE 802 委员会正式批准了千兆以太网标准 IEEE 802.3z。千兆以太网的传输速率比快速以太网快 10 倍，数据传输率达到 1000 Mb/s。千兆以太网保留着传统的 10 Mb/s 速率以太网的所有特征（相同的数据帧格式、相同的介质访问控制方式、相同的组网方法），只是将传统以太网每个比特的发送时间由 100 ns 降低到 1ns。千兆以太网的协议结构如图 2-13 所示。

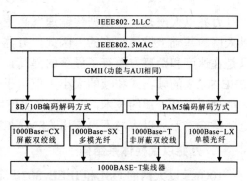

图 2-13 千兆以太网的协议结构

IEEE 802.3z 标准在 LLC 子层使用 IEEE 802.2 标准，在 MAC 子层使用 CSMA/CD 方法。只是在物理层作了一些必要的调整，它定义了新的物理层标准（1000Base-T）。1000Base-T 标准定义了千兆介质专用接口（GMII，Gigabit Media Independent Interface），它将 MAC 子层与物理层分开。这样，物理层在实现 1000 Mb/s 速率时所使用的传输介质和信号编码方式的变化不会影响 MAC 子层。

2．千兆以太网的组网方式

IEEE 802.3z 千兆以太网标准定义了 3 种介质系统，其中两种是光纤介质标准，包括 1000Base-SX 和 1000Base-LX；另一种是铜线介质标准，称为 1000Base-CX。

1000Base-SX 是一种在收发器上使用短波激光作为信号源的媒体技术。这种收发器上配置了激光波长为 770~860 nm（一般为 800 nm）的光纤激光传输器，不支持单模光纤，仅支持 62.5μm 和 50μm 两种多模光纤。对于 62.5μm 多模光纤，全双工模式下最大传输距离为 275m，对于 50μm 多模光纤，全双工模式下最大传输距离为 550 m。1000Base-SX 标准规定连接光缆所使用的连接器是 SC 标准光纤连接器。

1000Base-LX 是一种在收发器上使用长波激光作为信号源的媒体技术。这种收发器上配置了激光波长为 1270~1355 nm（一般为 1300 nm）的光纤激光传输器，它可以驱动多模光纤和单模光纤。使用规格为 62.5μm 和 50μm 的多模光纤，9μm 的单模光纤。对于多模光纤，在全双工模式下，最长的传输距离为 550 m；对于单模光纤，在全双工模式下，最长的传输距离可达 5 km。连接光缆所使用的是 SC 标准光纤连接器。

1000Base-CX 是使用铜缆的两种千兆以太网技术之一。1000Base-CX 的媒体是一种短距离屏蔽铜缆，最长距离达 25 m，这种屏蔽电缆是一种特殊规格高质量的 TW 型带屏蔽的铜缆。连接这种电缆的端口上配置 9 针的 D 型连接器。1000Base-CX 的短距离铜缆适用于交换机间的短距离连接，特别适用于千兆主干交换机与主服务器的短距离连接。

IEEE 802.3 委员会公布的第二个铜线标准 IEEE 802.3ab，即 1000Base-T 物理层标准。1000Base-T 是使用 5 类无屏蔽双绞线的千兆以太网标准。1000Base-T 标准使用 4 对 5 类无屏蔽双绞线，其最长传输距离为 100 m，网络直径可达 200 m。因此，1000Base-T 能与 10Base-T、100Base-T 完全兼容，它们都使用 5 类 UTP 介质，从中心设备到站点的最大距离都是 100 m，这使得千兆以太网应用于桌面系统成为现实。

2.4.5 万兆以太网

万兆以太网是一种数据传输速率高达 10 Gb/s、通信距离可延伸 40 km 的以太网。它是在以太网的基础上发展起来的，因此，万兆以太网和千兆以太网一样，在本质上仍是以太网，只是在速度和距离方面有了显著的提高。万兆以太网继续使用 IEEE 802.3 以太网协议，以及 IEEE 802.3 的帧格式和帧的大小。但由于万兆以太网是一种只适用于全双工通信方式，并且只能使用光纤介质的技术，所以它不需使用带冲突检测的载波监听多路访问协议 CSMA/CD。这就意味着万兆以太网不再使用 CSMA/CD。

1．万兆以太网体系结构

10Gb/s 以太网的 OSI 和 IEEE 802 层次结构仍与传统以太网相同，即 OSI 层次结构包括了数据链路层的一部分和物理层的全部，IEEE 802 层次结构包括 MAC 子层和物理层，但各层所具有的功能与传统以太网相比差别较大,特别是物理层更具有明显的特点。10 Gb/s 以太网体系结构如图 2-14 所示。

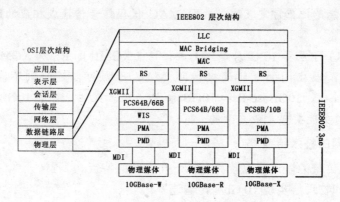

图 2-14　10 Gb/s 以太网体系结构

（1）三类物理层结构

在体系结构中定义了 10G Base-X、10GBase-R 和 10GBase-W 三种类型的物理层结构。

- 10GBase-X 是一种与使用光缆的 1000Base X 相对应的物理层结构，在 PCS 子层中使用 8B/10B 编码，为了保证获得 10 Gb/s 数据传输率，利用稀疏波分复用技术（CWDM）在 1300 nm 波长附近每隔约 25 nm 间隔配置了 4 个激光发送器，形成四个发送器/接收器对。为了保证每个发送器/接收器对的数据流速度为 2.5Gb/s，每个发送器/接收器对必须在 3.125Gb/s 下工作。
- 10GBase-R 是在 PCS 子层中使用 64B/66B 编码的物理层结构，为了获得 10 Gb/s 数据传输率，其时钟速率必须配置在 10.3 Gb/s。
- 10GBase-W 是一种工作在广域网方式下的物理层结构，在 PCS 子层中采用了 64B/66B 编码，定义的广域网方式为 SONET OC-192，因此其数据流的传输率必须与 OC-192 兼容，即为 9.686 Gb/s，则其时钟速率为 9.953 Gb/s。

（2）物理层各个子层的功能

物理层各个子层及功能如下所述。

- 物理媒体。10 Gb/s 以太网的物理媒体包括多模光纤 MMF 和单模光纤 SMF 两类，MMF 又分 50μm 和 62.5μm 两种。由 PMD 子层通过媒体相关接口 MDI 连接光纤。
- 物理媒体相关（PMD）子层。其主要的功能一方面是向（从）物理媒体上发送（接收）信号。在 PMD 子层中包括了多种激光波长的 PMD 发送源设备。PMD 子层另一个主要功能是把上层 PMA 所提供的代码位符号转换成适合光纤媒体上传输的信号或反之。
- 物理媒体连接（PMA）子层。PMA 子层的主要功能是提供与上层之间的串行化服务接口以及接收来自下层 PMD 的代码位信号，并从代码位信号中分离出时钟同步信号.在发送时，PMA 把上层形成的相应的编码与同步时钟信号融合后，形成媒体上所传输的代码位符号送至下层 PMD。
- 广域网接口（WIS）子层。WIS 子层是处在 PCS 和 PMA 之间的可选子层，它可以把以太网数据流适配 ANSI 所定义的 SONET STS-192c 或 ITU 所定义的 SDH VC-4-64c 传输格式的以太网数据流。该数据流所反映的广域网数据可以直接映射到传输层。

- 物理编码（PCS）子层。PCS子层处在上层RS和下层PMA之间，PCS和上层的接口通过10 Gb/s媒体无关接口XGMII连接，与下层连接通过PMA服务接口。PCS的主要功能是把正常定义的以太网MAC代码信号转换成相应的编码和物理层的代码信号。
- 协调（RS）子层和10 Gb/s媒体无关接口（XGMII）。RS和XGMII实现了MAC子层与PHY层之间的逻辑连接，即MAC子层可以连接到不同类型的PHY层（10GBase-X、10GBase-R和10GBase-W）上。显然，对于10GBase-W类型来说，RS子层的功能要求是最复杂的。

2．万兆以太网的技术特点

万兆以太网与传统的以太网比较具有以下几方面的特点。

①MAC子层和物理层实现10 Gb/s传输速率。

②MAC子层的帧格式不变，并保留IEEE 802.3标准最小和最大帧长度。

③不支持共享型，只支持全双工，即只可能实现全双工交换型10Gb/s以太网，因此10Gb/s以太网媒体的传输距离不会受到传统以太网CSMA/CD机理制约，而仅仅取决于媒体上信号传输的有效性。

④支持星形局域网拓扑结构，采用点到点连接和结构化布线技术。

⑤在物理层上分别定义了局域网和广域网两种系列，并定义了适应局域网和广域网的数据传输机制。

⑥不能使用双绞线，只支持多模和单模光纤，并提供连接距离的物理层技术规范。

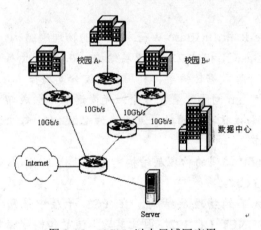

图2-15 10Gb/s以太局域网应用

3．万兆以太网在局域网中的应用

10 Gb/s以太网用做局域网，通常是组成主干网。例如，利用10 Gb/s以太网实现交换机到交换机、交换机到服务器以及城域网和广域网的连接。

10 Gb/s以太网在局域网中的应用如图2-15所示。图中主干线路使用10Gb/s以太网，校园A、校园B、数据中心和服务器群之间用10 Gb/s以太网交换机的模块分别连接。

2.5 交换式局域网与虚拟局域网

2.5.1 交换式局域网

交换式局域网是指以数据链路层的帧为数据交换单位，以局域网交换机为基础构成的网络。

1．交换式局域网的特点

①独占传输通道，独占带宽；网络的总带宽通常为各个交换端口带宽之和。

②允许多对站点同时通信，所以交换式网络大大地提高了网络的利用率。

③灵活的接口速度。在交换机上可以配置 10 Mb/s、100 Mb/s 或者 10/100 Mb/s。

④高度的可扩充性和网络延展性。

⑤易于管理、便于调整网络负载的分布，有效地利用网络带宽。

⑥交换网可以构造"虚拟网络"。通过网络管理功能或其他软件可以按业务分类或其他规则把网络站点分为若干个逻辑工作组，每一个工作组就是一个虚拟网。虚拟网的构成与站点所在的物理位置无关。

⑦交换式局域网可以与现有网络兼容。

⑧局域网交换机具有自动转换帧格式的功能，因此它能够互连不同标准的局域网。如：在一台交换机上能集成以太网、FDDI 和 ATM。

2．交换局域网的基本结构

交换局域网的核心设备是局域网交换机，它可以在它的多个端口之间建立多个并发连接。为了保护已有的投资，局域网交换机一般是针对某类局域网设计的。

典型的交换局域网是交换以太网（Switched Ethernet），它的核心部件是以太网交换机。以太网交换机可以有多个端口，每个端口可以单独与一个节点连接，也可以与一个共享介质式的以太网集线器（Hub）连接。

如果一个端口只连接一个节点，那么这个节点就可以独占整个带宽，这类端口通常被称作"专用端口"；如果一个端口连接一个与端口带宽相同的以太网，那么这个端口将被以太网中的所有节点所共享，这类端口被称为"共享端口"，典型的交换以太网的结构如图 2-16 所示。

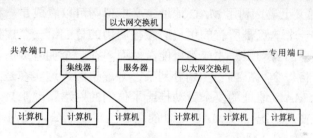

图 2-16　典型的交换以太网的结构

2.5.2　虚拟局域网

虚拟网技术的出现是和局域网交换技术分不开的。局域网交换技术使用户抛弃了传统的路由器，并在很大程度上代替了人们早已熟知的共享型介质。随着以太网和令牌网交换设备平均端口价格的降低。一些有远见的厂商开始将目光投向大型局域网交换体系。这种网络工作方式非常适合虚拟网技术的应用，并迅速成为降低成本、增加带宽的一种有效手段。

1．虚拟 LAN 的定义

VLAN 是一个交换网络，它按功能、按工程组成或按应用等构架为基础加以划分，可设想为一个存在于一套既定的交换机之内的广播域。

2．VLAN 的特性

控制通信活动，隔离广播数据优化网络管理，便于工作组优化组合，VLAN 中的成员只要拥有一个 VLAN ID 就可以不受物理位置的限制，随意移动工作站的位置；增加网络的安全性，VLAN 交换机就是一道道屏风，只有具备 VLAN 成员资格的分组数据才能通过，这比用计算机服务器做防火墙要安全得多；网络带宽得到充分利用，网络性能大大提高。

3. VLAN 的划分

(1) 根据端口定义

最初，许多 VLAN 厂商都利用交换机的端口来划分 VLAN 成员。被设定的端口都在同一个广播域中。例如，一个交换机的 1，2，3，7，8 端口被定义为虚拟网 A，同一交换机的 4，5，6 端口组成虚拟网 B。这样做允许各端口之间的通信，并允许共享型网络的升级。但遗憾的是，这种划分模式将虚拟网限制在了一台交换机上。

第二代端口 VLAN 技术允许跨越多个交换机的多个不同端口划分 VLAN，不同交换机上的若干个端口可以组成同一个虚拟网。按交换机端口来划分网络成员，其配置过程简单明了。因此，迄今为止，仍然是最常用的一种方式。但是，这种方式不允许多个 VLAN 共享一个物理网段或交换机端口。而且，更糟糕的是，如果某一个用户从一个端口所在的虚拟网移动到另一个端口所在的虚拟网，网络管理员需要重新进行设置。这对于拥有众多移动用户的网络来说是不可想象的。

(2) 根据 MAC 地址定义

按 MAC 地址定义的 VLAN 有其特有的优势。因为 MAC 地址是捆绑在网络接口卡上的，所以这种形式的虚拟网允许网络用户从一个物理位置移动到另一个物理位置，并且自动保留其所属虚拟网段的成员身份。同时，这种方式独立于网络的高层协议（如 TCP/IP，IP，IPX 等）。因此，从某种意义上讲，利用 MAC 地址定义虚拟网可以看成是一种基于用户的网络划分手段。这种方法的一个缺点是所有的用户必须被明确的分配给一个虚拟网。在这种初始化工作完成之后，对用户的自动跟踪才成为可能。然而，在一个拥有成千上万用户的大型网络中，如果要求管理员将每个用户都一一划分到某一个虚拟网，这实在是太困难了。因此，有些厂商便将这项配置 MAC 地址的复杂劳动推给了他们的网络管理工具。这些网络管理工具可以根据当前网络的使用情况，在 MAC 地址的基础上自动划分虚拟网。

(3) 基于网络层的 VLAN

基于网络层的虚拟网使用协议（如果网络中存在多协议的话）或网络层地址（如 TCP/IP 中的子网段地址）来确定网络成员的划分。

利用网络层定义虚拟网有以下几点优势。第一，这种方式可以按传输协议划分网段。这对于希望针对具体应用和服务来组织用户的网络管理员来说无疑是非常有诱惑力的。其次，用户可以在网络内部自由移动而不用重新配置自己的工作站，尤其是使用 TCP/IP 的朋友们。第三，这种类型的虚拟网可以减少由于协议转换而造成的网络延迟。当然，缺点也是有的。与利用 MAC 地址的形式相比，基于网络层的虚拟网需要分析各种协议的地址格式并进行相应的转换。因此，使用网络层信息来定义虚拟网的交换机要比使用数据链路层信息的交换机在速度上占劣势。而且，这种差异在绝大多数网络产品中都存在。另外，虽然按网络层划分的虚拟网对于使用 TCP/IP 协议的用户群来说是十分有效的。但是，像 IPX，DECnet，AppleTalk 这样的协议运行在这种虚拟网络结构中似乎就不太合适了。再者，对于某些"无法路由"的协议，如 NetBIOS，按网络层定义虚拟网就更困难了。运行不可路由的协议的工作站是不能被识别的。因此也就不能成为虚拟网的一员。

需要注意的是，虽然这种类型的虚拟网是建立在网络层基础上的，但交换机本身并不参与路由工作。当一个交换机捕捉到一个 IP 包，并利用 IP 地址确定其身份时，没有任何与路由有关的计算产生。RIP 以及 OSPF 等路由传输协议也不被采用。交换机只是作为一个高速网桥，简单地利用扩展树算法将包转发给下一个节点上的交换机。这样看来，基于网络层的虚拟网之间的连接应该看成是一个类似于桥的拓扑结构。

（4）根据 IP 广播组划分

根据 IP 广播组定义是指，任何属于同一 IP 广播组的计算机都属于同一虚拟网。这样的虚拟网是如下建立的:当 IP 包广播到网络上时，它将被传送到一组 IP 地址的受托者那里。这组被明确定义的广播组是在网络运行中动态生成的。任何一个工作站都有机会成为某一个广播组的成员。只要它对该广播组的广播确认信息给予肯定的回答。所有加入同一个广播组的工作站被视为同一个虚拟网的成员。然而，他们的这种成员身份可根据实际需求保留一定的时间。因此，利用 IP 广播域来划分虚拟网的方法给使用者带来了巨大的灵活性和可延展性。而且，在这种方式下，整个网络可以非常方便地通过路由器扩展网络规模。

4．VLAN 的通信

VLAN 中的网络用户是通过 LAN 交换机来通信的，一个 VLAN 中的成员看不到另一个 VLAN 中的成员。同一个 VLAN 中的所有成员共同拥有一个 VLAN ID，组成一个虚拟局域网络。同一个 VLAN 中的成员均能收到同一个 VLAN 中的其他成员发来的广播包，但收不到其他 VLAN 中成员发来的广播包。不同 VLAN 成员之间不可以直接通信，需要通过路由支持才能通信，而同一 VLAN 中的成员通过 VLAN 交换机可以直接通信，不需要路由支持。

2.6 令牌环和令牌总线的工作原理

2.6.1 令牌环的工作原理

令牌环网的工作原理可用图 2-17～图 2-20 来说明。当环上的一个工作站希望发送帧时，必须首先等待令牌。所谓令牌是一组特殊的比特，专门用来仲裁由哪个工作站访问网环。一旦收到令牌，工作站便可启动发送帧。帧中包括接收站的地址，以标识哪一站应接收此帧。帧在环上传送时，不管帧是否是针对自己工作站的，所有工作站都进行转发，直到回到帧的始发站，并由该始发站撤消该帧。帧的意图接收者除转发帧外，应针对自身站的帧维持一个副本，并通过在帧的尾部设置"响应比特"来指示已收到此副本。

工作站在发送完一帧后，应该释放令牌，以便出让给其他站使用。出让令牌有两种方式，并与所用的传输速率相关。第一种是低速操作（4 Mb/s）时，只有收到响应比特才释放，称之为常规释放。第二种是，在工作站发出帧的最后一比特后释放，称之为早期释放。

现在就图 2-17～图 2-20 中进行一些说明。

开始时，假定工作站 A 想向工作站 C 发送帧，其过程如图所标出的序列。

1）工作站 A 等待令牌从上游邻站到达本站，以便有发送机会。

2）工作站 A 将帧发送到环上，工作站 C 对发往它的帧进行拷贝，并继续将该帧转发到环上。

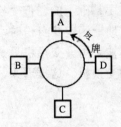

图 2-17 令牌环网的操作原理（第一步）

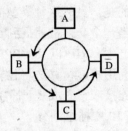

图 2-18 令牌环网的操作原理（第二步）

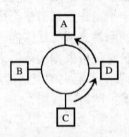

图 2-19 令牌环网的操作原理（第三步）

3）工作站 A 等待接收它所发的帧，并将帧从环上撤离，不再向环上转发。

4）第四步分 a、b 两种方式，表示选择其中之一。如前所述，在常规释放时选择第 4 步 a，在早期释放时选择第 4 步 b。

a：当工作站 A 接收到帧的最后一比特时，便产生令牌，并将令牌通过环传给下游工作站，随后对帧尾部的响应比特进行处理，这是常规释放。

b：当工作站 A 发送完最后一个比特时，便将令牌传递给下游工作站，所谓早期释放。

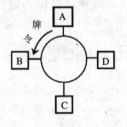

（a）常规释放

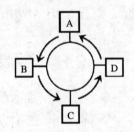

（b）早期释放

图 2-20 令牌环网的操作原理（第四步）

还应指出，当令牌传到某一工作站，但无数据发送时，只要简单地将令牌向下游转发即可。

2.6.2 令牌总线的工作原理

令牌总线介质访问级别控制是，将物理总线上的站构成一个逻辑环，即物理连线上是总线型的，但在逻辑上却是一种环形结构。每一个站都在一个有序列中被指定一个逻辑位置，而序列中最后一个成员又跟着第一个成员，每个站都知道在它之前和在它之后的站的标识。和令牌一样，站点只有取得令牌才能发送帧，而令牌在逻辑环上依次传送。在正常运行时，当站点做完该做的工作或者时间终了时，它将令牌传递给逻辑序列中的下一个站。从逻辑上看，令牌是按地址的递减顺序传送至下一个站点，但从物理上看，带有目的地址的令牌帧广播到总线上所有的站点，当目的站识别出符合它的地址，即把该令牌帧接收。应该指出，总线上站的实际顺序与逻辑顺序并无关系。

2.7 光纤分布数据接口（FDDI）

光纤由于其众多的优越性，在数据通信中得到了日益广泛的应用。用光纤作为媒体的局域网技术主要是光纤分布数据接口（FDDI, Fiber Distributed Data Interface）。FDDI 以光纤作为传输媒体，它的逻辑拓扑结构是一个环，更确切地说是逻辑计数循环（Logical Counter Rotating Ring），它的物理拓扑结构可以是环形带树形或带星形的环。FDDI 的数据传输速率可达 100 Mb/s，覆盖的范围可达几公里。FDDI 可在主机与外设之间、主机与主机之间、主干网与 IEEE802 低速网之间提供高带宽和通用目的的互连。FDDI 采用了 IEEE802 的体系结构，其数据链层中的 MAC 子层可以在 IEEE802 标准定义的 LLC 下操作。

2.7.1 FDDI 的结构和特点

1. FDDI 的结构

FDDI 以光纤作为传输媒体，它是一个反方向双环结构，传输速率可达 100 Mb/s，范围覆盖可达几公里。正常情况下，主环传输数据。当有链路故障时，重新配置故障链路的两端，使主环和副环形成一个闭合的环。

2. FDDI 的特点

FDDI 作为高速局域网介质访问控制标准，与 IEEE 802.5 标准相似，有如下特点：
① 使用基于 IEEE 802.5 的单令牌的环网介质访问控制 MAC 协议。
② 使用 IEEE 802.2LLC 协议，与符合 IEEE 802 标准的局域网兼容。
③ 数据传输速率为 100 Mb/s，联网节点数不多于 1000，环路长度为 200 km。
④ 可以使用双环结构，具有容错能力。
⑤ 可以使用多模或单模光纤。
⑥ 具有动态分配带宽的能力，能支持同步和异步数据传输。

2.7.2 FDDI 的工作原理

FDDI 采用令牌传递的方法，实现对介质的访问控制，这一点与令牌环类似。不同的是，在令牌环中，数据帧在环路上绕行一周回到发送站点后，发送节点才释放令牌，在此期间，环路上的其他结点无法获得令牌，不能发送数据。所以，在令牌环网中，环路上只有一个数据帧在流动。在 FDDI 中，发送数据的站点在截获令牌后，可以发送一个或多个数据帧，当数据发送完毕，或规定时间用完时，则立即释放令牌，而不管发出的数据帧是否绕行一周回到发送站点。这样，在数据帧还没有回到发送它的站点且被清除之前，其他站点有可能截获令牌，并且发送数据帧。所以，在 FDDI 的环路中可能同时有多个站点发出的数据帧在流动。这样就提高了信道的利用率，增加了网络系统的吞吐量。

在正常情况下 FDDI 中主要存在以下一些操作：
（1）传递令牌。在没有数据传送时，令牌一直在环路中绕行。某个站点如果没有数据要发送，则转发令牌。

（2）发送数据。如果某个站点需要发送数据，当令牌传到该站点时，不转发令牌，而是发送数据。可以一次发送多个数据帧。当数据发送完毕或时间完毕时，则停止发送，并立即释放令牌。

（3）转发数据帧。每个站点监听经过的数据帧，如果不属于自己，则转发出去。

（4）接收数据帧。当站点发现经过的数据帧属于自己，就复制下来，然后转发出去。

（5）清除数据帧。发送站点与其他站点一样，随时监听经过的帧，发现是自己发出的帧就停止转发。

2.7.3 FDDI 的网络拓扑结构

按照 FDDI 的标准，可使用多种拓扑结构，其中下述 4 种极为重要：
① 独立集中器型。
② 逆向双环。
③ 集中器树。
④ 树形双环。

独立集中器型由一个集中器和连接站组成，如图 2-21 所示，连接站可以是 SAS 也可以是 DAS，看上去像 Ethernet 中 Hub 所构成的结构。独立集中器型通常用来连接高性能的设备，或用来连接多个 LAN。

逆向双环结构如图 2-22 所示。DAS 可直接连到双环上。这种结构适用于地理范围分布广的企业或其他场合。

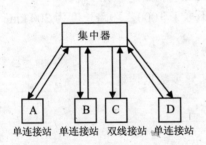
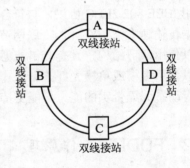

图 2-21　独立集中器型结构　　　　图 2-22　逆向双环结构

集中器树如图 2-23 所示。当很多用户设备需要连接在一起时，可使用这种结构。集中器按分层星形方式相连，其中一个集中器用作树的根，也就是起 Hub 作用。这种结构的特点是，增加或去掉 FDDI 集中器、SAS 或 DAS，或改变其地理位置，都不会破坏 FDDI 的工作。

树形双环结构如图 2-24 所示。树形双环结构中，集中器级连在一起，双环则处于企业或校园最重要的骨干位置，这种结构具有高度的容错特性，而且是最为灵活的拓扑形式。支干增加只需通过增加集中器便可实现，并可保证提供备份数据通路。然而，这种结构的造价是最高的。

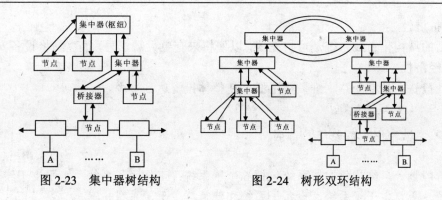

图 2-23 集中器树结构　　　　图 2-24 树形双环结构

2.7.4 FDDI 的应用环境

FDDI 的应用环境如下：

① 计算机机房网（后端网络），用于计算机机房中大型计算机与高速外设之间的连接，以及对可靠性、传输速度与系统容错要求较高的环境。

② 办公室或建筑物群的主干网（前端网络），用于连接大量的小型机、工作站、个人计算机与各种外设。

③ 校园网的主干网，用于连接分布在校园中各个建筑物中的小型机、服务器、工作站和个人计算机，以及多个局域网。

④ 多校园的主干网，用于连接地理位置相距几公里的多个校园网、企业网，成为一个区域性的互连多个校园网、企业网的主干网。

2.8　局域网结构化布线系统

2.8.1　结构化布线的概念及其特点

结构化布线系统是一个能够支持任何用户选择的话音、数据、图形、图像应用的电信布线系统。系统应能支持话音、图形、图像、数据多媒体、安全监控、传感等各种信息的传输，支持 UTP、光纤、STP、同轴电缆等各种传输载体，支持多用户、多类型产品的应用，支持高速网络的应用。

结构化布线系统具有以下特点：

（1）实用性

能支持多种数据通信、多媒体技术及信息管理系统等，能够适应现代和未来技术的发展。

（2）灵活性

任意信息点能够连接不同类型的设备，如微机、打印机、终端、服务器、监视器等。

（3）开放性

能够支持任何厂家的任意网络产品，支持任意网络结构，如总线型、星形、环形等。

（4）模块化

所有的接插件都是积木式的标准件，方便使用、管理和扩充。

（5）扩展性

实施后的结构化布线系统是可扩充的，以便将来有更大需求时，很容易将设备安装接入。

（6）经济性

一次性投资，长期受益。维护费用低，使整体投资达到最少。

2.8.2 结构化布线的构成

按照一般划分，结构化布线系统包括 6 个子系统：工作区子系统、水平支干线子系统、管理子系统、垂直主干子系统、设备子系统和建筑群主干子系统。

1．建筑群主干子系统

提供外部建筑物与大楼内布线的连接点。EIA/TIA569 标准规定了网络接口的物理规格，实现建筑群之间的连接。

2．设备子系统

EIA/TIA569 标准规定了设备间的设备布线。它是布线系统最主要的管理区域，所有楼层的资料都由电缆或光纤电缆传送至此。通常，此系统安装在计算机系统、网络系统和程控机系统的主机房内。

3．垂直主干子系统

它连接通信室、设备间和入口设备。包括主干电缆、中间交换和主交接、机械终端和用于主干到主干交换的接插线或插头。主干布线要采用星形拓扑结构，接地应符合 EIA/TIA607 规定的要求。

4．管理子系统

管理子系统就是配线架，它把水平子系统和垂直干线子系统连在一起，或把垂直主干和设备子系统连在一起。通过它可以改变布线系统各子系统之间的连接关系，从而管理网络通信线路。

此部分放置电信布线系统设备，包括水平和主干布线系统的机械终端和连接或交换。

5．水平支干线子系统

连接管理子系统至工作区。包括水平布线、信息插座、电缆终端及交换。指定的拓扑结构为星形拓扑。

水平布线可选择的介质有 3 种（100Ω UTP 电缆、150Ω STP 电缆及 62.5/125μm 光缆），最远的延伸距离为 90 m，除了 90 m 水平电缆外，工作区与管理子系统的接插线和跨接线电缆的总长可达 10 m。

6．工作区子系统

工作区由信息插座延伸至站设备。工作区布线要求相对简单，这样就容易移动、添加和变更设备。

2.9 城域网简介

城域网，即 CAN（City Area Network），是在整个城市内建设的大型网络。城域网的最大特点是快。一般情况下，用 Modem 接入最快速度 56 kb/s，用 ISDN 接入最快速度 128 kb/s（2B+D），用 ADSL 接入最快速度 800 kb/s 上行、8 Mb/s 下行。企业用 DDN 接入虽然可以租到几十 Mb/s 的带宽，但真正分到个人的带宽却很少了。可是在城域网内，每人最低也能分到 20 Mb/s 的带宽而且是永久性接入。

城域网的架设方法多种多样，它们的架设方法大致相同，即在城市内是用光纤连接用户和节点的，城市与城市之间也是用光纤来连接的，等于整个网是个光纤网。

目前城域网是个 ATM 网。ATM（异步传输模式）交换采用异步时分复用技术，用户数据被组合成固定长度的分组，称为信元，并在 ATM 网中分时传送。ATM 交换支持不同的传输媒体，如：双绞线、同轴电缆、单模/多模光纤，并提供不同的传输速率。可以组建不同规模的网络，如：局域网（LAN）和广域网（WAN），同时支持数据、数字化语音/图像的传输。ATM 以信元为单位，并在信元中增加了可丢弃标识和优先级，且支持带宽预约，确保具有实时性要求的数据可以得到优先传送。同时 ATM 交换机简化差错控制和流控制的功能，使用具有时分交换结构和多级矩阵交换结构的硬件进行信息的存储和转发，减少节点处理延时，使得传输速率可以达到 1 Gb/s。

光纤是城域网的骨架。光纤是由一组光导纤维组成的用来传播光束的、细小而柔韧的传输介质。光纤可分为传输点模数类和折射率分布类两种。传输点模数类又分为单模光纤和多模光纤两类。单模光纤传输速度快、容量大；多模光纤传输速度较慢、容量较小。折射率分布类又分为跳变式光纤和渐变式光纤两类。跳变光纤的折射率为常数；渐变式光纤折射率随光纤半径的增大而减小。与其他传输介质相比较，光纤的电磁绝缘性好，信号衰变小，频带较宽，传输距离远。光纤通信实际是应用光学原理，由光发送机产生光源，将电信号转变为光信号，再把光信号导入光纤，在光纤的另一端由光接收机接收光纤传过来的光信号，并将它转变为电信号，经过解码后再处理。光纤通信系统中起主导作用的是光源、光纤、光发送机和光接收机。从原理上来讲，一条光纤不能进行信息的双向传输，如需进行双向通信时，需使用两条或双股光纤，一条用于发送信息，另一条用于接收信息。由于光纤是用纯度极高的二氧化硅制成的，所以成本比起双绞线、同轴电缆要高得多。因而怎样在带宽不变的情况下尽量减少光纤的条数以节省成本便成为十分重要的问题。为此，现在城域网正在尝试引用密集波分复用技术（DWDM）。密集波分复用技术（DWDM）是一种新型的光技术，一般用于 ATM 骨干网，它能有效地增加现有光纤骨干网的容量和性能，并且成本低廉。

大部分现有的 ATM 骨干网都工作在 2.5 Gb/s 或其以下的光纤链路。波分复用（WDM）是一种增强光纤传递信息能力的技术，它在同一根光纤上以不同的波长（或色彩）同时传递多个信号。事实上，波分复用将一根单纤转换为多条"虚拟"纤，每条虚拟纤独立工作在不同的波长上。拥有多于一小组信道（2 个或 3 个）的系统称为密集 WDM（DWDM）系统。几乎所有 DWDM 系统均工作在 1550 nm 的低衰耗波长区间。现在 ATM 骨干网带宽可以达到 400 Gb/s，每个信道 10 Gb/s。减少光纤条数以节省成本便显得尤为重要。

如何使光纤的传输速率达到 10 Gb/s 呢？目前有 3 种比较方案。

1．空分复用技术

这种技术成本太高，不适用。

2．时分复用技术

时分复用技术（TDM）称为"较高比特率"方式，要求信号以电的方式进行复用，然后将信号复用至一个新的更高比特率进行传输。

但时分复用技术有 4 个缺点：

①全盘升级至新的更高速率，网络接口必须用 4 倍于其容量的单元替换。对日后升级带来不便。

②随着比特率的增加，信号失真（由于色散和光纤的非线性）成为传输距离上的一个限制因素。导致信号脉冲"污染"的色散效应在 10 Gb/s 标准单模光纤上比在 2.5 Gb/s 标准单模光纤上大几倍。

③电子器件目前最高传输速率为 10 Gb/s，而光纤的容量高于此速率几个数量级。

④操作和维护费用都非常昂贵。

3．密集波分复用技术

相比之下密集波分复用技术不需要全盘升级，且 2.5 Gb/s 色散限制通常在 1000km 范围，而 10 Gb/s 色散限制为 200 km。因此密集波分复用技术比时分复用技术传得更远。目前密集波分复用技术允许在一根光纤上传递 40 多个信道，每个信道速率高于 100 Gb/s。

密集波分复用技术提供的优势包括：

①通过将每根光纤转换为多路虚拟纤，最大限度地减少光纤的使用量。

②与等价容量的单激光器解决方案相比，能扩展非再生距离限制。

③通过递增式服务中，容量升级和缩短支配时间，提供更大的伸缩性。

④在一根光纤上从一个单信道扩展为 40 多个信道。

⑤此外密集波分复用技术是目前唯一能够在一根光纤上传递 10 Gb/s 以上带宽的商用技术。

⑥DWDM 系统对比特率和在其上运行的协议的变化透明。

综上所述，用 ATM 网并在骨干网上使用密集波分复用技术是架设城域网的最佳方案。

【本章小结】

本章先简要介绍了局域网的概念及其拓扑结构、局域网的体系结构与硬件组成，较详细地介绍了以太网的相关技术。其次对交换式局域网与虚拟局域网、令牌环和令牌总线的工作原理及光纤分布数据接口等也作了比较深入的探讨。最后介绍了局域网结构化布线系统及城域网等相关方面的知识。

【习题】

简答题

1. 局域网常采用的拓扑结构有哪些？
2. 请用图示说明局域网参考模型与 OSI/RM 的对应关系。
3. 交换机的功能有哪些？
4. 试述 CSMA/CD 的访问机制。
5. 试述令牌环网的工作原理。
6. 简述 FDDI 的结构和特点。
7. 试述结构化布线系统的特点及其构成。

第 3 章　网络互连和 Internet

【学习目标】

1. 了解网络互连的概念、目的、形式及其准则。
2. 了解中继器、集线器、路由器、网桥及网关等网络互连设备的功能及相关概念。
3. 了解 Internet 的形成和发展，Internet 的结构特点及其在中国的发展。
4. 理解 TCP/IP 协议体系和域名系统。
5. 了解 Internet 提供的基本服务。

3.1　网络互连的概述

3.1.1　网络互连的概念

网络互连通常是指将不同的网络或相同的网络用互连设备连接在一起而形成一个范围更大的网络，也可以是为增加网络性能和易于管理而将一个原来很大的网络划分为几个子网或网段。

在现实世界中的计算机网络往往由许多种不同类型网络互连而成。如果几个计算机网络只是在物理上连接在一起，但它们之间并不能进行通信，那么这种"互连"并没有实际意义。因此通常在谈到"互连"时，就已经暗示这些相互连接的计算机是可以进行通信的，也就是说，从功能上和逻辑上看，这些计算机网络已经组成了一个大型的计算机网络，或称为互连网络（Internet work），也可简称为互联网或互连网（internet）。

上面的 internet 的字母 i 是小写的，所以互联网是泛指由多个计算机网络互连而成的计算机网络。使用大写字母的 Internet（因特网）则是指当前全球最大的、开放的、由众多网络相互连接而成的特定计算机网络。

3.1.2　网络互连的目的

使一个网络上的用户能访问其他网络的资源，网络互连的主要目的是使不同网络上的用户互相通信，其主要内容是网络扩展。网络扩展的主要原因有以下几点：

①扩展覆盖范围。由于局域网受到传输介质、通信设备等限制，其通信距离总是有一定限制的，通过网络互连，可扩展其通信距离。

②形成更大的网络。一个计算机网络所能连接的计算机数量总是有限的，通过互连，能增加连接到网络上的计算机的数量，扩展网络的规模。

③提高网络的性能。随着网络的广泛应用，人们要求更快的传输速度、更短的响应时间

和更多的业务，通过互连，可以大大提高网络的整体功能。

目前，扩展网络的方法主要有以下几种：
- 使用中继器。再生放大信号，延长传输距离。
- 使用放大器。放大信号，增加传输距离。
- 使用无线通信。使用微波通信，卫星通信等可将相距很远的网络互连起来。
- 使用光纤传输介质。单模光纤无中继传输，连接距离可达 100 km 以上，多模光纤可达 2 km。
- 使用 PSTN。哪里有电话，哪里就能使用调制解调器连网。目前，PSTN 的数据传输速率小于等于 56 kb/s。
- 使用 ISDN。ISDN 的接入方式：基本速率接口（BRI）和基群速率接口（PRI）。
- 使用公用数据网。通过 X.25、DDN 和帧中继网都能实现远程互连。

3.1.3 网络互连的形式

按地理覆盖范围对网络进行分类，网络互连的形式有以下 3 种：
①局域网与局域网互连（LAN-LAN），例如以太网与令牌环之间的互连。
②局域网与广域网互连（LAN-WAN），例如使用公用电话网、分组交换网、DDN、ISDN、帧中继等连接远程局域网。
③广域网与广域网互连（WAN-WAN），例如专用广域网与公用广域网的互连。

3.1.4 网络互连的准则

网络互连应遵循如下的准则：

不同的子网在性能和访问控制诸多方面存在差异，网络互连除了应当提供不同子网之间的网络通路之外，还应采取措施屏蔽或者容纳这些差异。

不能为提高网络之间传输的性能而影响各个子网内部的传输功能和传输性能。从应用的角度看，用户需要访问的资源主要还是集中在子网内部，一般而言，网络之间的信息传输量远小于网络内部的信息传输量。

3.2 网络互连的设备

网络互连部件是网络互连的关键，它既可以是专门的设备，也可以利用各子网原有的节点。网络互连部件在内部执行各子网的协议，成为子网的一部分；实现不同子网协议之间的转换，保证执行两种不同协议的网络之间可以进行互连通信。常见的网络互连设备有中继器、集线器、网桥、路由器和网关等。

3.2.1 中继器

中继器（Repeater）是最简单也是较常用的连接设备，它的作用是将网络上的一个电缆段上传输的数据信号进行放大和整形，然后再发送到另一个电缆段上，以克服信号经过较长距离传输后引起的衰减。因此，中继器实际上是一种数字信号放大器。它不解释也不改变接收到的数字信号，它只是从接收信号中分离出数字资料，存储起来，然后转发出去。再生的信号与接收的信号完全相同并可以沿着另外的网络段传送到远程。中继器的作用主要是扩展网络电缆的长度。中继器也可以用来改变网络的拓扑结构，形成多分支的树形结构，以适应不同环境的布线要求。通过中继器连接起来的各种网络仍属于一个网络系统。因此，一般不认为这是网络互联，而只是将一个网络的作用范围扩大而已。使用中继器时，应注意以下两点：

中继器最典型的应用是连接两个以上的以太网电缆段，其目的是为了延长网络的长度。但延长是有限的，中继器只能在规定的信号延迟范围内进行有效的工作。如：在10Base-5粗缆以太网的组网规则中规定，每个电缆段最大长度为500 m，最多可用4个中继器连接5个电缆段，延长后的最大网络长度为2500 m。

集线器（HUB）是一种特殊的中继器，它是一种多端口中继器，用于连接双绞线介质或光纤介质以太网系统，是组成10 Base-T、100 Base-T 或 10 Base-F、100 Base-F 以太网的核心设备。

中继器的特性主要有：

①中继器仅作用于物理层，只具有简单的放大、再生物理信号的功能。

②由于中继器主要完成物理层功能，所以中继器只能连接相同的局域网。换句话说，就是用中继器互联的局域网应具有相同的协议和速率，如：802.3 以太网到以太网之间的连接和 802.5 令牌环网到令牌环网之间的连接。

③中继器可以连接相同传输介质的同类局域网，如：粗同轴电缆以太网之间的连接。中继器也可以连接不同传输介质的同类局域网，如：粗同轴电缆以太网与细同轴电缆以太网或粗同轴电缆以太网与双绞线以太网的连接。

④用中继器连接的局域网在物理上是一个网络，也就是说中继器把多个独立的物理网连成为一个大的物理网络。

⑤由于中继器在物理层实现互联，所以它对物理层以上各层协议完全透明，也就是说，中继器支持数据链路层及其以上各层的任何协议。

3.2.2 集线器

集线器这种网络互连设备已经在第2章第3节中有详尽的介绍，因此在这里就不再过多地叙述了。

3.2.3 路由器

路由器（Router）是一种多端口的网络设备，它能够连接多个不同网络或网段，并能将不同网络或网段之间的数据信息进行传输，从而构成一个更大的网络，如图3-1所示。

从计算机网络模型角度来看，路由器的行为是发生在OSI的第3层（网络层），如图3-2所示。路由器主要用于异种网络互联或多个子网互联。

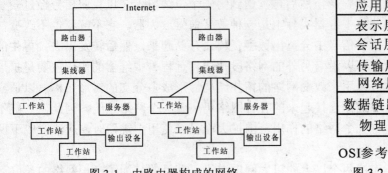

图 3-1 由路由器构成的网络　　图 3-2 连接设备与 OSI 协议栈

1．路由器的主要功能

路由器的主要功能有：可以在网络间截获发送到远程网段的报文，起转发的作用。选择最合理的路由引导通信。为了便于在网络间传送报文，按照预定的规则把大的数据包分解成适当大小的数据包，到达目的地后再把分解的数据包包装成原有形式。多协议的路由器可以连接使用不同通信协议的网络段，作为不同通信协议网段通信连接的平台。

路由器像其他网络设备一样，也存在它的优缺点。它的优点主要是适用于大规模的网络，复杂的网络拓扑结构。负载共享和最优路径，能更好地处理多媒体。安全性高，隔离不需要的通信量，节省局域网的带宽，减少主机负担等。它的缺点主要是不支持非路由协议、安装复杂、价格高等。

2．路由器的工作原理

路由器是用来连接多个逻辑上分开的网络的，这里的网络指的是一个单独的网络或者一个子网。路由器在路由的过程中，所要做的主要工作是判断网络地址和选择路径。经过路由器的每个数据帧寻找一条最佳传输路径，并将该数据有效地传送到目的站点。为了进行选择路径的操作，它需要保存各种传输路径的相关数据——路由表（Routing Table）。该路由表中保存着子网的标志信息、网上路由器的个数和下一个路由器的名字等内容。路由表可以由系统管理员固定设置好，也可以由系统动态修改；可以由路由器自动调整，也可以由主机控制。

路由器分本地路由器和远程路由器。本地路由器用来连接网络传输介质，如光纤、同轴电缆、双绞线；远程路由器是用来连接远程传输介质，并要求相应的设备，如电话线要配调制解调器，无线要通过无线接收机、发射机。

假如用户 A 需要向用户 B 发送信息，如图 3-3 所示。并假定它们的 IP 地址分别为 172.20.0.23 和 172.20.0.33。

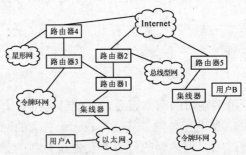

图 3-3 分布在不同的网络段的两个用户

用户 A 向用户 B 发送信息时，路由器需要执行以下过程：

①用户 A 将用户 B 的地址 172.20.0.33 连同数据信息以数据帧的形式发送给路由器 1。

②路由器 1 收到工作站 A 的数据帧后，先从报头中取出地址 172.20.0.33，并根据路由表计算出发往用户 B 的最佳路径，并将数据帧发往路由器 2。

③路由器 2 重复路由器 1 的工作，并将数据帧转发给路由器 5。

④路由器 5 同样取出目的地址，发现 172.20.0.33 就在该路由器所连接的网段上，于是将该数据帧直接交给用户 B。

⑤用户 B 收到用户 A 的数据帧，一个由路由器参加工作的通信过程完成。有的路由器仅支持单一协议，但大部分路由器可以支持多种协议的传输，即多协议路由器。由于每一种协议都有自己的规则，要在一个路由器中完成多种协议的算法，势必会降低路由器的性能。因此，支持多协议的路由器性能相对较低。用户购买路由器时，需要根据自己的实际情况，选择自己需要的网络协议的路由器。

3.2.4 网桥

网桥（Bridge）是一个局域网与另一个局域网之间建立连接的桥梁。网桥工作在数据链路层，将两个 LAN 连起来，根据 MAC 地址来转发帧，可以看作一个"低层的路由器"（路由器工作在网络层，根据网络地址如 IP 地址进行转发）。

远程网桥通过一个通常较慢的链路（如电话线）连接两个远程 LAN，对本地网桥而言，性能比较重要，而对远程网桥而言，在长距离上可正常运行是更重要的。

1．网桥与路由器的比较

网桥并不了解其转发帧中高层协议的信息，这使它可以同时以同种方式处理 IP、IPX 等协议，它还提供了将无路由协议的网络（如 NetBEUI）分段的功能。

由于路由器处理网络层的数据，因此它们更容易互连不同的数据链路层，如令牌环网段和以太网段。网桥通常比路由器难控制。IP 等协议有复杂的路由协议，使网管易于管理路由。IP 等协议还提供了较多的网络如何分段的信息（即使其地址也提供了此类信息）。而网桥则只用 MAC 地址和物理拓扑进行工作。因此网桥一般适于较简单的小型网络。

2．使用原因

许多单位都有多个局域网，并且希望能够将它们连接起来。之所以一个单位有多个局域网，有以下 6 个原因：

①许多大学的系或公司的部门都有各自的局域网，主要用于连接他们自己的个人计算机、工作站以及服务器。由于各系（或部门）的工作性质不同，因此选用了不同的局域网，这些系（或部门）之间早晚需相互交往，因而需要网桥。

②一个单位在地理位置上较分散，并且相距较远，与其安装一个遍布所有地点的同轴电缆网，不如在各个地点建立一个局域网，并用网桥和红外链路连接起来，这样费用可能会低一些。

③可能有必要将一个逻辑上单一的 LAN 分成多个局域网，以调节载荷。例如采用由网桥连接的多个局域网，每个局域网有一组工作站，并且有自己的文件服务器，因此大部分通信限于单个局域网内，减轻了主干网的负担。

④在有些情况下，从载荷上看单个局域网是毫无问题的，但是相距最远的机器之间的物理距离太远（比如超过 802.3 所规定的 2.5 km）。即使电缆铺设不成问题，但由于来回时延过长，网络仍将不能正常工作。惟一的办法是将局域网分段，在各段之间放置网桥。通过使用网桥，可以增加工作的总物理距离。

⑤可靠性问题。在一个单独的局域网中，一个有缺陷的节点不断地输出无用的信息流会严重地破坏局域网的正常运行。网桥可以设置在局域网中的关键部位，就像建筑物内的防火门一样，防止因单个节点失常而破坏整个系统。

⑥网桥有助于安全保密。大多数 LAN 接口都有一种混杂工作方式（promiscuous mode），在这种方式下，计算机接收所有的帧，包括那些并不是编址发送给它的帧。如果网中多处设置网桥并谨慎地拦截无须转发的重要信息，那么就可以把网络分隔，以防止信息被窃。

3．兼容性问题

有人可能会天真地认为从一个 802 局域网到另一个 802 局域网的网桥非常简单，但实际上并非如此。在 802.x 到 802.y 的 9 种组合中，每一种都有它自己的特殊问题要解决。在讨论这些特殊问题之前，先来看一看这些网桥共同面临的一般性问题。

首先，各种局域网采用了不同的帧格式。这种不兼容性并不是由技术上的原因造成的，而仅仅是由于支持三种标准的公司（Xerox, GM 和 IBM），没有一家愿意改变自己所支持的标准。其结果是，在不同的局域网间复制帧要重排格式，这需要占用 CPU 时间，重新计算校验和，而且还有可能产生因网桥存储错误而造成的无法检测的错误。

第二个问题是互联的局域网并非必须按相同的数据传输速率运行。当快速的局域网向慢速的局域网发送一长串连续帧时，网桥处理帧的速度要比帧进入的速度慢。网桥必须用缓冲区存储来不及处理的帧，同时还得提防耗尽存储器。即使是 10 Mb/s 的 802.4 到 10 Mb/s 的 802.3 的网桥，在某种程度上也存在这样的问题。因为 802.3 的部分带宽耗费于冲突。802.3 实际上并不是真的 10 Mb/s，而 802.4（几乎）确实为 10 Mb/s。

与网桥瓶颈问题相关的一个细微而重要的问题是其上各层的计时器值。假如 802.4 局域网上的网络层想发送一段很长的报文（帧序列）。在发出最后一帧之后，它开启一个计时器，等待确认。如果此报文必须通过网桥转到慢速的 802.5 网络，那么在最后一帧被转发到低速局域网之前，计时器就有可能时间到。网络层可能会以为帧丢失而重新发送整个报文。几次传送失败后，网络层就会放弃传输并告诉传输层目的站点已经关机。

第三，在所有的问题中，可能最为严重的问题是 3 种 802 LAN 有不同的最大帧长度。对于 802.3，最大帧长度取决于配置参数，但对标准的 10 Mb/s 系统最大有效载荷为 1500 字节。802.4 的最大帧长度固定为 8191 字节。802.5 没有上限，只要站点的传输时间不超过令牌持有时间。如果令牌时间默认为 10 ms，则最大帧长度为 5000 字节。一个显而易见的问题出现了，当必须把一个长帧转发给不能接收长帧的局域网时，将会怎么样？在本层中不考虑把帧分成小段。所有的协议都假定帧要么到达要么没有到达，没有条款规定把更小的单位重组成帧。这并不是说不能设计这样的协议，可以设计并已有这种协议，只是 802 不提供这种功能。这个问题基本上无法解决，必须丢弃因太长而无法转发的帧。其透明程度也就这样了。

由于各种 802 LAN 的特殊性，如：802.4 帧带有优先权位、802.5 帧字节中有 A 和 C 位等，9 种网桥都有其特殊的问题，如表 3-1 所示。

表 3-1　9 种网桥的特殊问题

源 LAN	目的 LAN		
	802.3（CSMA/CD）	802.4（令牌总线）	802.5（令牌环）
802.3		1,4	1,2,4,8
802.4	1,5,8,9,10	9	1,2,3,8,9,10
802.5	1,2,5,6,7,10	1,2,3,6,7	6,7

①重新格式化帧，并计算新的校验和。
②反转比特顺序。
③复制优先权值，不管有无意义。
④产生一个假想的优先权。
⑤丢弃优先权。
⑥流向环（某种程度上）。
⑦设置 A 位和 C 位。
⑧担心拥塞（快速 LAN 至慢速 LAN）。
⑨担心令牌因为交换 ACK 延迟或不可能而脱手。
⑩如果帧对目的 LAN 太长，则将其丢弃。
设定的参数：
①802.3：1500 字节帧 10 Mb/s（减去碰撞次数）。
②802.4：8191 字节帧 10 Mb/s。
③802.5：5000 字节帧 4 Mb/s。

当 IEEE802 委员会开始制订 LAN 标准时，未能商定一个统一的标准，却产生了 3 个互不兼容的标准，这一失策已受到了严厉的抨击。后来，在制定互联这 3 种 LAN 的网桥的标准时，该委员会决心干得好一些。这一次确实较为成功，他们提出了 2 种互不兼容的网桥方案。直到目前为止，还无人要求该委员会制订连接它的 2 个不兼容网桥的网关标准。

4．两种网桥

（1）透明网桥

第一种 802 网桥是透明网桥（Transparent Bridge）或生成树网桥（Spanning Tree Bridge）。支持这种设计的人首要关心的是完全透明。按照他们的观点，装有多个 LAN 的单位在买回 IEEE 标准网桥之后，只需把连接插头插入网桥，就万事大吉。不需要改动硬件和软件，无需设置地址开关，无需装入路由表或参数。总之什么也不干，只须插入电缆就完事，现有 LAN 的运行完全不受网桥的任何影响。

透明网桥以混杂方式工作，它接收与之连接的所有 LAN 传送的每一帧。当一帧到达时，网桥必须决定将其丢弃还是转发。如果要转发，则必须决定发往哪个 LAN。这需要通过查询网桥中一张大型散列表里的目的地址而做出决定。该表可列出每个可能的目的地，以及它属于哪一条输出线路（LAN）。在插入网桥之初，所有的散列表均为空。由于网桥不知道任何目的地的位置，因而采用扩散算法（flooding algorithm），即把每个到来的、目的地不明的帧输出到连在此网桥的所有 LAN 中（除了发送该帧的 LAN）。随着时间的推移，网桥将了解每个目的地的位置。一旦知道了目的地位置，发往该处的帧就只发到适当的 LAN 上，而不再散发。

透明网桥采用的算法是逆向学习法（backward learning）。网桥按混杂的方式工作，故它能看见所连接的任一 LAN 上传送的帧。查看源地址即可知道在哪个 LAN 上可访问哪台机器，于是在散列表中添上一项。

当计算机和网桥加电、断电或迁移时，网络的拓扑结构会随之改变。为了处理动态拓扑问题，每当增加散列表项时，均在该项中注明帧的到达时间。每当目的地已在表中的帧到达时，将以当前时间更新该项。这样，从表中每项的时间即可知道该机器最后帧到来的时间。网桥中有一个进程定期地扫描散列表，清除时间早于当前时间若干分钟的全部表项。于是，如果从 LAN 上取下一台计算机，并在别处重新连到 LAN 上的话，那么在几分钟内，它即可重新开始正常工作而无须人工干预。这个算法同时也意味着，如果机器在几分钟内无动作，那么发给它的帧将不得不散发，一直到它自己发送出一帧为止。

到达帧的路由选择过程取决于发送的 LAN（源 LAN）和目的地所在的 LAN（目的 LAN），如下：

- 如果源 LAN 和目的 LAN 相同，则丢弃该帧。
- 如果源 LAN 和目的 LAN 不同，则转发该帧。
- 如果目的 LAN 未知，则进行扩散。

为了提高可靠性，有人在 LAN 之间设置了并行的两个或多个网桥，但是，这种配置引起了另外一些问题，因为在拓扑结构中产生了回路，可能引发无限循环。其解决方法就是下面要讲的生成树（Spanning Tree）算法。

解决上面所说的无限循环问题的方法是让网桥相互通信，并用一棵到达每个 LAN 的生成树覆盖实际的拓扑结构。使用生成树，可以确保任两个 LAN 之间只有惟一路径。一旦网桥商定好生成树，LAN 间的所有传送都遵从此生成树。由于从每个源到每个目的地只有惟一的路径，故不可能再有循环。

为了建造生成树，首先必须选出一个网桥作为生成树的根。实现的方法是每个网桥广播其序列号（该序列号由厂家设置并保证全球惟一），选序列号最小的网桥作为根。接着，按根到每个网桥的最短路径来构造生成树。如果某个网桥或 LAN 故障，则重新计算。

网桥通过 BPDU（Bridge Protocol Data Unit）互相通信，在网桥做出配置自己的决定前，每个网桥和每个端口需要下列配置数据：

- 网桥：网桥 ID（惟一的标识）。
- 端口：端口 ID（惟一的标识）。
- 端口相对优先权。
- 各端口的花费（高带宽=低花费）。

配置好各个网桥后，网桥将根据配置参数自动确定生成树，这一过程有 3 个阶段：

- 选择根网桥。具有最小网桥 ID 的网桥被选作根网桥。网桥 ID 应为惟一的，但若两个网桥具有相同的最小 ID，则 MAC 地址小的网桥被选作根。
- 在其他所有网桥上选择根端口。除根网桥外的各个网桥需要选一个根端口，这应该是最适合与根网桥通信的端口。通过计算各个端口到根网桥的花费，取最小者作为根端口。
- 选择每个 LAN 的"指定（designated）网桥"和"指定端口"。如果只有一个网桥连到某 LAN，它必然是该 LAN 的指定网桥，如果多于一个，则到根网桥花费最小的被选为该 LAN 的指定网桥。指定端口连接指定网桥和相应的 LAN（如果这样的端口多于一个，则低优先权的被选）。

一个端口必须为下列之一：
- 根端口。
- 某 LAN 的指定端口。
- 阻塞端口。

当一个网桥加电后，它假定自己是根网桥，发送出一个 CBPDU（Configuration Bridge Protocol Data Unit），告知它认为的根网桥 ID。一个网桥收到一个根网桥 ID 小于其所知 ID 的 CBPDU，它将更新自己的表，如果该帧从根端口（上传）到达，则向所有指定端口（下传）分发。当一个网桥收到一个根网桥 ID 大于其所知 ID 的 CBPDU，该信息被丢弃，如果该帧从指定端口到达，则回送一个帧告知真实根网桥的较低 ID。

当有意地或由于线路故障引起网络重新配置，上述过程将重复，产生一个新的生成树。

（2）源路由选择网桥

透明网桥的优点是易于安装，只需插进电缆即大功告成。但是从另一方面来说，这种网桥并没有最佳地利用带宽，因为它们仅仅用到了拓扑结构的一个子集（生成树）。这两个（或其他）因素的相对重要性导致了 802 委员会内部的分裂。支持 CSMA/CD 和令牌总线的人选择了透明网桥，而令牌环的支持者则偏爱一种称为源路由选择（source routing）的网桥（受到 IBM 的鼓励）。

源路由选择的核心思想是假定每个帧的发送者都知道接收者是否在同一 LAN 上。当发送一帧到另外的 LAN 时，源机器将目的地址的高位设置成 1 作为标记。另外，它还在帧头加进此帧应走的实际路径。

源路由选择网桥只关心那些目的地址高位为 1 的帧，当见到这样的帧时，它扫描帧头中的路由，寻找发来此帧的那个 LAN 的编号。如果发来此帧的那个 LAN 编号后跟的是本网桥的编号，则将此帧转发到路由表中自己后面的那个 LAN。如果该 LAN 编号后跟的不是本网桥，则不转发此帧。这一算法有 3 种可能的具体实现：软件、硬件、混合。这 3 种具体实现的价格和性能各不相同。第一种没有接口硬件开销，但需要速度很快的 CPU 处理所有到来的帧。最后一种实现需要特殊的 VLSI 芯片，该芯片分担了网桥的许多工作，因此，网桥可以采用速度较慢的 CPU，或者可以连接更多的 LAN。

源路由选择的前提是互联网中的每台机器都知道所有其他机器的最佳路径。如何得到这些路由是源路由选择算法的重要部分。获取路由算法的基本思想是，如果不知道目的地地址的位置，源机器就发布一广播帧，询问它在哪里。每个网桥都转发该查找帧(Discovery Frame)，这样该帧就可到达互联网中的每一个 LAN。当答复回来时，途经的网桥将它们自己的标识记录在答复帧中，于是，广播帧的发送者就可以得到确切的路由，并可从中选取最佳路由。虽然此算法可以找到最佳路由（它找到了所有的路由），但同时也面临着帧爆炸的问题。透明网桥也会发生有点类似的状况，但是没有这么严重。其扩散是按生成树进行的，所以传送的总帧数是网络大小的线性函数，而不像源路由选择是指数函数。一旦主机找到至某目的地的一条路由，它就将其存入到高速缓冲器之中，无需再作查找。虽然这种方法大大遏制了帧爆炸，但它给所有的主机增加了事务性负担，而且整个算法肯定是不透明的。

（3）两种网桥的比较

表 3-2 给出了两种网桥在不同特点条件下的一些区别点。

表 3-2 透明网桥与源路由选择网桥的区别

特 点	透明网桥	源路由选择网桥	注 解
连接方式	无连接	面向连接	
透明性	完全透明	不透明	透明网桥对主机来说是完全不可见的,而且它与所有现在的 802 产品完全兼容。源路由选择网桥既不透明又不兼容。如果要用源路由选择网桥,主机必须知道桥接模式,必须主动地参与工作
配置方式	自动	手工	源路由选择网桥的几个不多的优点之一是:从理论上掌,它可使用最佳路由,而透明网桥则只限于生成树,另外,源路由选择网桥还可以很好地利用网间的并行风格来分散载荷。不过在实际中,网桥能否利用这些理论上的优点是令人怀疑的
路由	次优化	优化	逆向学习的缺点是:网桥必须是一直等到碰巧有一特别的帧到来,才能知道目的地在何处。查找帧的缺点是:在有并行网桥的大型互联网中,会发生指数级的帧爆炸
定位	逆向学习	发现帧	
失效处理	由网桥处理	由主机处理	
复杂性	在网桥中	在主机中	由于主机数量通常比网桥大一两个数量级,因此,最好把额外的开销和复杂性放到少量的网桥中而不是全部的主机中。

透明网桥一般用于连接以太网段,而源路由选择网桥则一般用于连接令牌环网段。

5.远程网桥

网桥有时也被用来连接两个或多个相距较远的 LAN。比如,某个公司分布在多个城市中,该公司在每个城市中均有一个本地的 LAN,最理想的情况就是所有的 LAN 均连接起来,整个系统就像一个大型的 LAN 一样。

该目标可通过下述方法实现:每个 LAN 中均设置一个网桥,并且用点到点的连接(比如租用电话公司的电话线)将它们两个地连接起来。点到点连线可采用各种不同的协议。办法之一就是选用某种标准的点到点数据链路协议,将完整的 MAC 帧加到有效载荷中。如果所有的 LAN 均相同,这种办法的效果最好,它惟一的问题就是必须将帧送到正确的 LAN 中。另一种办法是在源网桥中去掉 MAC 的头部和尾部,并把剩下的部分添加点到点协议的有效载荷中,然后在目的网桥中产生新的头部和尾部。它的缺点是,到达目的主机的校验和并非是源主机所计算的校验和,因此网桥存储器中某位损坏所产生的错误可能不会被检测到。

3.2.5 网关

网关(Gateway)是连接两个协议差别很大的计算机网络时使用的设备。它可以将具有不同体系结构的计算机网络连接在一起。在 OSI/RM 中,网关属于最高层(应用层)的设备,如图 3-4 所示。

在 OSI 中网关有两种：一种是面向连接的网关，一种是无连接的网关。当两个子网之间有一定距离时，往往将一个网关分成两半，中间用一条链路连接起来，我们称之为半网关。全网关如图 3-5 所示，半网关如图 3-6 所示。

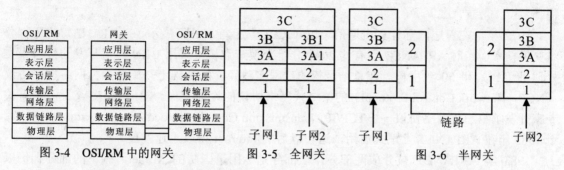

图 3-4　OSI/RM 中的网关　　　图 3-5　全网关　　　图 3-6　半网关

无连接的网关用于数据报网络的互联，面向连接的网关用于虚拟电路网络的互联。

网关提供的服务是全方位的。例如，若要实现 IBM 公司的 SNA 与 DEC 公司的 DNA 之间的网关，则需要完成复杂的协议转换工作，并将数据重新分组后才能传送。

网关的实现非常复杂，工作效率也很难提高，一般只提供有限的几种协议转换功能。常见的网关设备都是用在网络中心的大型计算机系统之间的连接上，为普通用户访问更多类型的大型计算机系统提供帮助。

当然，有些网关可以通过软件来实现协议转换操作，并能起到与硬件类似的作用。但它是以损耗机器的运行时间为代价来实现的。

网关在概念上与网桥相似，它与网桥的不同之处就在于：
①网关是用来实现不同局域网的连接。
②网关建在应用层，网桥建在数据链路层。
③网关比起网桥有一个主要的优势，它可以将具有不相容的地址格式的网络相连起来。

3.3　Internet 概述

3.3.1　Internet 的定义

Internet 是全球最大的、开放的、由众多网络互联而成的计算机互联网，这是 Internet 的一般性定义，意味着全世界采用开放系统协议的计算机都能互相通信。

狭义的 Internet 指上述网中所有采用 IP 协议的网络互联的集合，其中 TCP/IP 协议的分组可通过路由选择相互传送，通常把这样的一个网称为 IP Internet，目前该网已注册有数百万个采用 IP 协议的网络。

广义的 Internet 指 IP Internet 加上所有能通过路由选择至目的站的网络，包括使用诸如电子邮件这类应用层网关的网络、各种存储转发的网络以及采用非 IP 协议的网络互联的集合。

3.3.2　Internet 的形成和发展

Internet 是由美国的 ARPANET 发展和演化而成的，ARPANET 是全世界第一个分组交换网。1969年美国国防部的国防高级研究计划局DARPA建立了一个只有4个节点（位于加州大学洛杉矶分校、斯坦福研究所、加州大学圣大巴比分校和犹太大学）的存储转发方式的分组交换广域网——ARPANET，该网是为了验证远程分组交换网的可行性而进行的一项试验工程。

1972年，在首届国际计算机通信会议（ICCC）上首次公开展示了ARPANET的远程分组交换技术，当时ARPANET已有约20个分组交换节点机（采用BBN公司开发的接口报文处理机IMP）和50台主机。在总结最初的建网实践经验的基础上开始了称为网络控制协议（NCP，Network Control Protocol）的第二代网络协议的设计工作。随后DARPA又组织有关专家开发了第三代网络协议——TCP/IP（Transmission Control Protocol/Internet Protocol）协议，于1983年在ARPANET上正式启用，这使以后的Internet得以迅速发展。

1983年ARPANET被分成两部分，一部分是专用于国防的Milnet，剩下的部分则仍以ARPANET相称。与此同时，在美国还相继建立了CSNET和BITNET两个网络。ARPANET的建立产生了网络互联的概念，即将各个独立的网互联成一个更大的网络实体。在1972年的ICCC会议上曾讨论过将世界上的研究网互联起来的问题，当ARPANET采用TCP/IP协议以后，上述想法变成了现实，使用称为网关的网络互联设备，形成了互联各种网络的网络（network of networks），称为互联网（internet work或internet），其中以ARPANET为中心组成的新的互联网称作Internet，为区别于一般的互联网，第一个英文字母用大写"I"表示。事实上，Internet的产生是由各种技术及其发展引起的，包括将ARPANET、分组无线网、分组卫星网和局域网连接起来的技术，连接各种网络成互联网的网络设备——网关的概念，将IP分组封装在更低层的网络分组内的方法，以及TCP/IP协议等等。其中，网关的概念和TCP/IP协议是Internet的核心。从1969年ARPANE了诞生到1983年Internet的形成是Internet发展的第一阶段，也就是研究试验阶段，当时接在Internet的计算机约200台。

从1983年到1994年是Internet发展的第二阶段，核心是NSFNET的形成和发展，这是Internet在教育和科研领域广泛使用的实用阶段。1986年美国国家科学基金委员会（NSF，National Science Foundation）制定了一个使用超级计算机的计划，即在全美设置若干个超级计算机中心，并建设一个高速主干网，把这些中心的计算机连接起来，形成NSFNET，并成为Internet的主体部分。主干网速率从初期的T1（1.544 Mb/s）发展到T3（45 Mb/s）。NSFNET是一个三级分层的互联网，即NSFNET主干网、各个区域网以及众多的校园网。

1990年到1991年，IBM、MCI和Merit 3家公司共同协助组建了一个先进网络服务公司（ANS，Advanced Network Services）专门为NSFNET提供服务。NSFNET的形成和发展，使它成为Internet的最主要的组成部分。与此同时，很多国家相继建立本国的主干网，并接入Internet，成为Internet的组成部分，如加拿大的CAnet、欧洲的EBONE和NORDUNET、英国的PIPEX和JANET以及日本的WIDE等。

Internet最初的宗旨是用来支持教育和研究的活动，它不是用于营业性商业活动的。但随着Internet规模的扩大，应用服务的发展，以及市场全球化需求的增长，提出了一个新概念——Internet商业化，并开始建立AlterNet和PSInet这些商用IP网络。为了解决商用IP网络接入Internet的问题，1991年宣布了一个解决方案，也就是采用称为商用Internet交换（CIX，Commercial Internet Exchange）互联点的结构，它由高速路由器和连接各CIX成员的链路组成，这些CIX的成员都是网络服务提供者，而不是网络最终用户。CIX创造了更多的商业化机会，从此Internet就不仅是服务于教育、研究和政府部门的了。1994年NSF宣布不再给

NSFNET 运行、维护经费支持，由 MCI、SPrint 等公司运行维护，这样不仅商业用户可进入 Internet，而且 Internet 的经营也商业化了。

Internet 从研究试验阶段发展到用于教育、科研的实用阶段，进而发展到商业阶段，反应了 Internet 技术和应用的成熟。

3.3.3 Internet 的结构特点

Internet 采用了目前最流行的客户机/服务器工作模式，凡是使用 TCP/IP 协议，并能与 Internet 的任意主机进行通信的计算机，无论是何种类型、采用何种操作系统，均可看成是 Internet 的一部分。

严格来说，用户并不是将自己的计算机直接连接到 Internet 上，而是连接到其中的某个网络上，再由该网络通过网络干线与其他网络相连。网络干线之间通过路由器互连，使得各个网络上的计算机都能相互进行数据和信息传输。例如，用户的计算机通过拨号上网，连接到本地的某个 Internet 服务提供商（ISP）的主机上。而 ISP 的主机由通过高速干线与本国及世界各国各地区的无数主机相连，这样，用户仅通过一阶 ISP 的主机，便可遍访 Internet。由此也可以说，Internet 是分布在全球的 ISP 通过高速通信干线连接而成的网络。

Internet 的这样结构形式，使其具有如下的众多特点：

①灵活多样的入网方式。这是由于 TCP/IP 成功的解决了不同的硬件平台、网络产品、操作系统之间的兼容性问题。

②采用了分布网络中最为流行的客户机/服务器模式，大大提高了网络信息服务的灵活性。

③将网络技术、多媒体技术融为一体，体现了现代多种信息技术互相融合的发展趋势。

④方便易行。任何地方仅需通过电话线、普通计算机即可接入 Internet。

⑤向用户提供极其丰富的信息资源，包括大量免费使用的资源。

⑥具有完善的服务功能和友好的用户界面，操作简便，无须用户掌握更多的专业计算机知识。

3.3.4 Internet 在中国的发展

作为认识世界的一种方式，我国目前在接入 Internet 网络基础设施上已进行了大规模投入，例如建成了中国公用分组交换数据网 CHINAPAC 和中国公用数字数据网 CHINADDN。覆盖全国范围的数据通信网络已初具规模，为 Internet 在我国的普及打下了良好的基础。

中国科学院高能物理研究所最早在 1987 年就开始通过国际网络线路接入 Internet。1994 年，随着"巴黎统筹委员会"的解散，美国政府取消了对中国政府进入 Internet 的限制，我国互联网建设全面展开，到 1997 年底，已建成中国公用计算机网互联网（ChinaNET）、中国教育科研网（CERNET）、中国科学技术网（CSTNET）和中国金桥信息网（ChinaGBN）等，并与 Internet 建立了各种连接。

下面来分别介绍一下我国现有 4 大网络的基本情况。

1. 公用计算机互联网（ChinaNET）

ChinaNET 是原邮电部组织建设和管理的。原邮电部与美国 Sprint Link 公司在 1994 年签署 Internet 互联协议，开始在北京、上海两个电信局进行 Internet 网络互联工程。目前，ChinaNET 在北京和上海分别有两条专线，作为国际出口。

ChinaNET 由骨干网和接入网组成。骨干网是 ChinaNET 的主要信息通路，连接各直辖市和省会网络接点，骨干网已覆盖全国各省市、自治区，包括 8 个地区网络中心和 31 个省市网络分中心。接入网是由各省内建设的网络节点形成的网络。

2. 中国教育科研网（CERNET）

中国教育和科研计算机网 CERNET 是 1994 年由国家计委、原国家教委批准立项、原国家教委主持建设和管理的全国性教育和科研计算机互联网络。该项目的目标是建设一个全国性的教育科研基础设施，把全国大部分高校连接起来，实现资源公享。它是全国最大的公益性互联网络。

CERNET 已建成由全国主干网、地区网和校园网在内的三级层次结构网络。CERNET 分 4 级管理，分别是全国网络中心、地区网络中心和地区主节点、省教育科研网和校园网。CERNET 全国网络中心设在清华大学，负责全国主干网的运行管理。地区网络中心和地区主节点分别设在清华大学、北京大学、北京邮电大学、上海交通大学、西安交通大学、华中科技大学、华南理工大学、电子科技大学、东南大学、东北大学等 10 所高校，负责地区网的运行管理和规划建设。

CERNET 还是中国开展下一代互联网研究的试验网络，它以现有的网络设施和技术力量为依托，建立了全国规模的 IPv6 试验床。1998 年 CERNET 正式参加下一代 IP 协议（IPv6）试验网 6BONE，同年 11 月成为其骨干网成员。CERNET 在全国第一个实现了与国际下一代高速网 INTERNET 2 的互联，目前国内仅有 CERNET 的用户可以顺利地直接访问 INTERNET2。

CERNET 还支持和保障了一批国家重要的网络应用项目。例如，全国网上招生录取系统在 2000 年普通高等学校招生和录取工作中发挥了相当好的作用。

CERNET 的建设，加强了我国信息基础建设，缩小了与国外先进国家在信息领域的差距，也为我国计算机信息网络建设，起到了积极的示范作用。

3. 中国科学技术网（CSTNet）

中国科技信息网（简称 China STINET）是国家科学技术委员会联合全国各省、市的科技信息机构，采用先进信息技术建立起来的信息服务网络，旨在促进全社会广泛的信息共享、信息交流。中国科技信息网络的建成对于加快中国国内信息资源的开发和利用，促进国际间的交流与合作起到了积极的作用，以其丰富的信息资源和多样化的服务方式为国内外科技界和高技术产业界的广大用户提供服务。

中国科技信息网是利用公用数据通信网为基础的信息增值服务网，在地理上覆盖全国各省市，逻辑上连接各部、委和各省、市科技信息机构，是国家科技信息系统骨干网，同时也是国际 Internet 的接入网。中国科技信息网从服务功能上是 Internet 和 Internet 的结合。其 Internet 功能为国家科委系统内部提供了办公自动化的平台以及国家科委、地方省市科委和其他部委科技司局之间的信息传输渠道；其 Internet 功能则为主要服务于专业科技信息服务机构，包括国家、地方省市和各部委科技信息服务机构。

中国科技信息网自 1994 年与 Internet 接通之后取得了迅速发展，目前已经在全国 20 余个省市建立网络节点。

4．国家公用经济信息通信网络（金桥网）（CHINAGBN）

金桥网是建立在金桥工程的业务网，支持金关、金税、金卡等"金"字头工程的应用。它是覆盖全国，实行国际联网，为用户提供专用信道、网络服务和信息服务的基干网，金桥网由吉通公司牵头建设并接入 Internet。

3.4 TCP/IP 协议体系和域名系统

3.4.1 TCP/IP 的分层结构

各种计算机网络，通常都有各自环境下的网络协议，它们一般只适合特定范围内的计算机之间的通信。使用不同网络协议的计算机网络之间难以互连通信。TCP/IP 协议是实现异构网络互连的网际协议，它成功地解决了不同网络之间难以互连的问题，是当前网络互连的核心协议。

TCP/IP 协议是由美国国防部高级研究规划署（DARPA）研究开发的，虽然，它不是 OSI 的标准，但现在实际上已成为互联网通信的工业标准。

TCP/IP 的核心思想就是用统一网络层和传输层的"逻辑网络"，把物理层和数据链路层千差万别的物理网络屏蔽或隔离起来。

TCP/IP 是由一系列协议组成的，它是一套分层的网络协议，由 4 层组成。OSI 参考模型与 TCP/IP 参考模型的对比关系如图 3-7 所示。

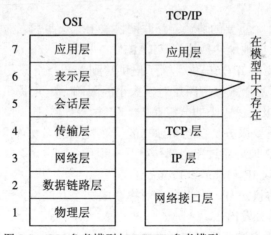

图 3-7 OSI 参考模型与 TCP/IP 参考模型

1．网络接口层

网络接口层是 TCP/IP 的最低层，负责网络层与硬件设备的联系。这一层的协议非常之多，包括逻辑链路控制和介质访问控制。严格地说，这一层协议不属于 TCP/IP 协议，但它是 TCP/IP 赖以存在的各种通信网和 TCP/IP 之间的接口，这些通信网包括多种广域网如 ARPANET、MILNET 和 X.25 公用数据网，以及各种局域网，如 Ethernet、IEEE 的各种标准局域网等。IP

层提供了专门的功能，解决与各种网络物理地址的转换。

一般情况下，各物理网络可以使用自己的网络接口层协议和物理层协议，不需要在网络接口层上设置专门的 TCP/IP 协议。但是，当使用串行线路连接主机与网络，或连接网络与网络时，例如用户使用电话线和 Modem 接入或两个相距较远的网络通过数据专线互连时，则需要在网络接口层运行专门的 SLIP（Serial Line IP）协议的 PPP（Point to Point Protocol）协议。

（1）SLIP 协议

SLIP 提供在串行通信线路上封装 IP 分组的简单方法，用以使远程用户通过电话线和 MODEM 能方便地接入 TCP/IP 网络。

SLIP 是一种简单的组帧方式，使用时还存在一些问题。首先，SLIP 不支持在连接过程中的动态 IP 地址分配，通信双方必须事先告知对方 IP 地址，这给没有固定 IP 地址的个人用户上 Internet 网带来了很大的不便；其次，SLIP 帧中无协议类型字段，因此它只能支持 IP 协议；再有，SLIP 帧中列校验字段，因此链路层上无法检测出传输差错，必须由上层实体或具有纠错能力的 Modem 来解决传输差错问题。

（2）PPP 协议

为了解决 SLIP 存在的问题，在串行通信应用中又开发了 PPP 协议。PPP 协议是一种有效的点对点通信协议，它由串行通信线路上的组帧方式，用于建立、配置、测试和拆除数据链路的链路控制协议 LCP 及一组用以支持不同网络层协议的网络控制协议 NCPs 三部分组成。

由于 PPP 帧中设置了校验字段，因而 PPP 在链路层上具有差错检验的功能。PPP 中的 LCP 协议提供了通信双方进行参数协商的手段，并且提供了一组 NCPs 协议，使得 PPP 可以支持多种网络层协议，如 IP、IPX、OSI 等。另外，支持 IP 的 NCP 提供了在建立连接时动态分配 IP 地址的功能，解决了个人用户上 Internet 网的问题。

2．IP 层

IP 层中含有 4 个重要的协议：互联网协议 IP、互联网控制报文协议（ICMP）、地址转换协议（ARP）和反向地址转换协议（RARP）。

IP 层的功能主要由 IP 来提供。除了提供端到端的分组分发功能外，IP 还提供了很多扩充功能。例如，为了克服数据链路层对帧大小的限制，IP 层提供了数据分块和重组功能，这使得很大的 IP 数据报能以较小的分组在网上传输。

IP 层的另一个重要服务是在互相独立的局域网上建立互连网络，即网际网。网间的报文来往根据它的目的 IP 地址通过路由器传到另一网络。

（1）互联网协议 IP（Internet Protocol）

IP 层最重要的协议是 IP，它将多个网络联成一个互联网，可以把高层的数据以多个数据报的形式通过互联网分发出去。

IP 的基本任务是通过互联网传送数据报，各个 IP 数据报之间是相互独立的。主机上的 IP 层向运输层提供服务。IP 从源运输实体取得数据，通过它的数据链路层服务传给目的主机的 IP 层。IP 不保证服务的可靠性，在主机资源不足的情况下，它可能丢弃某些数据报，同时 IP 也不检查被数据链路层丢弃的报文。

在传送时，高层协议将数据传送给 IP，IP 再将数据封装为互联网数据报，并交给数据链路层协议通过局域网传送。若目的主机直接连在本网中，IP 可直接通过网络将数据报传给目的主机；若目的主机在远程网络中，则 IP 路由器传送数据报，而路由器则依次通过下一网络将数据报传送到目的主机或再下一个路由器。也即一个 IP 数据报是通过互连网络,从一个 IP 模块传到另一个 IP 模块,直到终点为止。

需要连接独立管理的网络的路由器,可以选择它所需的任何协议,这样的协议称为内部网间连接器协议(IGP,Interior Gateway Protocol)。在 IP 环境中,一个独立管理的系统称为自治系统。

跨越不同的管理域的路由器(如从专用网到 PDN)所使用的协议,称为外部网间连接器协议(EGP,Exterior Gateway Protocol),EGP 是一组简单的定义完备的正式协议。

(2)互联网控制报文协议(ICMP)

从 IP 互联网协议的功能,可以知道 IP 提供的是一种不可靠的无法接报文分组传送服务。若路由器故障使网络阻塞,就需要通知发送主机采取相应措施。

为了使互联网能报告差错,或提供有关意外情况的信息,在 IP 层加入了一类特殊用途的报文机制,即互联网控制报文协议。

分组接收方利用 ICMP 来通知 IP 模块发送方某些方面所需的修改。ICMP 通常是由发现别的站发来的报文有问题的站产生的,例如可由目的主机或中继路由器来发现问题并产生有关的 ICMP。如果一个分组不能传送,ICMP 便可以被用来警告分组源,说明有网络、主机或端口不可达。ICMP 也可以用来报告网络阻塞。ICMP 是 IP 正式协议的一部分,ICMP 数据报通过 IP 送出,因此它在功能上属于网络第三层,但实际上它是像第四层协议一样被编码的。

(3)地址转换协议(ARP)

在 TCP/IP 网络环境下,每个主机都分配了一个 32 位的 IP 地址,这种互联网地址是在国际范围标识主机的一种逻辑地址。为了让报文在物理网上传送,必须知道彼此的物理地址。这样就存在把互联网地址变换为物理地址的地址转换问题。以以太网(Ethernet)环境为例,为了正确地向目的站点传送报文,必须把目的站点的 32 位 IP 地址转换成 48 位以太网目的地址 DA。这就需要在 IP 层有一组服务将 IP 地址转换为相应的物理网络地址,这组协议即是 ARP。

在进行报文发送时,如果源 IP 层给的报文只有 IP 地址,而没有对应的以太网地址,则 IP 层广播 ARP 请求,以获取目的站信息,而目的站必须回答该 ARP 请求。这样源站点可以收到以太网 48 位地址,并将地址放入相应的高速缓存(Cache)。下一次源站点对同一目的站点的地址转换可直接引用高速缓存中的地址内容。地址转换协议 ARP 使主机可以找出同一物理网络中任一个物理主机的物理地址,只需给出目的主机的 IP 地址即可。这样,网络的物理编址可以对 IP 层服务透明。

在互联网环境下,为了将报文送到另一个网络的主机,数据报先定向发送到所在网络的 IP 路由器。因此,发送主机首先必须确定路由器的物理地址,然后依次将数据发往接收端。除基本 ARP 机制外,有时还需在路由器上设置代理 ARP,其目的是由 IP 路由器代替目的站对发送方的 ARP 请求做出响应。

(4)反向地址转换协议(RARP)

反向地址转换协议用于一种特殊情况,如果站点初始化以后,只有自己的物理地址而没有 IP 地址,则它可以通过 RARP 协议,发出广播请求,征求自己的 IP 地址,而 RARP 服务器则负责回答。这样,无 IP 地址的站点可以通过 RARP 协议取得自己的 IP 地址,这个地址在下一次系统重新开始以前都有效,不用连续广播请求。RARP 广泛用于获取无盘工作站的 IP 地址。

3. TCP 层

TCP/IP 在这一层提供了两个主要的协议：传输控制协议（TCP）和用户数据协议（UDP），另外还有一些别的协议，例如用于传送数字化语音的 NVP 协议。

（1）传输控制协议（TCP）

TCP 提供的是一种可靠的数据流服务。当传送受差错干扰的数据，或基础网络故障，或网络负荷太重而使网际基本传输系统（无连接报文递交系统）不能正常工作时，就需要通过其他协议来保证通信的可靠。TCP 就是这样的协议，它对应于 OSI 模型的运输层，它在 IP 协议的基础上，提供端到端的面向连接的可靠传输。

TCP 采用"带重传的肯定确认"技术来实现传输的可靠性。简单的"带重传的肯定确认"是指与发送方通信的接收者，每接收一次数据，就送回一个确认报文，发送者对每个发出去的报文都留一份记录，等到收到确认之后再发出下一报文分组。发送者发出一个报文分组时，启动一个计时器，若计时器计数完毕，确认还未到达，则发送者重新送该报文分组。

简单的确认重传严重浪费带宽，TCP 还采用一种称之为"滑动窗口"的流量控制机制来提高网络的吞吐量，窗口的范围决定了发送方发送的但未被接收方确认的数据报的数量。每当接收方正确收到一则报文时，窗口便向前滑动，这种机制使网络中未被确认的数据报数量增加，提高了网络的吞吐量。

TCP 通信建立在面向连接的基础上，实现了一种"虚电路"的概念。双方通信之前，先建立一条连接，然后双方就可以在其上发送数据流。这种数据交换方式能提高效率，但事先建立连接和事后拆除连接需要开销。TCP 连接的建立采用三次握手的过程，整个过程由发送方请求连接、接收方再发送一则关于确认的确认三个过程组成。

（2）用户数据报协议（UDP）

用户数据报协议是对 IP 协议组的扩充，它增加了一种机制，发送方使用这种机制可以区分一台计算机上的多个接收者。每个 UDP 报文除了包含某用户进程发送的数据外，还有报文目的端口的编号和报文源端口的编号，UDP 的这种扩充使得在两个用户进程之间的递送数据报成为可能。

UDP 是依靠 IP 协议来传送报文的，因而它的服务和 IP 一样是不可靠的。这种服务不用确认、不对报文排序、也不进行流量控制，UDP 报文可能会出现丢失、重复、失序等现象。

4. 应用层

TCP/IP 的上三层与 OSI 参考模型有较大区别，也没有非常明确的层次划分。其中 FTP、TELNET、SMTP、DNS 是几个在各种不同机型上广泛实现的协议，TCP/IP 中还定义了许多别的高层协议。

（1）文件传输协议（FTP）

文件传输协议是网际提供的用于访问远程机器的一个协议，它使用户可以在本地机与远程机之间进行有关文件的操作。FTP 工作时建立两条 TCP 连接，一条用于传送文件，另一条用于传送控制。

FTP 采用客户/服务器模式，它包含客户 FTP 和服务器 FTP。客户 FTP 启动传送过程，而服务器对其做出应答。客户 FTP 大多有一个交互式界面，使用权客户可以灵活地向远地传文件或从远地取文件。

（2）远程终端访问（Telnet）

Telnet 的连接是一个 TCP 连接，用于传送具有 Telnet 控制信息的数据。它提供了与终端设备或终端进程交互的标准方法，支持终端到终端的连接及进程到进程分布式计算的通信。

（3）域名服务（DNS）

DNS 是一个域名服务的协议，提供域名到 IP 地址的转换，允许对域名资源进行分散管理。DNS 最初设计的目的是使邮件发送方知道邮件接收主机及邮件发送主机的 IP 地址，后来发展成为可服务于其他许多目标的协议。

（4）简单邮件传送协议（SMTP）

互联网标准中的电子邮件是一个单向的基于文件的协议，用于可靠、有效的数据传输。SMTP 作为应用层的服务，并不关心它下面采用的是何种传输服务，它可通过网络在 TCP 连接上传送邮件，或者简单地在同一机器的进程之间通过进程通信的通道来传送邮件。这样，邮件传输就独立于传输子系统，可在 TCP/IP 环境、OSI 运输层或 X.25 协议环境中传输邮件。

邮件发送前必须协商好发送者、接收者。SMTP 服务进程同意为基本接收方发送邮件时，它将邮件直接交给接收方用户或逐个经过网络连接器，直到邮件交给接收方用户。在邮件传输过程中，所经过的路由被记录下来。这样，当邮件不能正常传输时可按原路由找到发送者。

3.4.2 IP 协议

在计算机寻址中经常会遇到"名字"、"地址"和"路由"这 3 个术语，它们之间是有较大区别的。名字是要找的，就像人名一样；而地址是用来指出这个名字在什么地方的，就像人的住址一样；路由是解决如何到达目的地址的问题，就像已经知道了某个人住在什么地方，现在要考虑走什么路线、采用什么交通工具到达目的地最为简便。这里所介绍的 IP 协议主要是解决地址的问题。

1981 年完成的 RFC 791 定义了当前使用的 IP。但是，从那时起又有许多 RFC 阐明并定义了 IPv4 寻址议题、在某种特定网络媒体上运行的 IP 以及 IPv4 的服务类型位（TOS）。感兴趣的读者如果想了解 20 年前定义的 IP 协议，可以参考 RFC 791。该协议的工作主要是定义了在处理数据时可以应用的简单规则、帮助处理数据的一组头部定义以及寻址机制。在此进行一些扼要解释。

1. IP 寻址

IP 地址体系结构依靠高度结构化的地址，地址空间由其长度（32 位）决定。所有 IP 地址均包括 3 2 位或 4 个字节，IP 领域也常使用术语八位组（octet）。这些地址被分为不同类，其中定义了如何对地址进行处理。还有一些地址具有特殊含义。

（1）IP 地址结构

IP 地址是等级地址，通常从左到右读，高阶位/字节即是最高有效位/字节。举例说明，地址前几位说明地址所属的地址类；前几个字节说明该地址所属的网络。最低有效字节（或位）将地址限定为特定的主机。这种结构意味着向网络外选路时可以忽略单个主机而只需跟踪整个网络的位置。

32 位地址被分为两部分：第一部分是网络地址，第二部分是本地地址。在本地网络外，只有网络地址是重要的；而在本地网络内，因为所有主机都连接在同一个本地网络上，只有本地地址是重要的而网络地址则无关紧要。

IP 网络地址分发给多个机构，由机构自己为机构内部主机分配本地地址。这意味着某个特定网络内的本地地址可能没有全部分配出去。这样就削减了总数为 232 的地址空间的可用地址数。

（2）IP 地址分类

最初 IP 地址分为 3 类：A、B 和 C，用于为不同类别网络上的主机编号。后来在 IP 组播成为标准后又加入了第四类地址，称为 D 类，但该地址既不能用于单个主机也不能用于特定网络。A、B、C 类地址渐渐被称作单播（unicast），意味着其中每个地址只标识单个主机，且来自/发往某个单播地址的数据是从一个主机发往另一个主机的。D 类地址用于组播传输，意味着可以有多于一台的主机接收发给某组播地址的数据，但组播传输仍然是由单个主机发起。

检查 IP 地址的前几位将有助于对地址进行分类。IP 地址的分类如下：

- A 类 IP 地址。用前面 8 位来标识网络号，其中规定最前面一位为 0，24 位标识主机地址，即 A 类地址的第一段取值（也即网络号）可以是 00000001~01111111 之间任意一个数字，转换为十进制后即为 1~128 之间。主机号没有做硬性规定，所以它的 IP 地址范围为 1.0.0.0~128.255.255.255。A 类地址是为大型政府网络而提供的，因为 A 地址中有 10.0.0.0~10.255.255.254 和 127.0.0.0~127.255.255.254 这两段地址有专门用途，所以全世界总共只有 126 个可能的 A 类网络。每个 A 类网络最多可以连接 16777214 台计算机，这类地址数是最少的，但这类网络所允许连接的计算机是最多的。

- B 类 IP 地址。用前面 16 位来标识网络号，其中最前面两位规定为 10，16 位标识主机号，也就是说 B 类地址的第一段 10000000~10111111，转换成十进制后即为 128~191 之间，第一段和第二段合在一起表示网络地址，它的地址范围为 128.0.0.0~191.255.255.255。B 类地址适用于中等规模的网络，全世界大约有 16000 个 B 类网络，每个 B 类网络最多可以连接 65534 台计算机。这类 IP 地址通常为中等规模的网络提供。其中 172.16.0.0~172.31.255.254 地址段有专门用途。

- C 类 IP 地址。用前面 24 位来标识网络号，其中最前面三位规定为 110，8 位标识主机号。这样 C 类地址的第一段取值为 11000000~11011111 之间，转换成十进制后即为 192~223。第一段、第二段、第三段合在一起表示网络号，最后一段标识网络上的主机号，它的地址范围为 192.0.0.0~223.255.255.255。C 类地址适用于校园网等小型网络，每个 C 类网络最多可以有 254 台计算机。这类地址是所有的地址类型中地址数最多的，但这类网络所允许连接的计算机是最少的。这类 IP 地址可分配给任何有需要的人。其中 192.168.0.0~192.168.255.255 为企业局域网专用地址段。

- D 类地址。它用于多重广播组，一个多重广播组可能包括 1 台或更多主机，或根本没有。D 类地址的最高位为 1110，第一段取值为 11100000~11101111，转换成十进制即为 224~239，剩余的位设计客户机参加的特定组，它的地址范围为 224.0.1.1~239.255.255.255。在多重广播操作中没有网络或主机位，数据包将传送到网络中选定的主机子集中，只有注册了多重广播地址的主机才能接收到数据包。

- E 类地址。这是一个通常不用的实验性地址，保留作为以后使用。E 类地址的最高位为 11110，第一段八位体为 11110000~11110111，转换成十进制即为 240~247。

IPv4 协议中对首段位为 248~254 的地址段暂无规定。

（3）特殊地址

由于有一些网络地址有特殊含义，导致可分配的网络地址的总数进一步减少。下列地址不能分配给实际的网络：

第一个八位组是将 127 的地址（如 127.0.0.1）定义为回返地址。这个约定是必要的。对于所有发往回返地址的数据，网络栈将视为传输给自己的数据，尽管数据沿网络栈向下传递，并没有真正发送到网络媒体上。这种方法允许主机通过其网络接口与自己通信，这对于测试很有用。

地址中的主机部分为全 1 的地址是广播地址。网络上的所有主机都将接收以广播地址为目的地址的数据（参见后续关于广播的更详细的讨论）。

全 0 的地址表示本网络或本主机。换句话说，一个表示特定网络的 A 类地址，若主机部分为全 0 表示在此特定网络上的本主机。同样，网络地址为全 0（如 0.0.121.1）表示在本网络上的特定主机。

这些限制减少了可用的网络和主机地址。回返地址占用了一个 A 类网络地址，否则 127 将是最高阶的 A 类地址。同样，对于全 0 地址（0.0.0.0）的保留又减少了一个 A 类地址。因此，有效的 A 类网络局限于第一个八位组为 1~126，而不是 0~127，即只有 126 个可能的 A 类地址。

保留地址也影响到每个网络上的惟一主机地址的数量。网络上的最大主机数变成了 $2n-2$，而不是 $2n$，对于 A 类，n=24；B 类，n=16；C 类，n=8。全 0 或全 1 地址分别保留下来，以用于本主机或广播地址。虽然这并没有显著地减少 A 类和 B 类地址的数量，但却把 C 类地址的数量从 256 减少到了 254。这种地址丢失在网络划分为子网时变得更加严重（子网将在后面讨论）。

（4）广播

定义广播是为了提供一种机制使得网络上的所有主机可以接受同一条消息。广播很有用，它允许一台主机把某种变化通知网络上的所有其他主机。例如，服务器通过发送广播来通告自己的状态变化。另外，一些主机在不知把数据向哪里传输时也可以使用广播。例如，工作站在不知道服务器的名字和地址时可以广播一个请求来寻找服务器。

虽然广播地址已经存在，但 IPv6 将不实现广播地址。广播的主要问题在于对网络性能的负面影响。虽然在一个类似以太网的基带网络上广播产生的业务量不比单播多，但在其他配置中它的确导致了一些问题。扼要地说，对于诸如 ATM 之类在虚电路上传输的网络，广播很麻烦；在机构的互联网中广播必须经过路由器，这也会产生问题。广播的另一问题在于，虽然它通常只与一小部分主机有关，却增加了每台主机必须处理的业务量。

（5）子网

整个 IP 地址空间按等级组织，外部选路基于网络地址的第一部分进行，内部选路则由网络地址的所有者负责。这种方法使得路由表更加简单、高效。但是，处理 32 位地址空间和 24 位（A 类网络）地址空间甚至 16 位（B 类网络）地址空间的选路是有区别的，该区别在于是路由表太大以至于无法处理，还是仅仅是路由表太大以至于无法处理。由于大多数物理网络只能处理几百台主机的连接，A 类或 B 类地址的所有者需要设计它们的内部体系结构。

划分子网正是对该问题的解决办法。子网允许网络管理者对其地址空间分级组织。在没有划分子网的网络中，路由器严格地按照网络类型来解释网络地址。如果第一个八位组指出是一个 A 类地址，路由器将忽略其他 3 个八位组，因为它们代表的是 A 类地址的主机地址。

但是，当划分子网后，网络上的主机将掩盖地址的主机部分中的一部分，并将被掩盖的部分作为子网。换句话说，如果把 A 类网络的第二个八位组划分为子网，路由器将把 A 类网络地址和主机部分中的第一个八位组组合作为两个八位组的网络地址。

划分子网的原因有以下几个：首先，它允许系统管理员按照自己的需要组织网络地址空间。其次，在该网络之外子网是不可见的。发给 A 类网络上主机的数据报总会到达进入该机构的同一个路由器，发送方无需了解（或关心）该数据进入目的机构的网络后将发生的事情。

即使在所有主机连接在同一个 LAN 的情况下仍可以划分子网，但如果网络上有不同的 LAN（或网段），子网就更加重要。一个包含多个网段的互联网如果不划分子网将很难使用，甚至在某些情况下不可用。这样中继器、网桥、网关和路由器都将无法发挥最佳性能。由于目前大部分 IP 网络地址是 C 类地址，而 C 类地址很难高效地划分子网，因此这将会导致一些问题。对于全 0 地址和全 1 地址的保留限制了 C 类地址划分子网后每个子网的主机数量。

2. IP 头

IP 数据报非常简单，就是在数据块（称为净荷）的前面加上一个包头。IP 数据报中的数据（包括包头中的数据）以 32 位（字节或 4 个八位组）的方式来组织。如图 3-8 中展示了 IP 头字段的排列。从图中可以看出，所有 IP 数据报头最小长度是 5 个字（20 字节），如果有其他选项的话，包头可能会更长。

版本	头长度	服务类型	数据报长度
数据报 ID		分段标志	分段偏移值
生存期	协议	检验和	
源 IP 地址			
目的 IP 地址			
IP 选项（需要时填充）			
数据报的数据部分			
净荷			

图 3-8　IPv4 头包括 12 个不同的字段

（1）IP 头字段

IPv4 头字段包括：

- 版本。这个 4 位字段指明当前使用的 IP 版本号。这是要处理的第一个字段，因为接收方必须了解如何解释包头中的其余部分。
- 头长度。IPv4 的头长度的范围从 5 个 4 字节字到 15 个 4 字节字。头长度指明头中包含的 4 字节字的个数。可接受的最小值是 5，最大值是 15（意味着包头有 60 字节长而选项占了其中 40 个字节）。
- 服务类型。这 8 位中只有前 4 位用来作为 IP 路由器的服务类型（TOS）请求。一个 TOS 位表示对如何处理数据报的优先选择：延时、吞吐量、可靠性或代价。在请求中把延时位置位意味着需要最小的延时；把吞吐量位置位意味着需要最大的吞吐量；把可靠性位置位意味着需要最高的可靠性。TOS 在 IPv4 中的应用并不广泛。由于通常对于路由没有选择余地，这些只是要考虑的建议，这些位由高层应用协议自动设置为合适的值。例如，远程网络会话要求最小延时，而文件传输要求最大吞吐量。
- 数据报长度。指的是包括包头在内的整个数据报的长度。该字段为 16 位，限定了

IP 数据报的长度最大为 65536 字节。这个字段的必要性在于 IP 中没有关于"数据报结束"的字符或序列。网络主机可以使用数据报长度来确定一个数据报的结束和下一个数据报的开始。
- 数据报 ID。这个惟一的 16 位标识符由产生它的主机指定给数据报。发送主机为它送出的每个数据报产生一个单独 ID，但数据报在传输的过程中可能会分段，并经过不同的网络而到达目的地。分段后的数据报都共享同一个数据报 ID，这将帮助接收主机对分段进行重装。
- 分段标志。3 位分段标志位中的第一位未用，其他两位用于控制数据报的分段方式。如果"不能分段（DF）"位设为 1，意味着数据报在选路到目的地的过程中不会分段传输。如果数据报不分段就无法选路，试图分段的路由器将丢掉该数据报并向源主机发送错误报文。如果"更多段（MF）"位设为 1，意味着该数据报是某两个或多个分段中的一个，但不是最后一段。如果 MF 位设为 0，意味着后面没有其他分段或者是该数据报本来就没有分段。接收主机把标志位和分段偏移一起使用，以重组被分段的数据报。
- 分段偏移值。这个字段包含 13 位，它表示以 8 字节为单位，当前数据报相对于初始数据报的开头的位置。换句话说，数据报的第一个分段的偏移值为 0；如果第二个分段中的数据从初始数据报开头的第 800 字节开始，该偏移值将是 100。
- 生存期。这个 8 位字段指明数据报在进入互联网后能够存在多长时间，它以秒为单位。生存期（TTL）用于测量数据报在穿越互联网时允许存在的秒数。其最大值是 255，当 TTL 到达 0 时，包将被网络丢弃。设定 TTL 的本意是让每个路由器计算出处理每个数据包所需的时间，然后从 TTL 中把这段时间减去。实际上，数据报穿越路由器的时间远小于 1 秒，因此路由器厂商在实现中采用了一个简单的减法，即在转发数据报时把 TTL 减 1。在实践中，TTL 代表的是数据报在被丢弃前能够穿越的最大跳数。
- 协议。指明数据报中携带的净荷类型，主要标识所使用的传输层协议，一般是 TCP 连接或 UDP 数据报。
- 头校验和。IPv4 中不提供任何可靠服务，此校验和只针对包头。计算校验和时，把包头作为一系列 16 位二进制数字（校验和本身在计算时被设为 0），并把它们加在一起，然后对结果取补码。这保证了头的正确性但并没有增加任何传输可靠性或对 IP 的差错检查。
- 源/目的 IP 地址。这些是源主机和目的主机的实际的 32 位（4 个八位组）IPv4 地址。

（2）IP 选项

顾名思义，IP 选项是可选的且不经常使用，而且它们在 IPv6 中的形式根本不同。在 IPv4 中，IP 选项主要用于网络测试和调试。

可用的选项大多与选路有关。例如，有的选项允许发送方指定数据报必须经过的路由，换句话说，定义了由哪些路由器来处理该数据报。还有的选项要求中转路由器记录其 IP 地址为数据报打上时间戳。一些选项，尤其是指出数据报必须经过哪些 IP 地址的报文要求在选项后附加一些数据。

指定路由、记录路由器或增加时间戳等选项增加了 IP 头的长度。如果使用，IP 选项会以没有间隔字符的方式串在一起，如果它们的结尾不在字边界，即字节数不是 4 字节的整数倍，还将会加上填充数据。正如上述对头长度字段的描述，选项字段可以包括不超过40字节的选项和选项数据。

3．数据报的转移

理解数据报的转移过程意味着要理解 IP 寻址方案和 IP 数据报头字段。发送数据报的 IP 主机为数据报建立的 IP 头中包含自己的地址作为源地址，并包含目的主机 IP 地址。当这个数据报沿着网络协议栈到达链路层后，链路层必须确定向"同一个本地网络"上哪一台主机发送。换句话说，即便目的地在另一个网络上，数据报也必须发送给予发送方主机在同一个网络上的主机。

发送主机将检查目的地址。如果在同一个 IP 网络和子网上，该主机将使用地址解析协议（ARP）向本地网络发送广播，并把 IP 地址映射到链路层（如以太网）地址，然后将该数据报封装到数据链路层帧中并直接发送到目的地。但是，如果目的地在不同的网络或子网上，发送者必须确定向何处发送数据，使之可以转发到正确的网络。

这就是路由器的作用。发送方主机了解本地主机，也了解路由器。一般来说，一个子网上有一个或两个路由器用来转发包。发送主机把 IP 数据报（由初始发出，目的地址为最终目的地）封装在链路层帧中，该帧直接发给默认路由器，由此路由器把该帧拆开并检查 IP 数据报头。首先，它将检查版本号，IPv4 中只允许该字段为版本 4。它还将继续处理头字段中的其他部分，递减生存期字段并重新计算包头校验和。

路由器还会检查目的地址，以确定它是否属于路由器直接连接的任一本地网络。如果是，路由器将使用 ARP 确定目的地的数据链路层地址，然后把该数据报封装在数据链路层帧中发送。如果不属于该路由器直接连接的任何网络，则将数据报转发给另一个路由器。继续此过程，直到数据报到达其目的网络为止。

图 3-9 展示了这个工作过程。图中包含有两个不同机构，它们均连接在 Internet 上，且各自有 3 个网络。每个网络连接到一个路由器上，每个路由器同时连接 3 个网络和 Internet。当主机 X 向主机 Y 发送数据时，该数据将首先被发送到网络 A 上，以到达路由器 A。当路由器 A 收到该数据报后，此路由器将该数据报拆开，确定其目的地不在与自己连接的任何网络（A、B 或 C）上。然后此路由器将该数据报转发到另一个路由器上（在本例中位于 Internet 中某处），该路由器将继续通过 Internet 转发数据报直至到达路由器 B 为止。一旦路由器 B 收到该数据报，该路由器拆包后发现其目的地址在自己的一个本地网络上，于是这个路由器使用 ARP 来查询网络，以确定正确的数据链路层地址并将数据发送至该主机。

每个路由器都修改包中的生存期和头检验和。如果在发送者和接收者之间数据报必须分段，中间路由器还要修改数据报 ID 和分段偏移值。在原始数据报过大而无法穿越一个中间网络的时候，这种情况就可能发生。

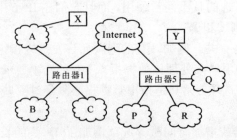

图 3-9　IP 路由的工作过程

3.4.3 TCP 协议

1. TCP 协议简介

TCP 是一个面向连接的传输层协议。虽然 TCP 不属于 ISO 制定的协议集，但由于其在商业界和工业界的成功应用，它已成为事实上的网络标准，广泛应用于各种网络主机间的通信。

作为一个面向连接的传输层协议，TCP 的目标是为用户提供可靠的端到端连接，保证信息有序无误的传输。它除了提供基本的数据传输功能外，还为保证可靠性采用了数据编号、校验和计算、数据确认等一系列措施。它对传送的每个数据字节都进行编号，并请求接收方回传确认信息（ACK）。发送方如果在规定的时间内没有收到数据确认，就重传该数据。数据编号使接收方能够处理数据的失序和重复问题。数据误码问题通过在每个传输的数据段中增加校验和予以解决，接收方在接收到数据后检查校验和，若校验和有误，则丢弃该有误码的数据段，并要求发送方重传。流量控制也是保证可靠性的一个重要措施，若无流控，可能会因接收缓冲区溢出而丢失大量数据，导致许多重传，造成网络拥塞恶性循环。TCP 采用可变窗口进行流量控制，由接收方控制发送方发送的数据量。

TCP 为用户提供了高可靠性的网络传输服务，但可靠性保障措施也影响了传输效率。因此，在实际工程应用中，只有关键数据的传输才采用 TCP，而普通数据的传输一般采用高效率的 UDP。

TCP 协议主要为了在主机间实现高可靠性的包交换传输协议。计算机网络在现代社会中已经是不可缺少的了，TCP 协议主要在网络不可靠的时候完成通信，对军方可能特别有用，但是对于政府和商用部门也适用。TCP 是面向连接的端到端的可靠协议。它支持多种网络应用程序。TCP 对下层服务没有多少要求，它假定下层只能提供不可靠的数据报服务，它可以在多种硬件构成的网络上运行。如图 3-10 所示是 TCP 在层次式结构中的位置，它的下层是 IP 协议，TCP 可以根据 IP 协议提供的服务传送大小不定的数据，IP 协议负责对数据进行分段、重组，在多种网络中传送。

TCP 的上面就是应用程序，下面是 IP 协议，上层接口包括一系列类似于操作系统中断的调用。对于上层应用程序来说，TCP 应该能够异步传送数据。下层接口我们假定为 IP 协议接口。为了在并不可靠的网络上实现面向连接的可靠的传送数据，TCP 必须解决可靠性和流量控制的问题，必须能够为上层应用程序提供多个接口，同时为多个应用程序提供

图 3-10 TCP 在层次式结构中的位置

数据，同时 TCP 必须解决连接问题，这样 TCP 才能称得上是面向连接的。最后，TCP 也必须能够解决通信安全性的问题。

2. TCP 工作原理简述

网络环境包括由网关（或其他设备）连接的网络，网络可以是局域网也可以是一些城域网或广域网，但无论它们是什么，它们必须是基于包交换的。主机上不同的协议有不同的端口号，一对进程通过这个端口号进行通信。这个通信不包括计算机内的 I/O 操作，只包括在网络上进行的操作。网络上的计算机被看作包传送的源和目的节点。特别应该注意的是，计

算机中的不同进程可能同时进行通信，这时它们会用端口号进行区别，不会把发向 A 进程的数据由 B 进程接收的。

进程为了传送数据会调用 TCP，将数据和相应的参数传送给 TCP，于是 TCP 会将数据传送到目的 TCP 那里，当然这是通过将 TCP 包打包在 IP 包内在网络上传送达到的。接收方 TCP 在接收到数据后会通信上层应用程序，TCP 会保证接收数据顺序的正确性。虽然下层协议可能不会保证顺序是正确的。这里需要说明的是，网关在接收到这个包后，会将包解开，看看是不是已经到目的地了，如果没有到，应该走什么路由达到目的地。在决定后，网关会根据下一个网络内的协议情况再次将 TCP 包打包传送，如果需要，还要把这个包再次分成几段再传送。这个落地检查的过程是一个耗时的过程。从上面可以看出 TCP 传送的基本过程，当然具体过程可能要复杂得多。

3.4.4 域名系统

域名系统（DNS，Domain Name System）是 Internet 上解决网上机器命名的一种系统。Internet 上两台机器的互相访问就像两个人见面打招呼一样，当一台主机要访问另外一台主机时，首先需要获知对方的地址，TCP/IP 中的 IP 地址是由 4 段以 " " 分开的最多 3 位最少 1 位的数字组成，记起来总是不如名字那么方便，所以，就采用了域名系统来管理名字和 IP 的对应关系。通常一个域名对应一个 IP。

域名的一般格式为：

主机名+单位名+单位性质代码+国家代码

我国的域名注册由中国互联网络信息中心 CNNIC 统一管理。

单位性质代码由 3 个字母组成，常见的单位性质代码如表 3-3 所示。

表 3-3 常用的单位性质代码

单位性质代码	机构类型	单位性质代码	机构类型
int	国际组织	mil	军事组织
com	商业组织	arts	文艺艺术实体
edu	教育机构	net	网络服务机构
gov	政府部门	web	与 www 相关的实体
org	非盈利性组织	inf	提供信息服务的实体
firm	商业或公司	rec	娱乐休闲资源

国家代码是最高域名，代表主机所在的国家或地区，由 Internet 国际特别委员会制定。一般采用两个字符的国家代码，如表 3-4 所示。由于美国是 Internet 的发源地，所以美国主机域名中的国家代码常被省略。

表 3-4 国家或地区代码

国家或地区代码	代表的国家或地区	国家或地区代码	代表的国家或地区
.cn	中国	.de	德国
.hk	中国香港	.fr	法国
.tw	中国台湾	.gr	希腊

国家或地区代码	代表的国家或地区	国家或地区代码	代表的国家或地区
.au	澳大利亚	.jp	日本
.ca	加拿大	.uk	英国

3.5 Internet 提供的基本服务

Internet 发展迅猛，其提供的服务在不断增加，应用领域也不断扩大，而且日益渗透到人们的生活和工作中，成为日常交流中不可缺少的组成部分。这里所列出的是一些基本服务与应用的概况。其中电子邮件、WWW、文件传输和远程登录是 Internet 提供的基本服务，Internet 上大多数的应用都基于这 4 种基本服务。

3.5.1 电子邮件

电子邮件（E-mail）服务是 Internet 所有信息服务中用户最多和接触面最广泛的一类服务。电子邮件不仅可以到达那些直接与 Internet 连接的用户以及通过电话拨号可以进入 Internet 节点的用户，还可以用来同一些商业网（如 CompuServe，America Online）以及世界范围的其他计算机网络（如 BITNET）上的用户通信联系。电子邮件的收发过程和普通信件的工作原理是非常相似的。

电子邮件和普通信件的不同在于它传送的不是具体的实物而是电子信号，因此它不仅可以传送文字、图形，甚至连动画或程序都可以寄送。电子邮件当然也可以传送订单或书信。由于不需要印刷费及邮费，所以大大节省了成本。通过电子邮件，如同杂志一样贴有许多照片厚厚的样本都可以简单地传送出去。同时，在世界上只要可以上网的地方，都可以收到别人寄给你的邮件，而不像平常的邮件，必须回到收信的地址才能拿到信件。Internet 为用户提供了完善的电子邮件传递与管理服务。电子邮件（E-mail）系统的使用非常方便。

3.5.2 WWW

WWW 是基于超文本（Hypertext）方式的信息查询工具。通过位于全世界 Internet 上不同地点的相关数据信息有机地编织在一起，用户仅需提出查询要求，而到什么地方查询及如何查询由 WWW 自动完成。WWW 除可浏览文本信息外，还可以通过相应软件（Mosaic）显示与文本内容相配合的图形、图像和声音等信息。

3.5.3 文件传输

文件传输服务提供了任意两台 Internet 上的计算机相互之间传输文件的机制，是广大用户获得丰富的 Internet 信息资源的重要手段之一。不管两台计算机相距多远，只要都连入了 Internet，并且都得到 TCP/IP 高层协议中的文件传输协议（FTP，File Transfer Protocol）的支持，就可以将一台计算机上的文件传输到另一台计算机上。采用 FTP 传输文件时，可以传输文本文件、各种二进制文件和压缩文件等，并且在传输过程中不需要对这些文件进行复杂的转换，因而具有相当高的传输效率。

利用 FTP 不仅可以节省许多实时联机的通信费用，而且可以方便地阅读和处理传输来的文件。更重要的是，Internet 上许多公司、大学、科研机构的 FTP 主机上都存放有为数众多的共享软件与文档。用户通过 FTP，就可以访问 Internet 上这些巨大的、宝贵的信息资源，或者干脆将感兴趣的软件和文档下载（download）到本地计算机的硬盘上。

普通 FTP 服务要求用户在登录到对方 FTP 服务器时，提供相应的用户名和密码，然后才能进行文件搜索与文件传输。这就要求用户在对方的主机上拥有自己的账户，对于大量没有账户的用户来说这是很不方便的。为了便于用户获取 Internet 上公开发布的各种信息，许多 FTP 主机提供了所谓的"匿名 FTP"服务。用户使用匿名 FTP 服务时，可以用 anonymous 作为用户名，以自己的 E-mail 地址或 guest 作为密码，便可登录到提供相应服务的主机上，得到相应的 FTP 服务。

Internet 是一个资源宝库，保存有许多共享软件、学术文献、影像资料、图片与动画等，一般都允许用户使用 FTP 软件将它们下载下来。由于仅仅使用 FTP 服务时，用户在文件下载到本地计算机之前无法了解文件的具体内容，因而目前人们越来越倾向于直接使用 WWW 浏览器去搜索所需要的文件，然后利用浏览器所支持的 FTP 功能下载相关文件。

3.5.4 远程登录

远程登录是 Internet 最早提供的基本服务之一。远程登录使用 Telnet 协议，它是 TCP/IP 协议的一部分，精确地定义了远程登录客户机与远程登录服务器之间的交互过程。

连接到 Internet 上的用户进行远程登录，是指使用 Telnet 命令使自己的计算机暂时成为远程主机上的一个仿真终端的过程。一旦用户成功地实现了远程登录，用户的本地计算机就可以像一台与对方主机直接连接的终端一样地进行工作，可以执行远程主机上的应用程序，并可管理文件、编辑文档、读写邮件等。

使用 Telnet 的条件是用户本身的计算机和对方的主机都支持 Telnet 命令，并且用户在对方的主机上拥有自己的账户。用户进行远程登录时，首先应在 Telnet 中给出对方计算机的主机名或 IP 地址，然后根据对方系统的询问，正确键入自己的用户名与密码。有时还需要根据要求，回答自己所使用的仿真终端的类型。

目前，Internet 上有许多信息服务机构提供开放式的远程登录服务，登录到这样的主机上时，就不再需要事先设置用户账户，使用公开的用户名就可以进入对方系统。

3.5.5 其他服务

1. Gopher

它是菜单式的信息查询系统，提供面向文本的信息查询服务。有的 Gopher 也具有图形接口，在屏幕上显示图标与图像。Gopher 服务器对用户提供树形结构的菜单索引，引导用户查询信息，使用非常方便。

由于 WWW 提供了完全相同的功能且更为完善，界面更为友好，因此，Gopher 服务将逐渐淡出网络服务领域。

2. 广域信息服务器（WAIS）

WAIS（Wide Area Information System）用于查找建立有索引的资料（文件）。它从用户指明的 WAIS 服务器中，根据给出的特定单词或词组找出匹配的文件或文件集合。

由于 WWW 已集成了这些功能，现在的 WAIS 信息系统已逐渐作为一种历史保存在 Internet 网上。

3. 网络文件搜索系统 Archie

在 Internet 中寻找文件常常犹如"大海捞针"。Archie 能够帮助用户从 Internet 分布在世界各地计算机上浩如烟海的文件中找到所需文件，或者至少对用户提供这种文件的信息。

用户要做的只是选择一个 Archie 服务器，并告诉它想找的文件在文件名中包含什么关键词汇。Archie 的输出是存放结果文件的服务器地址、文件目录以及文件名及其属性。然后，可从中进一步选出满足需求的文件。

这是一个非常有用的网络功能，但由于在 Internet 发展过程中信息量巨大，而没有更多的人员投入 Archie 信息服务器的建立，因此基于 WWW 的搜索引擎已逐步取代了它的功能，随着 Internet 网信息技术的日渐完善，Archie 的地位正被逐渐削弱。

【本章小结】

本章简要介绍了网络互连的相关概念、网络互连设备的功能及相关知识。同时，还介绍了 Internet 的定义及结构特点，并重点地介绍了 TCP/IP 协议体系和域名系统。最后，还介绍了 Internet 提供的基本服务等方面的知识。

【习题】

简答题

1. 试述网络互连的目的和形式。
2. 中继器、集线器、路由器、网桥及网关的功能特点有何不同？
3. 什么是 Internet？
4. 试述 TCP/IP 参考模型各层的功能特点。
5. 在 IPv4 规范中，IP 地址是如何分类的？
6. 简述 TCP 的工作原理。
7. Internet 提供了哪些基本的服务？

第 4 章 网络操作系统

【学习目标】

1. 了解局域网操作系统的工作模式。
2. 掌握 Windows Server 2003 的安装方法。
3. 掌握 Windows Server 2003 活动目录的概念及安装。
4. 熟悉 Windows Server 2003 的网络配置。
5. 掌握在 Windows Server 2003 环境中计算机账户和用户的管理。
6. 掌握在 Windows Server 2003 环境中如何共享文件和文件夹。

4.1 网络操作系统的基本概念

4.1.1 网络操作系统概述

网络操作系统就是网络用户和计算机网络之间的接口。计算机网络不只是计算机系统的简单连接，还必须有网络操作系统的支持。网络操作系统的任务就是支持网络的通信及资源共享，网络用户则通过网络操作系统请求网络服务。

计算机单机操作系统承担着一台计算机中的任务调度及资源管理与分配，而网络操作系统则承担着整个网络范围内的任务管理以及资源的管理与任务分配。相对单机而言，网络操作系统的内容要复杂得多，它必须帮助用户越过各主机的界面，对网络中的资源进行有效地利用和开发，对网络中的设备进行存取访问，并支持各用户间的通信，所以它提供的是更高一级的服务。另外，它还必须兼顾网络协议，为协议的实现创造条件和提供支持。

网络操作系统的特征：

①网络操作系统允许在不同的硬件平台上安装和使用，能够支持各种网络协议和网络服务。

②提供必要的网络连接支持，能够连接两个不同的网络。

③提供多用户协同工作的支持，具有多种网络设置，管理的工具软件，能够方便的完成网络的管理。

④有很高的安全性，能够进行系统安全性保护和各类用户的存取权限控制。

常见的网络操作系统：

1. Microsoft Windows NT4.0/2000/2003

微软公司的这 3 种网络操作系统主要面向应用处理领域，特别适合于客户机/服务器模式。目前在数据库服务器、部门级服务器、企业级服务器和信息服务器等等应用场合上广泛使用。由于它们和微软的 Windows 98/2000/XP 一脉相承加上操作方便，安全性可靠性也不断增强，所以这3种操作系统的市场份额逐年扩大。

2. UNIX

历史上 UNIX 是大型服务器操作系统的不二之选择。UNIX 在本质上可以有效地支持多任务和多用户工作，适合在 RISC 等高性能平台上运行。由于 UNIX 提供了最完善的 TCP/IP 协议支持，为人称道的稳定性和安全性，所以目前因特网中较大型的服务器的操作系统清一色都是 UNIX。现在风头正劲的 Linux 就是 UNIX 的一种，UNIX 的生命力仍旧十分的强劲。

3. Novell Netware

Netware 操作系统对网络硬件的要求较低，同时兼容 DOS 命令，其应用环境与 DOS 相似，且应用软件较丰富，技术完善、可靠，尤其是无盘工作站的安装较方便，因而较低配置或整体档次不高的微机在组网时应选用 Netware。目前常用的版本有 3.11、3.12 和 4.10 等中英文版本，Netware 服务器对无盘站和游戏的支持较好，常用于教学网和游戏厅。但由于微软公司的 NT 系列的性能不断增强，现在 Novell Netware 的影响力在不断下降。

4.1.2 局域网操作系统的工作模式

1. 对等网模式（Peer-to-Peer）

对等网不需要专用的服务器，网络中的每台机器既是服务器也是工作站，所以又称点对点网络（Peer-To-Peer）。因此，在这种网络中每台微机不但有单机的所有自主权，而且可共享网络中各计算机的处理能力和存储容量，并进行信息交换。尤其在硬盘容量较小（仅有40M），计算机的处理速度还比较低的情况下，对等网具有独特优势。对等网建网容易，成本较低，易于维护。它的缺点是网络中的文件存放非常分散，不利于数据的保密，同时网络的数据带宽受到很大的限制，不易于升级。对等网适用于一些小单位，如微机数量较少（30台以下），且微机布置较集中的情况。

2. 客户机/服务器模式（Client/Server）

其中一台或几台较大的计算机集中进行共享数据库的管理和存取，称为服务器，而将其他的应用处理工作分散到网络中其他微机上去做，构成分布式的处理系统，服务器控制管理数据的能力已由文件管理方式上升为数据库管理方式，因此，C/S 的服务器也称为数据库服务器，注重于数据定义及存取安全后备及还原，并发控制及事务管理，执行诸如选择检索和索引排序等数据库管理功能，它有足够的能力做到把通过其处理后用户所需的那一部分数据而不是整个文件通过网络传送到客户机去，减轻了网络的传输负荷。C/S 结构是数据库技术的发展和普遍应用与局域网技术发展相结合的结果。

3. 专用服务器结构模式（Server-Based）

又称为"工作站/文件服务器"结构，由若干台微机工作站与一台或多台文件服务器通过通信线路连接起来组成工作站，存取服务器文件，共享存储设备。文件服务器自然以共享磁盘文件为主要目的。对于一般的数据传递来说已经够用了，但是当数据库系统和其他复杂而被不断增加的用户使用的应用系统到来的时候，服务器已经不能承担这样的任务了，因为随着用户的增多，为每个用户服务的程序也增多，每个程序都是独立运行的大文件，给用户感觉极慢，因此产生了客户机/服务器模式。

4.2 Windows Server 2003 操作系统的安装与设置

4.2.1 Windows Server 2003 简介

Microsoft 推出的 Windows Server 2003 是目前最快、最安全可靠的 Windows 服务器操作系统，它在性能上比起 Windows NT 和 Windows 2000 都有了大幅的提升。Windows Server 2003 操作系统利用 Windows 2000 Server 技术中的精华，并且使其更加易于部署、管理和使用。Windows Server 2003 为各个行业的企业客户提供了增强的安全性、可靠性和简化的管理，为客户带来了活动目录、存储和分支机构方面的增强功能。

Windows Server 2003 具有以下优点：

（1）可靠性：Windows Server 2003 提供具有基本价值的 IT 架构；包括一个兼具内置的、传统的应用服务器功能和广泛的操作系统功能的应用系统平台；集成了信息工人基础架构，从而保护商业信息的安全、并确保能够访问这些商业信息。

（2）高效性：Windows Server 2003 提供各种工具，帮助用户简化部署、管理和使用网络结构以获得最大效率。主要体现在：提供灵活易用的工具，有助于使用户的设计和部署与组织及网络的要求相匹配；通过加强策略、使任务自动化以及简化升级来帮助用户主动管理网络；通过让用户自行处理更多的任务来降低支持开销。

（3）连接性：Windows Server 2003 为快速构建解决方案提供了可扩展的平台，以便与雇员、合作伙伴、系统和客户保持连接。主要体现在：提供集成的 Web 服务器和流媒体服务器，帮助用户快速、轻松和安全地创建动态 Intranet 和 Internet Web 站点；提供内置的服务，帮助用户轻松地开发、部署和管理 XML Web 服务；提供多种工具，使用户得以将 XML Web 服务与内部应用程序、供应商和合作伙伴连接起来。

Windows Server 2003 为了适应不同规模的组织和用户需求，正式发布了 4 个 Windows Server 2003 的版本，如下所述：

1. Windows Server 2003 Web Edition（Windows Server 2003 Web 版）

Windows Server 2003 Web 版用于构建和存放 Web 应用程序、网页和 XML Web Services。它主要使用 IIS 6.0 Web 服务器并提供快速开发和部署使用 ASP.NET 技术的 XML Web Services 和应用程序。Windows Server 2003 Web 版支持双处理器，最低支持 256 MB 的内存，最高支持 2 GB 的内存。

2. Windows Server 2003 Standard Edition（Windows Server 2003 标准版）

Windows Server 2003 标准版的销售目标是中小型企业，支持文件和打印机共享，提供安全的 Internet 连接，允许集中的应用程序部署。Windows Server 2003 标准版支持 4 个处理器，最低支持 256MB 的内存，最高支持 4GB 的内存。

3. Windows Server 2003 Enterprise Edition（Windows Server 2003 企业版）

Windows Server 2003 企业版与 Windows Server 2003 标准版的主要区别在于：Windows Server 2003 企业版支持高性能服务器，并且可以群集服务器，以便处理更大的负荷。通过这些功能实现了可靠性，有助于确保系统即使在出现问题时仍可用。Windows Server 2003 企业版在一个系统或分区中最多支持八个处理器，八节点群集，最高支持 32 GB 的内存。

4. Windows 2003 Datacenter Edition（Windows Server 2003 数据中心版）

Windows Server 2003 数据中心版针对要求最高级别的可伸缩性、可用性和可靠性的大型企业或国家机构等而设计的。它是最强大的服务器操作系统。分为 32 位版与 64 位版：32 位版支持 32 个处理器，支持 8 点集群，最低要求 128 MB 内存，最高支持 512 GB 的内存；64 位版支持 Itanium 和 Itanium2 两种处理器，支持 64 个处理器与支持 8 点集群，最低支持 1 GB 的内存，最高支持 512 GB 的内存。

4.2.2 Windows Server 2003 的安装

1. 安装前的准备

（1）硬件配置要求

安装 Windows Server 2003 需要的硬件配置如表 4-1 所示。

表 4-1 硬件配置要求

要求	Web Edition	Standard Edition	Enterprise Edition	Datacenter Edition
最低 CPU 速度	133 MHz	133 MHz	133 MHz	400 MHz
建议 CPU 速度	550 MHz	550 MHz	733 MHz	733 MHz
最小内存	128 MB	128 MB	128 MB	512 MB
建议内存	256 MB	256 MB	256 MB	1 GB
最大内存	2 GB	4 GB	32 GB	512 GB
多处理器支持	最多 2 个	最多 4 个	最多 8 个	最少 8 个最多 64 个
所需磁盘空间	安装所需磁盘空间 1.5 GB			
显示器	VGA 或更高分辨率的显示器			
网卡	一块以上的网卡			
其他设备	键盘、鼠标、软驱或光驱			

（2）检查硬件兼容性

在安装 Windows Server 2003 之前，用户可以通过微软公司提供的硬件兼容性列表来核对计算机硬件，也可在其他操作系统上运行 Windows Server 2003 安装光盘，单击"检查系统兼容性"，在如图 4-1 所示界面中选择"自动检查我的系统"或"访问兼容性网站"。

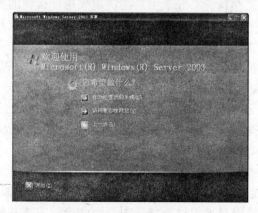

图 4-1 检查系统兼容性

（3）Windows Server 2003 安装规划

首先，需要用户确定安装方式。

①全新安装。如果要安装目的磁盘分区包含想保留的应用程序，必需先对这些应用程序进行备份，在安装完 Windows Server 2003 之后，再重新安装它们。

②升级安装。选择升级有多种原因。升级可简化配置，并且现有的用户、设置、组、权利和权限都能够保留下来。此外，也不需要重新安装文件和应用程序。但升级也要对硬盘做出很大的更改，所以建议运行安装程序之前备份硬盘数据。在安装了 Windows Server 2003 后，还可能让计算机在某些时候运行其他的操作系统。但这样设置计算机，会由于文件系统的问题带来很大的复杂性。

如果执行升级，安装程序会自动将 Windows Server 2003 安装在当前操作系统所在的文件夹内。用户可以从 Windows NT 3.51~4.0 Server 版本的 Windows NT、Windows 2000 Server 升级安装 Windows Server 2003。

然后需要用户确定系统的引导方式。

利用 Windows Server 2003 的全新安装方式，可以实现计算机的双启动，应当注意以下几点：

当 Windows Server 2003 和 Windows 9x/2000/XP 实现双启动时，则不能进行磁盘压缩操作。

要实现 MS-DOS、Windows 9x 以及 Windows Server 2003 之间的双启动，应当最后安装 Windows Server 2003。而且，硬盘上的主分区应当采用 FAT 或 FAT32 文件系统，而不是 NTFS 文件系统。如果是 Windows 2000/XP 和 Windows Server 2003 之间的双启动，则主分区可以使用 NTFS 文件系统。

要实现 Windows Server 2003 和其他操作系统之间的双启动，则应当将 Windows Server 2003 安装在一个独立的分区，这样可以确保其他操作系统中的重要文件不被破坏。而且，由于 Windows Server 2003 的 NTFS 文件格式有许多的特点，因此，凡是使用了这些新特点的文件就只能通过启动 Windows Server 2003 来进行使用和阅读。例如：在 Windows Server 2003 中进行加密的文件，在其他操作系统中则无法读取。

Windows Server 2003 各个版本之间也可以实现双启动，此时，需要注意的是：在一台计算机上安装 Windows Server 2003 的不同版本时，必须使用不同的计算机名称，因为 Windows Server 2003 在安装时为域中的每台计算机产生一个惟一的安全标识 SID（Security Identifier）。

最后需要用户确定文件系统。普通用户在决定采用什么样的文件系统时应从单一系统还是多启动的系统、硬件平台、硬盘的大小与数量、安全性考虑这几点出发。

在系统的安全性方面，NTFS 文件系统具有很多 FAT32/FAT 文件系统所不具备的特点，而且基于 NTFS 文件系统的 Windows 2000/XP/2003 运行要快于基于 FAT 文件系统的；而在与 Windows 9x 的兼容性方面，FAT 优于 NTFS。

如果要在 Windows 2000/XP/2003 中使用大于 32GB 的分区的话，那么只能选择 NTFS 格式。因为 FAT32 只是在理论上支持 2TB 的最大空间，具体到 Windows 98/ME 最大只能支持 127.53GB，而 Windows 2000/XP/2003 只支持 32GB。但从另外一个角度来看，NTFS 本身所需耗费的资源多于 FAT 的，所以如果格式化比较小的分区（低于 512MB），建议使用 FAT。

NTFS 分区仅能通过 Windows NT/2000/XP/2003 进行访问。如果用户的 Windows 操作系统发生致命错误，将无法简单地通过系统盘引导至命令行方式并解决 NTFS 分区上所出现的问题。

Windows NT 必须先升级到 Server Pack4 或以上的版本才能识别 FAT32 和 Windows 2000/XP/2003 的 NTFS 新版本文件系统。

2．Windows Server 2003 的安装

（1）Windows Server 2003 的全新安装

以在 Windows XP 操作系统中全新安装 Windows Server 2003 企业版为例，其操作如下：

1）将 Windows Server 2003 安装光盘插入光驱后，屏幕上弹出一个灰色的安装提示窗口，选择"安装 Windows Server 2003，Enterprise Edition"项，系统将启动安装程序。安装程序启动后，将弹出一个对话框供用户选择安装方式，选择安装类型为"全新安装"，单击"下一步"按钮即可进行 Windows Server 2003 的全新安装。

2）阅读 Windows Server 2003 许可协议。

3）输入产品序列号。

4）设置安装选项，其中：

- 用户可以根据需要选择在计算机上使用的主要语言和区域。
- 单击"辅助功能选项"按钮后，可以利用"辅助功能选项"对话框设置安装过程中使用的特殊辅助功能。
- 单击"高级选项"按钮，可以利用"高级选项"对话框设置与安装文件复制有关的选项。

5）确定是否将文件系统升级为 NTFS 文件系统，启用"使用 NTFS 文件系统"单选按钮后，安装程序会将 Windows Server 2003 的目标驱动器升级 NTFS 文件系统。启用"保留现有文件系统"单选按钮后，安装程序不会将目标驱动器升级为 NTFS 文件系统。

6）将安装文件复制到计算机中，复制过程中，对话框将不断显示复制的进程指示。安装文件复制完成后，系统将自动重新启动，并开始另一阶段的安装过程。

（2）版本检查以及磁盘分区格式设置

1）安装程序将自动检测出计算机中已经安装的 SCSI 或 IDE 存储设备，如果用户拥有自己的大容量存储设备的驱动程序，此时可以进行安装。

2）出现"欢迎使用安装程序"界面。此时，按"F3"键将退出安装程序，按"R"键将进行修复，按"Enter"键将开始安装 Windows Server 2003。

3）安装程序显示计算机的当前硬盘分区信息，并突出显示将要安装 Windows Server 2003 的硬盘分区。此时，按"Enter"键可以在系统突出显示的磁盘分区中安装 Windows Server 2003，键入"C"键将在沿未划分的磁盘区域中创建分区，键入"D"键则可以删除当前突出显示的磁盘分区。

4）安装程序要求用户确认是否将安装分区转换为 NTFS 文件格式。此时，键入"C"键将继续安装，并确认 FAT 文件格式转换为 NTFS 文件格式；按"ESC"键也将继续安装，但仍然保留原有的 FAT 文件格式，而不将其转换到 NTFS 文件格式。

5）完成以上步骤后，安装程序将首先检查磁盘，并将安装文件复制到安装文件夹。复制后，系统将再次重新启动。安装程序重新启动后，系统将首先对安装 Windows Server 2003 的磁盘分区进行磁盘检查，如果用户选择了升级驱动器选项，则系统将进行磁盘文件系统的转换。完成该步骤后，系统将再次重新启动，开始另一阶段的安装过程。

3. 设置 Windows Server 2003 的安装选项

安装程序再次重新启动后,要求用户对 Windows Server 2003 进行设置。如果是升级安装,则这一过程将被省略,而直接使用系统的原有设置选项。

4. 配置 Windows Server 2003 服务器

全新安装的 Windows Server 2003 第一次启动后,要求用户进行系统注册,Active Directory 服务配置,文件服务器、打印服务器、Web 媒体服务器以及应用程序服务器配置,以及执行计算机联网与其他高级选项配置等操作。用户也可以暂时不进行服务器的配置,"配置服务器"向导可以在任何时候通过单击"开始"菜单中的"管理工具\配置您的服务器向导"来启动。

4.3 Windows Server 2003 服务器的配置

4.3.1 Windows Server 2003 活动目录简介

Windows Server 2003 系统的"活动目录（Active Directory）服务",使得 Windows Server 2003 系统与 Internet 上的各项服务和协议联系更加紧密,因为它对目录的命名方式与"域名"的命名方式一致,然后通过 DNS 进行解析,使得与在 Internet 上通过 WINS 解析取得的效果一致。活动目录也说明了 Microsoft 在网络结构方面的策略转移,虽然在以前 NT 时代也有部分产品（EXCHANGE SERVER、IIS 等）提供过类似于活动目录的服务,然而活动目录作为一个全新的综合服务方式是在 Windows 2000 的诞生后随之而来的。活动目录的身影在整个 Windows Server 2003 系统中无处不在。但要真正了解"活动目录"的各个方面又不是一件容易的事,以下将对活动目录的各个主要方面作详尽的分析。

1. 活动目录的由来

提到活动目录最使人容易想起的就是 DOS 下的"目录"、"路径"和 Windows 9x/XP 下的"文件夹",那个时候的"目录"或"文件夹"仅代表一个文件存在磁盘上的位置和层次关系,一个文件生成之后相对来说这个文件的所在目录也就固定了（当然也可以删除、转移等）,也就是说它的属性也就相对固定了。这个目录所能代表的仅是这个目录下所有文件的存放位置和所有文件总的大小,并不能得出其他有关信息,这样就影响到了整体使用目录的效率,也就是影响了系统的整体效率,使系统的整个管理变得复杂。因为没有相互关联,所以在不同应用程序中同一对象要进行多次配置,管理起来相当繁琐,影响了系统资源的使用效率。为了改变这种效率低下的关系和加强与 Internet 上有关协议的关联,Microsoft 公司在 Windows 2000 中引入了活动目录的概念,并在 Windows Server 2003 中将其发扬光大。理解活动目录的关键就在于"活动"两个字,千万不要将"活动"两个字去掉而仅仅从"目录"两个字去理解。正因为这个目录是活动的,所以它是动态的,它是一种包含服务功能的目录。它可以做到"由此及彼"的联想、映射,例如找到了一个用户名,就可联想到它的账号、出生信息、E-mail、电话等所有基本信息,组成这些信息的文件可能不在一块。同时不同应用程序之间还可以对这些信息进行共享,减少了系统开发资源的浪费,提高了系统资源的利用效率。

活动目录包括两个方面:目录和与目录相关的服务。目录是存储各种对象的一个物理上的容器,从静态的角度来理解,这活动目录与以前所结识的"目录"和"文件夹"没有本质区别，仅仅是一个对象，是一实体。而目录服务是使目录中所有信息和资源发挥作用的服务，活动目录是一个分布式的目录服务，信息可以分散在多台不同的计算机上，保证用户能够快速访问，因为多台机上有相同的信息，所以在信息容错方面具有很强的控制能力。正因如此，不管用户从何处访问或信息处在何处，都对用户提供统一的视图。

2．相关名词术语

虽然活动目录中用到的许多技术在其他软件产品中已经出现过，但作为全面的整体网络方案还是首次亮相，其中有许多名词或术语或许是闻所未闻的，所以有必要详细了解一下活动目录的有关名词或术语。

（1）名字空间

从本质上讲，活动目录就是一个名字空间。可以把名字空间理解为任何给定名字的解析边界，这个边界就是指这个名字所能提供或关联、映射的所有信息范围。通俗地说就是，在服务器上通过查找一个对象可以查到的所有关联信息总和。如一个用户，如果在服务器上已定义了用户名、用户密码、工作单位、联系电话、家庭住址等，那上面所说的总和广义上理解就是"用户"这个名字的名字空间。因为我们只要输入一个用户名即可找到上面所列的一切信息，名字解析是把一个名字翻译成该名字所代表的对象或者信息的处理过程。举例来说，在一个电话目录形成的一个名字空间中，每一个电话户头的名字可以被解析到相应的电话号码，而不是像现在一样根本不能横向联系。Windows操作系统的文件系统也形成了一个名字空间，每一个文件名都可以被解析到文件本身（包含它应有的所有信息）。

（2）对象

对象是活动目录中的信息实体，也即通常所见到的"属性"，但它是一组属性的集合，往往代表了有形的实体，比如用户账户、文件名等。对象通过属性描述它的基本特征。比如，一个用户账号的属性中可能包括用户姓名、电话号码、电子邮件地址和家庭住址等。

（3）容器

容器是活动目录名字空间的一部分，与目录对象一样，它也有属性，但与目录对象不同的是，它不代表有形的实体，而是代表存放对象的空间，因为它仅代表存放一个对象的空间，所以它比名字空间小。比如一个用户，它是一个对象，但这个对象的容器就仅限于从这个对象本身所能提供的信息空间，如它仅能提供用户名、用户密码，其他的如工作单位、联系电话、家庭住址等就不属于这个对象的容器范围了。

（4）目录树

在任何一个名字空间中，目录树是指由容器和对象构成的层次结构。树的叶子、节点往往是对象，树的非叶子节点是容器。目录树表达了对象的连接方式，也显示了从一个对象到另一个对象的路径。在活动目录中，目录树是基本的结构，从每一个容器作为起点，层层深入，都可以构成一棵子树。一个简单的目录可以构成一棵树，一个计算机网络或者一个域也可以构成一棵树。

（5）域

域是Windows Server 2003网络系统的安全性边界。我们知道一个计算机网络最基本的单元就是"域"，这一点不是Windows Server 2003所独有的，但活动目录可以贯穿一个或多个域。在独立的计算机上，域即指计算机本身，一个域可以分布在多个物理位置上，同时一个物理位置又可以划分不同网段为不同的域，每个域都有自己的安全策略以及它与其他域的信任关系。当多个域通过信任关系连接起来之后，活动目录可以被多个信任域共享。

（6）组织单元

包含在域中特别有用的目录对象类型就是组织单元。组织单元可将用户、组、计算机和其他单元放入活动目录的容器中，组织单元不能包括来自其他域的对象。组织单元是可以指派组策略设置或委派管理权限的最小作用单位。使用组织单元，可在组织单元中代表逻辑层次结构的域中创建容器，这样就可以根据用户的组织模型管理账户、资源的配置和使用，可使用组织单元创建可缩放到任意规模的管理模型。可授予用户对域中所有组织单元或对单个组织单元的管理权限，组织单元的管理员不需要具有域中任何其他组织单元的管理权，组织单元有点像 NT 中的工作组。

（7）域树

域树由多个域组成，这些域共享同一表结构和配置，形成一个连续的名字空间。树中的域通过信任关系连接起来，活动目录包含一个或多个域树。域树中的域层次越深级别越低，一个"."代表一个层次，如域 Child.Microsoft.com 就比 Microsoft.com 这个域级别低，因为它有两个层次关系，而 Microsoft.com 只有一个层次。而域 Grandchild.Child.Microsoft.com 又比 Child.Microsoft.com 级别低。域树中的域是通过双向可传递信任关系连接在一起的。由于这些信任关系是双向的而且是可传递的，因此在域树或树林中新创建的域可以立即与域树或树林中每个其他的域建立信任关系。这些信任关系允许单一登录过程，在域树或树林中的所有域上对用户进行身份验证，但这不一定意味着经过身份验证的用户在域树的所有域中都拥有相同的权利和权限。因为域是安全界限，所以必须在每个域的基础上为用户指派相应的权利和权限。

（8）域林

域林是由一个或多个没有形成连续名字空间的域树组成的，它与上面所讲的域树最明显的区别就在于这些域树之间没有形成连续的名字空间，而域树则是由一些具有连续名字空间的域组成。但域林中的所有域树仍共享同一个表结构、配置和全局目录。域林中的所有域树通过 Kerberos 信任关系建立起来，所以每个域树都知道 Kerberos 信任关系，不同域树可以交叉引用其他域树中的对象。域林都有根域，域林的根域是域林中创建的第一个域，域林中所有域树的根域与域林的根域建立可传递的信任关系。

（9）站点

站点是指包括活动目录域服务器的一个网络位置，通常是一个或多个通过 TCP/IP 连接起来的子网。站点内部的子网通过可靠、快速的网络连接起来。站点的划分使得管理员可以很方便地配置活动目录的复杂结构，更好地利用物理网络特性，使网络通信处于最优状态。当用户登录到网络时，活动目录客户机在同一个站点内找到活动目录域服务器，由于同一个站点内的网络通信是可靠、快速和高效的，所以对于用户来说，可以在最快的时间内登录到网络中。因为站点是以子网为边界的，所以活动目录在登录时很容易找到用户所在的站点，进而找到活动目录域服务器完成登录工作。

（10）域控制器

域控制器是使用活动目录安装向导配置的 Windows Server 2003 计算机。活动目录安装向导安装和配置为网络用户和计算机提供活动目录服务的组件供用户选择使用。域控制器存储着目录数据并管理用户域的交互关系，其中包括用户登录过程、身份验证和目录搜索，一个域可有一个或多个域控制器。为了获得高可用性和容错能力，使用单个局域网（LAN）的小单位可能只需要一个具有两个域控制器的域。具有多个网络位置的大公司在每个位置都需要一个或多个域控制器以提供高可用性和容错能力。

Windows Server 2003 域控制器扩展了 WINNT Server 4.0 的域控制器所提供的能力和特性。Windows Server 2003 多宿主复制使每个域控制器上的目录数据同步，以确保随着时间的推移这些信息仍能保持一致，也就是说是动态的，这就是活动目录的作用。多宿主复制是 WINNT Server 4.0 中使用的主域控制器和备份域控制器模型的发展，在 WIN NT Server 4.0 中只有一个服务器，即主域控制器，拥有该目录的可读写副本。

3. 安装活动目录的意义

安装活动目录的意义主要体现在以下几个方面：

（1）大大增强了信息的安全性

安装活动目录后信息的安全性完全与活动目录集成，用户授权管理和目录进入控制已经整合在活动目录当中了（包括用户的访问和登录权限等），而它们都是 Windows Server 2003 操作系统的关键安全措施。活动目录集中控制用户授权，目录进入控制不只在每一个目录中的对象上定义，而且还能在每一个对象的每个属性上定义。除此之外，活动目录还可以提供存储和应用程序作用域的安全策略，提供安全策略的存储和应用范围。安全策略可包含账户信息，如域范围内的密码限制或对特定域资源的访问权等。因此，从一定程度上说，Windows Server 2003 的安全性就是活动目录所体现的安全性，由此可见对于网管来说，如何配置好活动目录中对象及属性的安全性是一个网管配置好 Windows Server 2003 系统的关键。

（2）引入基于策略的管理，使系统的管理更加明朗

活动目录服务包括目录对象数据存储和逻辑分层结构（指上面所讲的目录、目录树、域、域树、域林等所组成的层次结构），作为目录，它存储着分配给特定环境的策略，称为组策略对象。作为逻辑结构，它为策略应用程序提供分层的环境。组策略对象表示了一套商务规则，它包括与要应用的环境有关的设置，组策略是用户或计算机初始化时用到的配置设置。所有的组策略设置都包含在应用到活动目录、域或组织单元的组策略对象（GPOs）中。GPOs 设置决定目录对象和域资源的进入权限，什么样的域资源可以被用户使用，以及这些域资源怎样使用等。例如，组策略对象可以决定当用户登录时用户在他们的计算机上看到什么应用程序，当它在服务器上启动时有多少用户可连接至 Server，以及当用户转移到不同的部门或组时他们可访问什么文件或服务。组策略对象使你可以管理少量的策略而不是大量的用户和计算机。通过活动目录，你可将组策略设置应用于适当的环境中，不管它是你的整个单位还是你单位中的特定部门。

（3）具有很强的可扩展性

Windows Server 2003 的活动目录具有很强的可扩展性，管理员可以在计划中增加新的对象类，或者给现有的对象类增加新的属性。计划包括可以存储在目录中的每一个对象类的定义和对象类的属性。例如，在电子商务上你可以给每一个用户对象增加一个购物授权属性，然后存储每一个用户购买权限作为用户账号的一部分。

（4）具有很强的可伸缩性

活动目录可包含在一个或多个域，每个域具有一个或多个域控制器，以便你可以调整目录的规模以满足任何网络的需要。多个域可组成为域树，多个域树又可组成为树林，活动目录也就随着域的伸缩而伸缩，较好地适应了单位网络的变化。目录将其架构和配置信息分发给目录中所有的域控制器，该信息存储在域的第一个域控制器中，并且复制到域中任何其他域控制器。当该目录配置为单个域时，添加域控制器将改变目录的规模，而不影响其他域的

管理开销。将域添加到目录使你可以针对不同策略环境划分目录,并调整目录的规模以容纳大量的资源和对象。

(5) 智能的信息复制能力

信息复制为目录提供了信息可用性、容错、负载平衡和性能优势,活动目录使用多主机复制,允许你在任何域控制器上而不是单个主域控制器上同步更新目录。多主机模式具有更大容错的优点,因为使用多域控制器,即使任何单独的域控制器停止工作,也可继续复制。由于进行了多主机复制,它们将更新目录的单个副本,在域控制器上创建或修改目录信息后,新创建或更改的信息将发送到域中的所有其他域控制器,所以其目录信息是最新的。域控制器需要最新的目录信息,但是要做到高效率,必须把自身的更新限制在只有新建或更改目录信息的时候,以免在网络高峰期进行同步而影响网络速度。在域控制器之间不加选择地交换目录信息能够使任何网络迅速瘫痪。通过活动目录就能达到只复制更改的目录信息,而不至于大量增加域控制器的负荷。

(6) DNS 集成紧密

活动目录使用域名系统(DNS)来为服务器目录命名。DNS 是将更容易理解的主机名(如 Mike.Mycompany.com)转换为数字 IP 地址的 Internet 标准服务,利于在 TCP/IP 网络中计算机之间的相互识别和通信。DNS 的域名基于 DNS 分层命名结构,这是一种倒置的树状结构,单个根域,在它下面可以是父域和子域(分支和叶子)。

(7) 与其他目录服务的相互协作性

由于活动目录是基于标准的目录访问协议,许多应用程序界面(API)都允许开发者进入这些协议,例如活动目录服务界面(ADSI)、轻型目录访问协议(LDAP)第三版和名称服务提供程序接口(NSPI),因此它可与使用这些协议的其他目录服务相互协作。LDAP 是用于在活动目录中查询和检索信息的目录访问协议,因为它是一种工业标准服务协议,所以可使用 LDAP 开发程序,与同时支持 LDAP 的其他目录服务共享活动目录信息。活动目录支持 Microsoft Exchange 4.0 和 5.x 客户程序所用的 NSPI 协议,以提供与 Exchange 目录的兼容性。

(8) 具有灵活的查询

任何用户可使用"开始"菜单、"网上邻居"或"活动目录用户和计算机"上的"搜索"命令,通过对象属性快速查找网络上的对象。如可通过名字、姓氏、电子邮件名、办公室位置或用户账户的其他属性来查找用户,反之亦然。

4.3.2 Windows Server 2003 活动目录的安装与配置

活动目录的安装配置过程并不复杂,因为 Windows Server 2003 中提供了安装向导,只需按照提示一步步按系统要求设定即可。但安装前的准备工作显得比较复杂,只有在充分理解了活动目录的前提下才能正确地安装配置活动目录。

1. 活动目录安装前的准备

上节讲到"活动目录"是整个 Windows Server 2003 系统中的一个关键服务,它不是孤立的,它与许多协议和服务有着非常紧密的关系,还涉及到整个 Windows Server 2003 系统的系统结构和安全。安装"活动目录"不像安装一般 Windows 组件那么简单,在安装前要进行一系列的策划和准备。否则轻则根本无法享受到活动目录所带来的优越性,重则不能正确安装"活动目录"这项服务。

首先，在安装活动目录之前，必须保证已经有一台机器安装了 Windows Server 2003 标准版、企业版或数据中心版，且至少有一个 NTFS 分区，而且已经为 TCP/IP 配置了 DNS 协议，并且 DNS 服务支持 SRV 记录和动态更新协议。

其次，是要规划好整个系统的域结构，活动目录可包含一个或多个域，如果整个系统的目录结构规划得不好，层次不清就不能很好地发挥活动目录的优越性。选择根域（就是一个系统的基本域）是一个关键，根域名字的选择可以有以下几种方案：

①可以使用一个已经注册的 DNS 域名作为活动目的根域名，这样的好处在于企业的公共网络和私有网络使用同样的 DNS 名字。

②还可使用一个已经注册的 DNS 域名的子域名作为活动目录的根域名。

③为活动目录选择一个与已经注册的 DNS 域名完全不同的域名。这样可以使企业网络在内部网和互联网上呈现出两种完全不同的命名结构。

④把企业网络的公共部分用一个已经注册的 DNS 域名进行命名，而私有网络则用另一个内部域名，从名字空间上把两部分分开。这样做就使得每一部分要访问另一部分时必须使用对方的名字空间来标识对象。

⑤再一个就是要进行域和账户命名策划，因为使用活动目录的意义之一就在于使内、外部网络使用统一的目录服务，采用统一的命名方案，以方便网络管理和商务往来。活动目录域名通常是该域的完整 DNS 名称，但是为确保向下兼容，每个域最好还有一个 Windows Server 2003 以前版本的名称，以便在运行 Windows Server 2003 以前版本的操作系统的计算机上使用。用户账户在活动目录中，每个用户账户都有一个用户登录名、一个 Windows Server 2003 以前版本的用户登录名（安全账户管理器的账户名）和一个用户主要名称后缀。在创建用户账户时，管理员输入其登录名并选择用户主要名称，活动目录建议 Windows Server 2003 以前版本的用户登录名使用此用户登录名的前 20 个字节。活动目录命名策略是企业规划网络系统的第一个步骤，命名策略直接影响到网络的基本结构，甚至影响网络的性能和可扩展性。活动目录为现代企业提供了很好的参考模型，既考虑到了企业的多层次结构，也考虑到了企业的分布式特性，甚至为直接接入 Internet 提供完全一致的命名模型。

所谓用户主要名称是指由用户账户名称和表示用户账户所在的域的域名组成。这是登录到 Windows Server 2003 域的标准用法。标准格式为：user@domain.com（如个人的电子邮件地址）。但不要在用户登录名或用户主要名称中加入 @ 号。活动目录在创建用户主要名称时自动添加此符号。包含多个 @ 号的用户主要名称是无效的。

在活动目录中，默认的用户主要名称后缀是域树中根域的 DNS 名。如果用户的单位使用由部门和区域组成的多层域树，则对于底层用户的域名可能很长。对于该域中的用户，默认的用户主要名称可能是 grandchild.child.root.com。该域中用户默认的登录名可能是 user@grandchild.child.root.com。这样一来用户登录时要输入的用户名可能太长，输入起来就非常不方便，Windows Server 2003 为了解决这一问题，规定在创建主要名称后用户只要在根域后加上相应的用户名，使同一用户使用更简单的登录名 user@root.com 就可以登录，而不是前面所提到的那一长串。

⑥最后就是要注意设置规划好域间的信任关系，对于 Windows Server 2003，计算机通过基于 Kerberos V5 安全协议的双向、可传递信任关系启用域之间的账户验证。在域树中创建域时，相邻域（父域和子域）之间自动建立信任关系。在域林中，在树林根域和添加到树林的每个域树的根域之间自动建立信任关系。如果这些信任关系是可传递的，则可以在域树或

域林中的任何域之间进行用户和计算机的身份验证。

如果将 Windows Server 2003 以前版本的 Windows 域升级为 Windows Server 2003 域时，Windows Server 2003 域将自动保留域和任何其他域之间现有的单向信任关系。包括 Windows Server 2003 以前版本的 Windows 域的所有信任关系。如果用户要安装新的 Windows Server 2003 域并且希望与任何 Windows Server 2003 以前版本的域建立信任关系，则必须创建与那些域的外部信任关系。

2．活动目录的安装

所有的新安装都是安装成为 Member Server，如果在新安装 Windows Server 2003 时选择安装了"活动目录"选项，则系统就会出现类似于"如果你此时安装活动目录则系统中的所有域名就不能再次改变……"之类的提示。一般情况下，在新安装系统时都不选择安装活动目录，以便有时间来具体规划与活动目录有关的协议和系统结构。目录服务都需要事后用 Dcpromo 的命令特别安装。目录服务还可以卸载，而不用像在安装 Windows NT 4.0 那样，一开始就要定终身，系统会区分域控制器还是 Member Server，两者之间不可转换。

Dcpromo 是一个图形化的向导程序，引导用户一步一步地建立域控制器，可以新建一个域森林，一棵域树，或者仅仅是域控制器的另一个备份，非常方便。很多其他的网络服务，比如 DNS Server、DHCP Server 和 Certificate Server 等，都可以在以后与活动目录集成安装，便于实施策略管理等。这个图形化界面向导程序也没有什么特别之处，只要在前面理解好了活动目录的含义，并进行了安装前的一系列规划，就可以很容易完成所有的安装任务。

在活动目录安装之后，主要有 3 个活动目录的微软管理界面（MMC）：一个是活动目录用户和计算机管理，主要用于实施对域的管理；一个是活动目录的域和域信任关系的管理，主要用于管理多域的关系；还有一个是活动目录的站点管理，可以把域控制器置于不同的站点。一般局域网的范围内为一个站点，站点内的域控制器之间的复制是自动进行的。站点间的域控制器之间的复制，需要管理员设定，以优化复制流量，提高可伸缩性。从活动目录管理界面还可以在站点、域和组织单元中用鼠标右键单击，启动组策略（Group Policy）的管理界面，实施对对象的细致管理。

对于站点、域和组织单元，管理员还可以方便地进行管理授权。右键单击它们就可以启动"管理授权向导"，一步一步地设定哪些管理员对于哪些对象有什么样的管理权限。比如说企业内部技术支持中心的管理员，只有复位用户口令的权限，没有创建和删除用户账号的权限。这种更细致的管理方法，称为"颗粒化"。

另外，活动目录还充分地考虑到了备份和恢复目录服务的需要，Windows Server 2003 备份工具中有专门备份活动目录的选项，在出现意外事故的时候，可以在机器启动时按 F8 进入安全恢复模式，保证减少灾难的恶性影响。

4.3.3 网络协议

Windows Server 2003 支持的网络通信协议主要有 4 种：TCP/IP、Microsoft NWLink、NetBEUI、DLC。

主机与主机之间数据的沟通需要以下 3 个桥梁：IP 地址、子网掩码、IP 路由器。

（1）IP 地址

IP 地址共占用 32 个位，一般以 4 个十进制数来表示，每个数字称为一个字节，字节与字节之间用点隔开。每个主机都有一个惟一的 IP 地址。这个 32 位的 IP 地址内包含了 Network ID 与 Host ID 两部分数据。每个网络区域都有惟一的 Network ID 网络标识码，同一个网络区域内的每一台主机都必须有惟一的 Host ID 主机标识码。

（2）IP 类

IP 地址被分为 A、B、C、D、E 共 5 大类：
- A 类 IP 地址适合于超大型的网络，其 Network ID 占用 1 个字节，第一个高位字节可用的范围是 1~126，因此，共可提供 126 个 A 类的 Network ID。每一个位都是 0 与每一个位都是 1 的 Host ID 被保留下来做特殊的用途，不可作为 Host ID 使用。
- B 类的 IP 地址适合于中、大型网络，Network ID 占用了 2 个字节，第一个字节值的可用范围为 128~191。
- C 类的 IP 地址适合于小型网络，其 Network ID 占用 3 个字节，第一个字节的值为 192~223。
- D 类这个 Network ID 具有特殊的用途，它是多点播送时播放组所使用的 ID，这个组内包含着多台主机。
- E 类是一个专供实验用的 Network ID，其范围为 240~254，它是保留给未来使用的。

（3）子网掩码

子网掩码也占用 32 个位，它有两大功能：
- 用来区分 IP 地址内的 Network ID 与 Host ID。
- 用来将网络切割为数个子网。

（4）默认网关

两个 TCP/IP 网络之间的连接可以靠 IP 路由器来完成，主机将数据送到 Router X 可以通过两种方式：
- 通过路由表。
- 设置"默认网关"。

利用"开始"菜单中的"设置"和"网络拨号连接"，单击鼠标右键，选择"本地连接"中的"属性"项中"Internet 协议（TCP/IP）"中的"属性"来设置默认网关。

1. 安装与测试 TCP/IP

（1）在设置 IP 地址时，可以有两个选择

自动获得 IP 地址。Windows Server 2003 计算机会自动向 DHCP 服务器索取 IP 地址，或者自动取用一个"专用的 IP 地址（private IP）"。使用静态的 IP 地址。如果网络上没有 DHCP 服务器，则可以自行输入 IP 地址子网掩码和默认网关等相关数据。

（2）测试 TCP/IP 是否安装成功

测试 loopback 地址（127.0.0.1），验证网卡是否可以正常传送 TCP/IP 的数据。输入 ping 127.0.0.1 命令，如果正常的话，出现一个新的画面。通过 127.0.0.1 传送数据时，其数据直接由"输出缓冲区"传送"输入缓冲区"，并没有离开网卡。

Ping 该主机自己的 IP 地址。检查 IP 地址是否与其他的主机复制。

2. 安装 NWLink

可以进入"开始"菜单中的"控制面板\网络连接",在"本地连接"菜单项上单击鼠标右键,选择"属性"命令,在"本地连接 属性"对话框中单击"安装"按钮,在"协议"项中选择"添加",选中"**NWLink IPX/SPX/SPX /NetBIOS Compatible Transport Protocol**"选项,这样就可以安装 NWLink 的通信协议。

3. NetBEUI

NetBEUI 通信协议无法跨越路由器,MS-DOS 客户端要连接 Windows Server 2003 网络,则建议此 MS-DOS 端最好采用 NetBEUI,因为它所占用的内存最少。

4. DLC

①使 Windows Server 2003 计算机可与 IBM 的大型计算机联机。
②使 Windows Server 2003 计算机可以与配备网卡的接口设备沟通。

4.3.4 DNS 服务器的安装与设置

当使用另外一台主机的 DNS 域名称与其沟通时,主机必须想办法通过此 DNS 域名称找出该主机的 IP 地址,才可以与其沟通。这种由 DNS 域名称来找出 IP 地址的操作称为"主机名称解析",而目前最广泛用于 INTERNET 的"主机名称解析"方法是"DNS 域名系统"。

1. DNS 概述

(1) 域名称空间

整个 DNS 的结构是一个如树状的阶梯式结构,该树状结构称为域名空间。

(2) 区域

所谓的"区域",就是指域名称空间树状结构的一部分。它让用户能够将域名称分区为较小的区段以便于管理。在这个区域内的主机数据,必须存储在 DNS 服务器内,而用来存储这些数据的文件就称为区域文件。

(3) 转发器

当 DNS 服务器收到 DNS 客户端询问 IP 地址的要求后,它会尝试由其数据库寻找所管辖的区域内是否有所需的数据。如果该 DNS 服务器内并无此数据,则 DNS 需转向其他的 DNS 服务器询问。

(4) Caching_only server

所谓 Caching_only server 就是指一台并不负责管理域名空间内任何区域的 DNS 服务器,也就是说,在这台 DNS 服务器并没有创建任何区域,但是 DNS 客户端还可以向这台 DNS 服务器查询,这台 DNS 服务器会负责帮 DNS 客户端向其他的 DNS 服务器查询,将查到的数据存储一份到高速缓存内,响应 DNS 客户端的查询要求。

(5) 查询的模式

当 DNS 客户端向 DNS 服务器查询地址后,或 DNS 服务器向另外一台 DNS 服务器查询 IP 地址时,它总共有 3 种查询模式。

- 递归查询:也就是 DNS 客户端送出查询要求后,如果 DNS 服务器内没有需要的数据,则 DNS 服务器会代替客户端向其他的 DNS 服务进行查询。

- 循环查询：一般 DNS 服务器与 DNS 服务器之间的查询属于这种查询方式。当第一台 DNS 服务器向第 2 台 DNS 服务器提出查询要求后，如果第 2 台 DNS 服务器内没有所需要的数据，则它会提供第 3 台 DNS 服务器的 IP 地址给第 1 台。
- 反向查询：可以让 DNS 客户端利用 IP 地址查询其主机名称。

（6）高速缓存

当 DNS 服务器向其他的 DNS 服务器询问到 DNS 客户端所需要的数据后，它除了将此数据提供给 DNS 客户端外，还会将此数据高速缓存一份到该 DNS 服务器内的，以便下次有 DNS 客户端要查询相同的数据时，可以从高速缓存内快速取得所需的数据。但是，这份数据只会在高速缓存保留一段时间，这段时间就称为 TTL。

（7）区域文件

每个区域的数据都是存储在 DNS 服务器的区域文件内，而这些数据有着各种不同数据类型，这些数据称为资源记录。

（8）缓存文件

缓存文件内存储着根域内的 DNS 服务器的名称与 IP 地址对照数据，每台 DNS 服务器内的缓存文件应该是一致的，这些数据是公司内的 DNS 服务器要向外界 DNS 服务器查询所必须要用到的，除非公司内部的 DNS 服务器指定了"转发器"。

（9）反向查询区域文件

反向查询可以让 DNS 客户端利用 IP 地址查询主机名称。

2. DNS 的规划

在安装 DNS 服务之前需要对 DNS 进行规划，决定 DNS 中要实现的域名空间，DNS 是否与活动目录集成、是否需要辅助 DNS 服务器等。

3. 安装 DNS 服务

下面的例子作如下规划：在内部网实现的域名为 ha.epnet，不与活动目录集成，网络上有两台 DNS 服务器，一台是主服务器 Server2，一台是辅助服务器 Server3，内部网分为两个网段：10.41.100.0 和 10.41.101.0，子网掩码为 255.255.255.0。

在安装 Windows Server 2003 的 DNS 服务器之前，要正确地配置 Windows Server 2003 服务器的 TCP/IP 协议，要求有静态的 IP 地址配置和正确的域后缀。要求有正确的域后缀是因为它将影响 DNS 中起始授权机构（SOA）和名字服务器（NS）的创建。本例中服务器的域后缀为将要实现的域名 ha.epnet。安装 DNS 服务步骤如下：

1）在 Server 2 上单击"开始\控制面板"，打开控制面板菜单。
2）单击"添加/删除程序"命令，然后单击"添加/删除 Windows 组件"，出现"Windows 组件向导"对话框。选中"网络服务"，然后单击"详细信息"，弹出"网络服务"对话框。
3）在"网络服务的子组件"中，选中"域名系统（DNS）"，单击"确定"，然后单击"下一步"，根据提示进行安装。
4）安装完成后重新启动系统。

4. 配置 DNS 的区域

DNS 服务器安装完成后，需要在 DNS 中创建区域（zone），实现域名。

区域是 DNS 域名空间的组成部分，DNS 允许域名空间分成几个区域，每个区域存储着一个或多个 DNS 域的名称信息，作为单独的文件存放在磁盘上。区域和域是不同的概念，对于一个 DNS 域名，区域是对应的一个存储数据库。当用于创建该区域的域需要添加子域时，这个子域可以被添加到该区域的下面，成为该区域的一部分，也可以为子域创建另外的区域，并把子域委派到这个新建的区域中。

Windows Server 2003 DNS 中的区域有 3 种类型：与活动目录集成的区域、标准主要区域、标准辅助区域。与活动目录集成的区域必须安装在域控制器上，新区域将域名信息存储到活动目录中，区域信息可以在多台 DNS 服务器上更新。标准主要区域是 Windows NT 4.0 中 DNS 使用的区域，它把域名信息保存到一个标准的文本文件中。对于标准主要区域，只有一台 DNS 服务器能维护和处理这个区域的更新，它被称为主服务器。如果需要使用多台主服务器，则必须使用与活动目录集成的区域。标准辅助区域是现有区域的一个副本，为主服务器提供平衡处理和容错能力，它在辅助服务器上创建，辅助服务器只能从主服务器复制信息。

按照 DNS 查找区域的类型，DNS 的区域可分为正向查找区域和反向查找区域。正向查找是 DNS 服务器要实现的主要功能，它根据计算机的 DNS 名称解析出相应的 IP 地址，而反向查找则是根据计算机的 IP 地址解析出它的 DNS 名称。

下面在主服务器 Server 2 上创建正向查找的标准主要区域，实现域名，区域的名称命名为 ha.epnet。

（1）创建正向查找的标准主要区域

Windows Server 2003 中 DNS 的管理工具是 DNS 控制台。其步骤如下：

1）在 Server 2 上单击"开始\所有程序\管理工具\DNS"，打开 DNS 控制台。

2）在控制台树中展开相应的 DNS 服务器。如果 DNS 服务器没有列出来，在控制台树中单击选中"DNS"，在控制台选单中单击"操作\连接到 DNS 服务器"，选择要连接的计算机进行连接。

3）在控制台树中，单击选中"正向查找区域"。单击选单"操作\新建区域"，弹出"新建区域向导"对话框，单击"下一步"。

4）选择区域类型为"主要区域"。如果不是在活动目录的域控制器上创建 DNS 区域，则区域类型中的"与活动目录集成的区域"选项按钮不可用。单击"下一步"。

5）输入要创建的区域名称 ha.epnet，单击"下一步"。

6）选择创建新的区域文件，文件名为 ha.epnet.dns。单击"下一步"按钮，最后单击"完成"。区域 ha.epnet 出现在控制台树中的"正向查找区域"下。

（2）创建反向查找的标准主要区域

在大部分的 DNS 查找中，客户机一般执行正向查找。DNS 同时提供反向查找，允许客户机根据一台计算机的 IP 地址查找它的 DNS 名称。反向查找的域名信息保存在反向查找区域中。为进行反向查找，需要在 DNS 服务器中创建反向查找区域。在 DNS 标准中定义了特殊域 in-addr.arpa，反向查找区域中的域是域 in-addr.arpa 的子域。

在 DNS 中创建反向查找区域时，反向查找区域的名称是由待反向查找 IP 地址的十进制编号的相反顺序加上 in-addr.arpa 形成。例如本例中要提供对网段 10.41.100.0 中的主机的反向查找，必须创建一个 100.41.10.in-addr.arpa 的反向查找区域。对于不同的网段，要根据网络地址分别创建不同的反向查找区域。

本例中存在两个网段 10.41.100.0 和 10.41.101.0，需要为这两个网段分别创建反向查找区域。其步骤如下：

1）在 Server2 上打开 DNS 控制台，在 DNS 控制台树中单击选中"反向查找区域"。单击选单"操作\新建区域",弹出"新建区域向导"对话框,单击"下一步"。

2)选择区域类型为"主要区域",单击"下一步"。

3)对于网段 10.41.100.0 输入网络号 10.41.100,单击"下一步"。

4)选择创建新的区域文件,文件名为 100.41.10.in-addr.arpa.DNS,单击"下一步\完成"。

对于网段 10.41.101.0 重复上述操作,在第 3 步中,输入网络号 10.41.101,创建的区域文件为 101.41.10.in-addr.arpa.DNS。

控制台树中的"反向查找区域"下出现创建的对应两个网段的两个反向搜索区域,名字显示为"10.41.100.x Subnet"和"10.41.101.x Subnet"。

5. 添加资源记录的类型

创建标准主要区域之后,需要向该区域添加资源记录(RR)。最常用的资源记录类型是:

(1)起始授权机构(SOA)

指明该区域的主服务器,是区域信息的主要来源。它还指明区域的版本信息和影响区域更新或期满的时间等基本属性。

(2)名称服务器(NS)

标记附加的 DNS 服务器,是该区域的权威服务器。名称服务器可能不止一个。在默认情况下,使用 DNS 管理单元来添加新的主区域时,"添加新区域"向导会自动创建 SOA 和 NS。

(3)主机记录(A)

用于将 DNS 域名映射到计算机使用的 IP 地址,这是最常使用的资源记录类型。可以手动创建主机记录,当 IP 地址配置更改时,运行 Windows Server 2003 的计算机可以动态注册和更新它们在 DNS 中的主机记录。

(4)别名(CNAME)

用于将 DNS 域名的别名映射到另一个主要的或规范的名称。允许用多个名称指向一个主机。例如一台名称为 Server1.ha.epnet 的计算机同时运行 FTP 服务和 Web 服务,为了规范化,想为 FTP 服务使用名称 ftp.ha.epnet,为 Web 服务使用名称 www.ha.epnet,那么你需要为 server1.ha.epnet 创建两个别名记录 ftp 和 www。

(5)邮件交换器(MX)

用于将 DNS 域名映射为交换或转发邮件的计算机的名称。邮件交换器资源记录由电子邮件系统使用,用以根据在邮件目标地址中的 DNS 域名来定位邮件服务器。如果你为域 ha.epnet 配置的 MX 的邮件服务器是 mail.ha.epnet,则发送到 user@ha.epnet 的邮件首先发往 user@mail.ha.epnet。MX 中定义的邮件服务器可以是你本地网络中连入 Internet 的邮件服务器,也可以是 Internet 上任一台邮件服务器,只要它允许接收你的邮件。

(6)指针(PTR)

是在反向查找区域中创建的一个映射,用于把计算机的 IP 地址映射到 DNS 域名,它仅用于支持反向查找。可以静态手动创建指针记录,也可以在创建主机记录时创建相关的指针记录;当 IP 配置更改时,运行 Windows Server 2003 的计算机可以动态注册和更新它们在 DNS 中的指针记录。

(7)服务位置(SRV)

用于将 DNS 域名映射到指定的 DNS 主机列表,该 DNS 主机提供诸如 Active Directory 域控制器之类的特定服务。

6. 配置辅助服务器和区域传送

DNS 设计规范推荐对每个区域至少使用两个 DNS 服务器，以提供解析名称查询时的平衡处理和容错功能。使用两台 DNS 服务器还可以减少用于 DNS 查询的网络通信量。对于目录集成的主要区域，两个作为 Windows Server 2003 域控制器运行的 DNS 服务器均可作为区域的主服务器，对 DNS 的动态更新采取多主机更新模式，区域可由在任何域控制器上运行的 DNS 服务器更新，因此，辅助服务器不是必需的。对于标准主要区域，只能有一台主服务器，采取单主机更新模式，区域只能在主服务器上更新。为提供容错功能，就需要添加辅助服务器。

既然对于一个区域会存在多台 DNS 服务器，就必须保证这些服务器之间区域信息的同步。对于目录集成的主要区域，区域信息保留在多台域控制器（主服务器）的活动目录数据库中，而这些域控制器之间通过复制保证活动目录的完全一致，因此这些域控制器（主服务器）提供的区域信息是相同的。对于标准主要区域，主服务器总是保留区域更新和改动的主副本，辅助服务器依赖 DNS 区域传送机制从主（源）服务器来获取区域信息。

当为主服务器上的现有主要区域配置辅助服务器时，需要在辅助服务器上创建与主要区域相同名称的标准辅助区域。在辅助区域创建时，它执行该区域的完全初始传送，从主服务器上获得和复制主要区域的一份完整的资源记录。以后当主要区域更改时，辅助服务器通过区域传送机制从主服务器获取区域更改信息。对于较早版本的 DNS 服务器，如果区域请求更新，使用完全区域传送方法，需要对整个主要区域数据库进行传送。Windows Server 2003 的 DNS 服务支持递增区域传送，只对主要区域中更改的部分进行传送。

Windows Server 2003 的 DNS 服务器支持"DNS 通知"，在主要区域发生变化时，"DNS 通知"通知此区域的一组所选的辅助服务器。被通知的服务器可开始进行递增区域传送，从它们的主服务器提取区域变化并更新此区域的本地副本。由于辅助服务器从主服务器处获得通知，每个辅助服务器都必须首先在主服务器的通知列表中拥有其 IP 地址，使用 DNS 通知仅用于通知作为区域辅助服务器操作的服务器。对于和目录集成的区域的复制，不需要 DNS 通知。辅助服务器最常用于正向搜索区域。

在正确配置了主服务器 Server2 后，下面在另一台 Windows Server 2003 计算机 Server3 上为区域 ha.epnet 添加辅助服务器。对于 Server3 同样要求已经正确地配置了 IP 和域后缀。

1）首先按照前面所述配置方法，在 Server3 上安装 DNS 服务。

2）在 Server3 上打开 DNS 控制台，在控制台树中，单击选中"正向查找区域"。单击选单"操作\新建区域"，弹出"新建区域向导"窗口，单击"下一步"。

3）选择区域类型为"辅助区域"，单击"下一步"。

4）在"区域名称"栏输入区域名 ha.epnet，单击"下一步"。

5）在"IP 地址"栏输入 DNS 主服务器的 IP 地址，单击"添加"按钮，本例中为 Server2 的 IP 地址，作为辅助服务器的 Server3 将从 Server2 上复制区域信息。

6）单击"下一步"按钮，最后单击"完成"。

Server3 已经配置为区域 ha.epnet 的辅助服务器。当 Server3 上的辅助区域初始创建后，它从主服务器 Server2 获得区域 ha.epnet 的一份完整拷贝。你不能在辅助服务器 Server3 中建立资源记录，只能在主服务器 Server2 上建立，Servrer3 通过递增区域传送从 Server2 上获得区域资源记录的更改信息。

7. 配置 DNS 通知

为了实现在主服务器 Server2 的区域更改后自动通知辅助服务器 Server3，需要在 Server2 上进行如下配置：

1) 在 Server2 上打开 DNS 控制台，单击选中区域 ha.epnet，单击选单"操作\属性"，弹出"ha.epnet 属性"窗口。

2) 单击"名称服务器"选项卡，单击"添加"按钮，弹出"新建资源记录"窗口。在"服务器完全合格的域名"栏输入辅助服务器 Server3 的完全合格域名 Server3.ha.epnet，在"IP 地址"栏输入 Server3 的 IP 地址。单击"确定"按钮，返回到"ha.epnet 属性"窗口。

3) 单击"区域复制"选项卡，确保选中"允许区域复制"复选按钮，单击选中"只有在名称服务器选项卡中列出的服务器"单选按钮。

4) 单击"通知"按钮，弹出"通知"窗口，确保选中"自动通知"复选按钮和"在名称服务器选项卡中列出的服务器"单选按钮。单击"确定"返回到"ha.epnet 属性"窗口。单击"确定"。

8. 动态更新

动态更新是 DNS 客户机在发生更改时使用 DNS 服务器注册和动态地更新其资源记录。它减少了对区域记录进行手动管理的工作量。在默认情况下，对 TCP/IP 进行配置时，运行 Windows 2000/XP 的客户机在它的 DNS 服务器中动态地注册和更新自己的主机资源记录。对于未运行 Windows 2000/XP 的计算机，可以配置 Windows Server 2003 DHCP 服务器，该服务器可执行代理注册并根据非动态客户机的需要进行更新。只有 Windows 2000/2003 DNS 服务器支持动态更新，Windows NT Server 4.0 提供的 DNS 服务器不支持此功能。

对于与活动目录集成的区域，Windows Server 2003 DNS 服务器默认允许进行安全的动态更新。对于标准区域，DNS 服务器默认不允许在它的区域中动态更新。

为使计算机可以在 DNS 服务器上动态更新它的主机记录，需要作如下配置：

1) 在主服务器 Server2 上打开 DNS 控制台，单击选中主要区域 ha.epnet。单击选单"操作\属性"。

2) 在"常规"选项卡中，在"动态更新"下拉列表中，选择"非安全"选项（Windows Server 2003 会提示允许非安全的动态更新是一个较大的安全弱点），然后单击"确定"。

最后还需要在 Windows 2000/XP 计算机的 TCP/IP 配置中，为它指定首选 DNS 服务器的 IP 地址，本例中是 Server2 的 IP 地址。

4.3.5 DHCP 服务器的安装与设置

在 TCP/IP 网络上，每台主机都必须有惟一的 IP 地址，并且通过该 IP 地址跟网络上的其他主机沟通，每台主机在设置 IP 地址时，可以采用"手动输入"或"自动向 DHCP 服务器索取 IP"方式。

(1) 手动输入方式：比较容易出错，出错时不易找出问题，加重管理的负担。

(2) 自动向 DHCP 服务器索取 IP 方式：可以减少人工错误的困扰，减轻管理上的负担。

要使用 DHCP 动态主机配置协议方式自动索取 IP 地址时，整个网络必须至少有一台计算机内安装了 DHCP 服务器服务，其他要使用 DHCP 功能的客户端必须要有支持自动向

DHCP 服务器索取 IP 地址的功能，这些客户端称为 DHCP 客户端。

1. DHCP 所提供的功能

当 DHCP 客户端启动时，它就会自动与 DHCP 服务端沟通，并且要求 DHCP 服务器提供 IP 地址给 DHCP 客户端，而 DHCP 服务器在收到 DHCP 客户端的要求后，会根据 DHCP 服务器的设置，决定如何提供 IP 地址给客户端。

（1）永久租用。

（2）限定租期。

当 DHCP 客户端向 DHCP 服务器租用到 IP 地址后，DHCP 客户端只是暂时可以使用这个地址一段时间。事实上，DHCP 服务器不但可以给 DHCP 客户端提供 IP 地址，它还可以分配给 DHCP 客户端提供一些其他的选项设置，例如：子网掩码、默认网关与其他的配置设置。

2. DHCP 运行方式

当 DHCP 客户端的计算机启动时，它会与 DHCP 服务器沟通，以便向 DHCP 服务器索取 IP 地址，子网掩码等 TCP/IP 的设置数据。然而它们之间的沟通方式，却是根据 DHCP 客户端是否在向 DHCP 服务器索取一个新的 IP 地址，还是在更新租约而有所不同。

（1）向 DHCP 服务器索取新的 IP 地址

在以下的场合中，DHCP 客户端会向 DHCP 服务器索取一个新 IP 地址：

- 该客户端计算机第一次以 DHCP 客户端的身份启动，也就是它第一次向 DHCP 服务器索取 IP 地址。
- 该 DHCP 客户端所租用的 IP 地址被 DHCP 服务器收加给其他客户端使用了。
- 该 DHCP 客户端自己释放掉原先租用的 IP 地址。

以上几种情况，DHCP 客户端与 DHCP 服务器之间，通过以下的 4 个包来相互沟通。

- **DHCPDISCOVER**：DHCP 客户端会先发出 DHCPDISCOVER 的广播信息到网络上，以便查找一台能够提供 IP 地址的 DHCP 服务器。
- **DHCPOFFER**：当网络上的 DHCP 服务器收到 DHCP 客户端的 DHCPDISCOVER 信息后，它就由 IP 池中挑选一个还没有出租的 IP 地址，然后利用广播的方式提供给 DHCP 客户端。
- **DHCPREQUEST**：当 DHCP 客户端挑选好第一个收到的 DHCPOFFER 信息后，它就利用广播的方式，响应一个 DHCPREQUEST 信息给 DHCP 服务器。
- **DHCPPACK**：DHCP 服务器收到 DHCP 客户端的要求 IP 地址的 DHCPREQUEST 信息后，就会以广播的方式给 DHCP 客户端送出 DHCPPACK 确认信息，确认信息里包含着 IP 地址、子网掩码、DNS 地址等信息。

（2）DHCP/BOOTP 转接代理站

可以根据需要，在网络上安装一台或多台 DHCP 服务器，但是如果 DHCP 服务器与 DHCP 客户端分别位于不同的网络区域内（通过 IP 路由器来连接），则所选的 IP 路由器必须具备 DHCP/BOOTP 转接代理站功能，也就是它要能够将 DHCP 转送到其他的网络区域。这个 BOOTP 转送的规格定义在 RPC，TCP/IP 标准规格内。

3. DHCP 的安装

安装 DHCP 服务器的步骤如下：

1）选择"开始\控制面板\添加或删除程序\添加/删除 Windows 组件"。

2）选择"网络服务\详细信息\动态主机配置协议 DHCP",回到上一个界面。
3）单击"下一步"按钮,完成安装。
4. DHCP 服务器的配置
DHCP 服务器的配置步骤如下:
1）选择"开始\所有程序\管理工具\DHCP"即可打开 DHCP 管理器。
2）如果是第一次进入 DHCP 管理,列表中还没有任何服务器名,则需要在左边的"树"栏中选中"DHCP"项,并在其上单击右键,选"添加服务器",选"此服务器",再按"浏览"选择(或直接输入)服务器名"server"(即你的服务器的名字)。在一般情况下,不需要做这一步,因为默认的可以看到里面已经有了服务器的 FQDN(Fully Qualified Domain Name,完全合格域名),比如为"server.edu.abc.com"。
3）选择服务器名称,单击菜单"操作\新建作用域",这时会进入到"新建作用域向导"对话框,单击"下一步",在"名称"(必填)和"描述"(可不填)处填入任意内容。比如在"名称"处填写"我的 DHCP 服务器",单击"下一步"。
4）在"IP 地址范围"中,需要在"输入此作用域分配的地址范围"下的"起始 IP 地址"和"结束 IP 地址"处输入欲用来分配给客户端的 IP 地址的范围,系统会自动填充"长度"和"子网掩码"两项中的内容。
5）随后得到的是"添加排除"的界面。可以在"起始地址 IP 地址"处输入单个的欲保留的 IP 地址,再按"添加"按钮,把它加入到下面的"排除的地址范围"列表中;也可以在"起始 IP 地址"和"结束 IP 地址"处输入一个欲保留的 IP 地址的范围;可以进行多次操作,直到将所有不欲分配给客户端使用的保留 IP 地址全添加进去。
6）接着就是设"租约期限",也就是为分配给客户端的这些 IP 地址设定一个"有限期",当超过这个有效期之后,客户端就将不再能够得到那些供分配的 IP 地址,在"限制为"下面进行相关设置即可。补充一点,在此处进行设置时,有一个小窍门:如果需要修改其中的时或分或天的值,可以直接在相关栏内输入所需内容,或用键盘上的上下光标键(按住不放)来迅速得到你所需要的数目。但如果用鼠标选择的,就必须一次一次点(按住不放不生效),很麻烦。
7）以上所作的设置只是为客户端设定了用于自动分配的 IP 地址,如果还要给它们设定自动分配的 DNS 和网关地址,则还必须在系统询问"你现在想为此作用域配置 DHCP 选项吗"时,选择"是,我想现在配置这些选项",然后按"下一步"按钮继续。
8）在"路由器(默认网关)"的"IP 地址"处输入本网内路由器(默认网关)的 IP 地址(通常为 DHCP 服务器的 IP 地址)之后再按"添加"。
9）在"域名称和 DNS 服务器"的"IP 地址"项输入 DNS 服务器的 IP 地址(通常为 DHCP 服务器的 IP 地址)之后再按"添加"即可;其他各项可不填。
10）接下来的"WINS 服务器"中同样加入 WINS 服务器的 IP 地址(通常为 DHCP 服务器的 IP 地址)之后再按"添加"即可。
11）最后,根据提示单击"是的,我想现在激活此作用域",再单击"完成"按钮即可最终完成 DHCP 服务器的建立和配置。
12）于是,你就可以在 DHCP 管理器中左边的"树"栏中看到已建立成功了一个名为"我的 DHCP 服务器"、IP 地址为"192.168.0.0"的作用域,其下"地址池"在右边的详细列表栏目中即可看到已建立好的用于分配给客户端的 IP 地址范围和排除范围了。

5. DHCP 客户端的使用

①将任何一台本网内的工作站的网络属性中设置成"自动获得 IP 地址",并让 DNS 服务器设为"禁用",网关栏保持为空(即无内容),重新启动成功后,运行"winipcfg.exe"(windows 9x 中)或"ipconfig.exe"(Windows NT/ 2000/XP 中)即可看到各项已分配成功。

②当客户端关机或重机启动或用其他方式退出本网络后,自动分配给它临时占用的 IP 地址等资源即能自动释放,DHCP 服务又可将它们分配给新的客户机。客户端机器并不需要一定得设置登录到本域,也能使用 DHCP 服务。

4.3.6 Windows Server 2003 的打印服务

1. 在 Windows Server 2003 中添加新网络共享打印机

在 Windows Server 2003 中添加新网络共享打印机步骤如下:

1)首先单击 Windows Server 2003"开始"菜单中的"打印机和传真"菜单项,打开"打印机和传真"窗口。

2)双击"添加打印机"图标,启动"添加打印机向导"。

3)在向导的"本地或网络打印机"对话框中指定待创建网络共享打印机的类型。其中,如果待安装的网络共享打印机为本地打印机,即启用"连接到这台计算机的本地打印机"单选按钮,本例假设网络共享打印机为本地打印机;如果待安装网络打印机连接在其他计算机或网络上,则启用"网络打印机"单选按钮。

4)若清除"本地或网络打印机"向导对话框中的"自动检测并安装我的即插即用打印机"复选取框,则利用向导的"选择打印机端口"对话框,可以在列表框中选择一个可用的打印机端口。如果希望直接将打印机连接到网络中,则首先启用"创建新端口"单选按钮,然后在下拉式列表中选择"Standard TCP/IP Port"选项,最后单击"下一步"按钮并利用"添加标准 TCP/IP 打印机端口向导"完成标准 TCP/IP 端口的设置,例如,打印机名或 IP 地址、设备的端口名以及设备类型等。

5)利用向导的"添加打印机向导"对话框可以选择打印机的制造商和型号设置。

6)利用向导的"命名打印机"对话框可以设置打印机的名称。另外,如果希望将该打印机设置为默认打印机,则启动对话框窗口中"是"单选按钮,否则启动"否"单选按钮。

7)启用添加打印机向导"打印机共享"对话框中的"共享名"单选按钮,并在编辑框中键入理想的共享名称。

当运行 Windows Server 2003 中的添加打印机向导时,系统的默认打印机设置为共享,并将其发布到活动目录中,除非用户启用该对话框中的"不共享这台打印机"单选按钮。

8)利用"位置和注释"向导对话框可为网络共享打印机设置位置及注释信息。单击"正在完成添加打印机向导"对话框中的"完成"按钮。

2. 网络共享打印机属性设置

首先在"打印机与传真"窗口中选定待设置的打印机,然后单击鼠标右键,在其对应的快键菜单中单击"属性"菜单项,启动"*(打印机名称)属性"对话框窗口,最后利用各个选项标签完成理想的属性设置并单击"确定"按钮即可。

3. 打印服务属性设置

首先单击"打印机与传真"窗口中"文件"菜单中的"服务器属性"菜单项,启动"打印服务器属性"对话框,然后利用"选项"标签完成理想设置。

4. 打印过程控制

在"打印机与传真"窗口中双击打印机,打开"打印机"窗口可以控制打印队列。

4.4 计算机和用户的管理

在 Windows Server 2003 中用户可以在活动目录用户和计算机管理工具中实现建立用户账号、计算机账号、组、安全策略等项。它可以用于建立或编辑网络中的用户、计算机、组、组织单位、域、域控制器以及发布网络共享资源。活动目录用户和计算机管理器是安装在域控制器上的目录管理工具,且用户可以在客户机中安装它的管理工具,以便利用客户机对活动目录进行远程管理。

4.4.1 基本概念

活动目录用户和计算机管理器中的账号标识的是一个物理实体,如计算机或用户,计算机和用户的账号在它们登录到网络或访问域中的资源时提供安全信任。账号可以用于:
- 验证计算机或用户的身份。
- 允许访问域中资源。
- 审核用户或计算机账号的活动。

1. 用户账号

用户账号能够让用户以授权的身份登录到计算机和域中并访问其中资源,用户账号也可以作为某些软件的服务账号。

2. 计算机账号

每一个计算机在加入到域时都需要一个计算机账号,就像用户账号一样,被用来验证和审核计算机的登录过程和访问域资源。

3. 组

组是可包含用户、联系人、计算机和其他组的 Active Directory 或本机对象。使用组可以:
- 管理用户和计算机对 Active Directory 对象及其属性、网络共享位置、文件、目录、打印机列队等共享资源的访问。
- 筛选器组策略设置。
- 创建电子邮件通信组。

有两种类型的组:

(1) 安全组

安全组用于将用户、计算机和其他组收集到可管理的单位中。为资源(文件共享、打印机等)指派权限时,管理员应将那些权限指派给安全组而非个别用户。权限可一次分配给这个组，而不是多次分配给单独的用户。使用组而不是单独的用户可简化网络的维护和管理。

（2）通信组

通信组只能用作电子邮件的通信组，不能用于筛选组策略设置。通信组无安全功能。

任何时候，组都可以从安全组转换为通信组，反之亦然，但仅限于域处于本机模式的情况下。域处于混合模式时不能转换组。

4. 组作用域

每个安全组和通信组均具有作用域，该作用域标识组在域树或树林中所应用的范围。有三类不同的作用域，即：通用作用域、全局作用域和域本地作用域。

（1）通用作用域

在本机模式域中，可将其成员作为来自任何域的账户、来自任何域的全局组和来自任何域的通用组，不能创建有通用作用域的安全组，组可被放入其他组并且在任何域中指派权限，但不能转换为任何其他组作用域。

（2）全局作用域

在本机模式域中，可将其成员作为来自相同域的账户和来自相同域的全局组，可将其成员作为来自相同域的账户，组可被放入其他组并且在任何域中指派权限。只要它不是有全局作用域的任何其他组的成员，则可以转换为通用作用域。

（3）域本地作用域

在本机模式域中，可将其成员作为来自任何域的账户、全局组和通用组，以及来自相同域的域本地组，将其成员作为来自任何域的账户和全局组，组可被放入其他域本地组并且仅在相同域中指派权限。只要它不把具有域本地作用域的其他组作为其成员，则可转换为通用作用域。

5. 内置和预定义组

安装域控制器时，部分默认的组安装于"Active Directory 用户和计算机"控制台的"内置"和"用户"文件夹中。这些组是安全组并且代表一些公用的权利和权限集合，可用于将某些角色、权利和权限授予用户放入默认组的账户和组。

有域本地作用域的默认组放在"内置"文件夹中，有全局作用域的预定义组放在"用户"文件夹中。可将内置和预定义组移动到域中的其他组或组织单位文件夹，但不能将它们移至其他域。

①内置组：放入"Active Directory 用户和计算机"的"内置"文件夹中的默认组为：账户操作员、管理员、备份操作员、来宾、打印操作员、复制器、服务器操作员、用户。

②预定义组：放在"Active Directory 用户和计算机"的"用户"文件夹中的预定义组有：组名称、证书发行者、域管理器、域计算机、域控制器、域来宾、域用户、企业管理员、组策略管理员、架构管理员。可使用这些有全局作用域的组将该域中各种类型的用户账户（普通用户、管理员和来宾）收集到组中。然后这些组可以放入该域和其他域中有域本地作用域的组。

6. 特殊身份

除"内置"和"用户"文件夹中的组以外，Windows Server 2003 还包括几种特殊身份：为方便起见，这些身份通称为组。这些特殊组没有用户可修改的特别成员身份，但是它们能根据环境在不同时间代表不同用户。这三个特殊组为：

①每个人。代表所有当前网络的用户，包括来自其他域的来宾和用户。无论用户何时登录到网络上，它们都将被自动添加到 Everyone 组。

②网络。代表当前通过网络访问给定资源的用户（不是通过从本地登录到资源所在的计算机来访问资源的用户）。无论用户何时通过网络访问给定的资源，它们都将自动添加到网络组。

③交互。代表当前登录到特定计算机上并且访问该计算机上给定资源的所有用户（不是通过网络访问资源的用户）。无论用户何时访问当前登录的计算机上所给的资源，它们都被自动添加到交互组。

7. 组对网络性能影响

用户登录到 Windows Server 2003 网络时，Windows Server 2003 域控制器决定用户属于哪个组。Windows Server 2003 创建安全令牌并将其指派给用户。安全令牌列出了用户账户 ID 和用户所属的所有安全组的安全 ID。组成员身份可能影响网络性能，由于以下的因素：

（1）登录的影响

建立安全令牌需要时间，所以用户所属的安全组越多，生成这个用户安全令牌的时间越长，并且该用户登录到网络的时间也越长。造成这一影响的程度将随着网络带宽以及处理登录过程的域控制器的配置而变化。

有时，用户可能想创建只用于电子邮件的组，并不准备使用该组将权利和权限指派给它的成员。为提高登录性能，可创建类似通信组的组而非安全组。

（2）有通用作用域的组的复制

对存储在全局编录中的数据的更改将复制到树林的每个全局编录中。有通用作用域的组及其成员列在全局编录中。有通用作用域的组的一个成员更改时，整个组成员身份都必须复制到域树或树林中的所有全局编录中。

具有全局或域本地作用域的组也列在全局编录中，但未列出其成员。这将会减小全局编录的大小，并且明显减少需要随时更新全局编录的复制通信量。可通过为经常更改的目录对象使用具有全局或域本地作用域的组来提高网络性能。

（3）网络带宽

每个用户的安全令牌都被发送到用户访问的每台计算机，以使目标计算机能够对照该计算机上所有资源的权限列表，比较包含在令牌内的所有安全 ID，从而决定用户在该计算机上是否有相应的权利或权限。目标计算机还检查令牌中的任何安全 ID 是否属于目标计算机上的任何本地组。

用户所属的组越多，其安全令牌就越大。如果用户的网络有大量用户，这些大型安全令牌对网络带宽和域控制器处理能力的影响非常明显。

4.4.2 用户账户的管理

1. 添加用户账号

在 Windows Server 2003 中，一个用户账号包含了用户的名称、密码、所属组、个人信息、通信方式等信息。在添加一个用户账号后，它被自动分配一个安全标识 SID，这个标识是惟一的，即使账号被删除，它的 SID 仍然保留，如果在域中再添加一个相同名称的账号，它将被分配一个新的 SID，在域中利用账号的 SID 来决定用户的权限。

添加用户账号的步骤如下：

1）首选启动"Active Directory 用户和计算机"管理器，单击"User"会看到在安装 Active Directory 时自动建立的用户账号。

2）单击"操作\新建\用户"，在"新建对象－用户"对话框中输入用户的姓名、登录名，其中的下层登录名是指当用户从运行 Windows NT/98 等以前版本的操作系统的计算机登录网络所使用的用户名。

3）在密码框中输入密码或不填写密码并选择"用户下次登录时须更改密码"选项，以便让用户在第一次登录时修改密码。

4）在完成对话框中会显示以上设置的信息，单击"完成"。

2. 管理用户账户

（1）输入用户的信息

在用户属性对话框中的"常规"标签中可以输入有关用户的描述、办公室、电话、电子邮件地址及个人主页地址；在"地址"标签中输入用户的所在地区及通信地址；在"电话"标签中输入有关用户的家庭电话、寻呼机、移动电话、传真、IP 电话及相关备注信息。这样便于用户以后在活动目录中查找用户并获得相关信息。

（2）用户环境的设置

用户可以设置每一个用户的环境，如用户配置文件、登录脚本、宿主目录等，这些设置根据实际情况而定，用户将在以后章节加以详细说明。

（3）设置用户登录时间

在"账户"标签中单击"登录时间"按钮，在出现的对话框中，横轴每个方块代表一小时，纵轴每个方块代表一天，蓝色方块表示允许用户使用的时间，空白方块表示该时间不允许用户使用，默认为在所有时间均允许用户使用。其操作如下。

在用户的登录时间对话框中，选择不允许登录的时间段单击"拒绝登录"。

当用户在允许登录的时间段内登录到网络中，并且一直持续到超过允许登录的时间时，用户可以继续连接使用，但不允许作新的连接，如果用户注销后，则无法再次登录。

（4）限制用户由某台客户机登录

在"账户"标签中单击"登录到"按钮，在默认情况下用户可以从所有的客户机登录，也可以设置让用户从某些工作站登录，设置时输入计算机的计算机名称（NetBIOS 名），然后单击"添加"按钮，这些设置对于非 Windows NT/2000/XP 工作站是无效的，如用户可以不受限制的从任何一台 DOS、Windows 客户机登录。

（5）设置账户的有效期限

在"账户"标签的下方，用户可以选择账户的使用期限，在默认情况下账户是永久有效的，但对于临时员工来说，设置账户的有效期限就非常有用，在有效期限到期后，该账户被标记为失效，默认为一个月。

（6）管理用户账户

在创建用户账号后，可以根据需要对账户进行密码重新设置、修改、重命名等操作。

（7）计算机账户的创建

首先启动"Active Directory 用户和计算机"管理器，单击"Computer 容器\操作\新建\计算机"，输入计算机名称，单击"确定"完成创建工作。

4.4.3 组的管理

用户可以利用将用户加入到组中的方式,简化网络的管理工作。当用户对组设置了权限后,则组中所有的用户就具有了该权限,这样避免用户对每一个用户设置权限,从而减轻了工作量。

1. 添加组

添加组的步骤如下:

1)打开"Active Directory 用户和计算机"管理器。
2)在控制台树中,双击域节点。
3)右键单击要添加组的文件夹,指向"新建",然后单击"组"。
4)键入新组的名称。在默认情况下,用户输入的名称还将作为新组的 Windows 2000 以前版本的名称。
5)单击所需的"组作用域"。
6)单击所需的"组类型"。

如果用户目前创建的组所属的域处于混合模式,则只能选择具有"本地域"或"全局"作用域的安全组。

2. 指定用户隶属的组

在组属性对话框中单击"成员""隶属于"标签,可以查看到当前用户隶属于哪些组。如要将用户添加到其他的组中,则单击"添加"按钮,在上方的窗体中选择需要添加的组(可以按住"Shift"或"Ctrl"键,利用鼠标选择多个组),然后单击"添加"按钮则所选的组会出现在下方的窗体中,单击确定。

如果需要将用户从它所属的指定组中删除,则在成员属性窗体中选择该组,单击"删除"按钮。

用户账号至少隶属于一个组,该组被称为主要组,这个主要组必须是一个全局组且它不可删除。

3. 删除组

删除组的操作步骤如下:

1)打开"Active Directory 用户和计算机"管理器。
2)在控制台树中,双击域节点。
3)单击包含组的文件夹。
4)在详细信息窗格中,右键单击组,然后单击"删除"。

4.4.4 组织单位的管理

组织单位的管理是通过创建和委派控制来进行的。

1. 创建组织单位

创建组织单位的操作步骤如下:

1)打开"Active Directory 用户和计算机"管理器。

2）在控制台树中，双击域节点。
3）右键单击域节点或者要在其中添加组织单位的组织单位。
4）指向"新建"，然后单击"组织单位"。
5）键入组织单位的名称。

2. 组织单位的委派控制

组织单位的委派控制的操作步骤如下：
1）打开"Active Directory 用户和计算机"管理器。
2）在控制台树中，双击域节点。
3）在"详细信息"窗格中，右键单击该组织单位，然后单击"委派控制"来启动"控制委派向导"。
4）在用户和组对话框中，单击"添加"选择受委派的用户和组。
5）在委派任务中，可以指定委派公用任务，也可以选择委派更为细化的自定义任务。
6）在摘要信息单击"完成"。

【本章小结】

本章简要地介绍了网络操作系统的基本概念，并重点地介绍了 Windows Server 2003 的安装、活动目录与网络配置等相关知识，以及如何在 Windows Server 2003 环境中管理计算机账户和用户等。

【习题】

简答题
1. 简述网络操作系统的特征。
2. 局域网操作系统的工作模式有哪些？
3. 如何安装 Windows Server 2003 的活动目录？
4. 如何在 Windows Server 2003 环境中管理计算机账户和用户？

第 5 章 Internet 的使用

【学习目标】

1. 了解 Internet 的不同接入方法。
2. 熟悉如何在 Windows Server 2003 环境中实现局域网共线上网。
3. 熟悉如何使用 Sygate 实现局域网共线上网。
4. 熟悉 IE 浏览器的使用。
5. 掌握如何运用 Outlook Express 创建、接收和发送电子邮件。
6. 掌握如何上传和下载文件。

5.1 Internet 的接入方法

用户想要利用 Internet 的资源，必须首先将自己的计算机接入 Internet。接入 Internet 的方法有以下许多种。

5.1.1 通过电话拨号接入

对于个人用户来说，目前主要采用 SLIP（Serial Line Internet Protocol）或 PPP（Point To Point Protocol）协议，通过调制解调器和拨号电话接入一台 Internet 主机的方式。为此，需要具备以下条件：

- 一条电话线路。
- 一台传输速率为 33.6 kb/s 或 56 kb/s 的调制解调器。
- TCP/IP 协议软件和 SLIP 或 PPP 拨号网络软件。
- 向 Internet 网络服务提供商 ISP 申请一个用户账号。

用户首先需要向 ISP 申请一个用户账号，有了这个账号，用户的计算机才能连接到 ISP 的 Internet 主机上。其次要安装调制解调器及其驱动程序，然后还需安装拨号网络软件。此后就可通过电话线路拨号上网。这时用户的计算机相当于 ISP 联网主机的一个终端，它与主机都属于 Internet 的一部分。通常，主机将 IP 地址动态地分配给每个 PPP 终端用户，只有分配到 IP 地址的用户计算机才能享受到 ISP 所能提供的各种 Internet 服务。

5.1.2 通过局域网接入

通过局域网接入 Internet 是指将用户的计算机连接到一个已经接入 Internet 的计算机局域网络中，该局域网的服务器是 Internet 上的一台已经申请并得到域名的计算机，这样用户的计算机就可以通过该局域网服务器访问 Internet。对于单位用户和机关政府部门来说，通过局域网接入 Internet 是一种行之有效的方法。通过局域网上网不仅速度快，而且用户的机器开机后总是在线的。通过局域网接入 Internet 所需要的条件是：
- 联网的用户计算机需要增加一块合适的网卡。
- 运行相应的驱动程序。
- 安装 TCP/IP 协议等软件。
- 正确设置局域网服务器、域名服务器和用户计算机等的 IP 地址。

5.1.3 通过 ISDN 接入

通过电话拨号上网的缺点是速率慢，而且用于上网的电话不能同时进行通话，因此人们又开发出了 ISDN 这种新的上网方式。ISDN（Integrate Service Digital Network）即综合业务数字网，俗称"一线通"，能提供端到端的数字连接，它支持一系列广泛的话音和非话音业务，并可提供 128 kb/s 的数据传输速率。

ISDN 实现了用户线的数字化，一切信号都以数字形式进行传输和交换。它利用现有的模拟电话用户线，通过在用户端加装标准的用户/网络接口设备（NT），将可视电话、数据通信、数字传真和数字电话等终端通过一根传统的电话线接入 ISDN 网络，使用户的通信手段大大增加，并提供了比拨号上网快得多的传输速度。

5.1.4 数字用户环路 XDSL 接入

数字用户环路 DSL（digital subscriber loop）技术的宗旨是通过电子设备和专用软件，使目前使用的电话线成为数字传输线路，并能使带宽达到 2Mb/s 以上。具体的 DSL 技术可分为 ADSL、VDSL、VADSL 和 HDSL 等，通称为 XDSL。

其中 ADSL 是一种不对称数字用户环路技术，适用于广域网的接入，比传统的电话线接入要快许多倍。ADSL 采用专门的调制解调器，在连接双方的两个调制解调器之间的电话线上可以产生 3 个信息通道：
- 一条 1.5 Mb/s 至 9 Mb/s 的高速下行通道。
- 一条 16 kb/s 至 1 Mb/s 的中速双工上行通道。
- 一条普通的（4 kHz）电话服务通道。

ADSL 接入无须拨号，只要接通线路和电源即可，它可以同时连接多个设备，包括普通电话机和 PC 机等。ADSL 上网速度快，被称为宽带网，是一种相当有前途的接入方式。

5.1.5 使用 Windows Server 2003 实现共线上网

在 Windows Server 2003 中，系统内置了 Internet 连接共享功能，因此，可以非常方便地实现局域网共线上网。

1. 服务器端

在设置服务器端的 Internet 的连接共享时，必须在服务器上创建 Internet 连接，然后将选定的连接设置为共享即可。

设置服务器端的 Internet 连接共享的操作步骤如下：

1）在桌面上右击"网上邻居"图标，从弹出的快捷菜单中选择"属性"命令，打开"网络和拨号连接"窗口，如图 5-1 所示。

2）右击所创建的连接，从弹出的快捷菜单中选择"属性"命令，打开"ADSL 属性"对话框，并切换到"高级"选项卡，如图 5-2 所示。

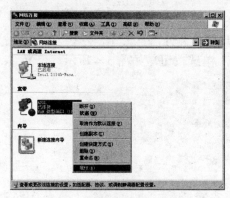

图 5-1 "网络连接"窗口

图 5-2 "高级"选项卡

3）启用"允许其他网络用户通过此计算机的 Internet 连接来连接"复选框，然后单击"确定"按钮。

2．设置客户端

在运行 Windows Server 2003 的局域网中，通常包含 Windows 98/2000/XP 等客户机。当 Windows Server 2003 服务器启用了 Internet 连接共享时，客户端不需要任何设置，就可以连接到 Internet。此时应注意以下几点：

- 客户机的 IP 地址必须设置为自动获取，并且不需要设置网关。
- 在"局域网（LAN）设置"对话框中，应禁用所有复选框，如图 5-3 所示。

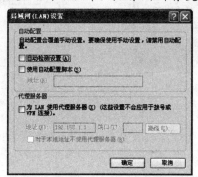

图 5-3 "局域网（LAN）设置"对话框

5.1.6 使用代理服务器软件实现共线上网

对于一个办公室中的多台计算机或家庭中的两台计算机连接成的小型局域网，则可以通过代理服务器软件，如 WinGate、Sygate、WinProxy 等，实现一线多机上网。

Sygate 软件采用 GateWay 方式使多台计算机共享 ISP 账号接入 Internet，它安装简单，用户几乎不需要进行更深入的设置，并且维护管理也非常简单方便。由于 Sygate 采用了低级包交换技术，因而其性能十分优越，支持各种 Internet 协议，几乎所有的应用软件都可以直接使用。但是，Sygate 不允许设置不同用户的权限，无法对用户进行较为复杂的管理。

本节我们就以 Sygate 为例，介绍使用代理服务器软件实现小规模局域网中一条电话线、一个账号多机上网的方法。

1. 安装 Sygate 服务器

Sygate 安装简单，由于它包括服务器和客户端两部分，因此，在安装过程中，需要在"安装设置"对话框中为服务器选择"服务器模式"单选按钮，如图 5-4 所示。

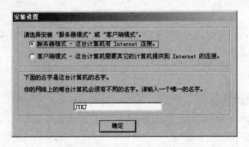

图 5-4　选择服务器安装模式

安装完毕后重新启动计算机，这时将显示如图 5-5 所示的对话框。单击"确定"按钮，可启动 Sygate Manager，如图 5-6 所示。

图 5-5　Sygate 启动画面　　　　　图 5-6　Sygate Manager 窗口

2. 安装 Sygate 客户端

安装 Sygate 客户端时，应在"安装设置"对话框中选择 Client Mode 单选按钮，如图 5-7 所示。

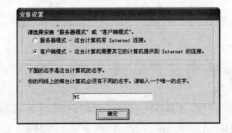

图 5-7　选择客户端安装模式

客户机安装完成之后，要通过服务器连接 Internet，还必须设置客户机的 IP 地址、网关等内容。

客户机的设置步骤如下：

1）在 Windows 2000/XP 操作系统中，右击桌面上"网上邻居"图标，从弹出的快捷菜单中选择"属性"命令，打开"网络连接"窗口。

2）在"本地连接"图标上单击鼠标右键，从弹出的快捷菜单中选择"属性"命令，打开"本地连接 属性"对话框，如图 5-8 所示。

3）在"此连接使用下列选定的组件项目"列表框中选择"Internet 协议（TCP/IP）"选项，然后单击"属性"按钮，打开"Internet 协议（TCP/IP）属性"对话框。

4）在"常规"选项卡中设置"默认网关"为 192.168.0.1，"首选 DNS 服务器"的地址也为 192.168.0.1，如图 5-9 所示。

5）单击"确定"按钮，保存设置。

图 5-8 "本地连接属性"对话框

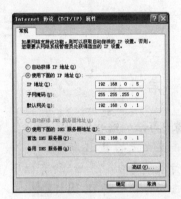
图 5-9 设置网关

3. 使用 Sygate 上网

服务器和客户机安装完成后，就可以启动 Sygate 服务器，连接 Internet 了。

连接 Internet 的操作步骤如下：

1）在服务器上选择"开始\所有程序\Sygate Home Network\Sygate 管理器"命令，启动 Sygate Manager [Server]，如图 5-10 所示。

图 5-10 启动 Sygate

2）单击"开始"按钮，再单击"拨号"按钮，拨号上网。

3）拨号成功后，在服务器或客户机上打开 Internet Explorer，就可以上网浏览了。

5.1.7 其他接入方法

目前，还有其他多种方法可供接入 Internet，这些方法为：

利用公众数字数据网的 DDN（Digital Data Network）专线接入，可提供点到点和点到多点的半永久性接入。

在加装线缆调制解调器 CABLE MODEM 后，可利用有线电视 CATV 网接入。

由于无线应用协议 WAP 的制定，使得移动通信的手机接入 Internet 得以实现。WAP 是在数字移动电话、因特网、计算机及其他个人数字助理机（PDA）之间进行通信的开放的全球标准。它由一系列协议组成，用来标准化无线通信设备，可用于 Internet 访问，包括收发电子邮件、访问 WAP 网站上的网页等。

在国外甚至还出现了利用供电局的电源线接入 Internet 的方法。

5.2 IE 浏览器的使用

5.2.1 启动 IE

启动 IE 的方法一般有以下几种：
- 双击桌面上的 IE 图标 。
- 运行菜单命令"开始\所有程序\Internet Explorer"。
- 单击任务栏中的 IE 图标 。

启动 IE 后，系统自动打开 IE 窗口，显示 IE 的默认主页，如图 5-11 所示。

图 5-11 搜狐网站的主页

5.2.2 浏览网页

在 IE 6.0 中访问网页需要知道该网页的地址，或称 URL 地址。一个典型的 URL 地址由协议、站点名、在该站点中存放的位置及相应的文件名 4 个部分组成。其中存放的位置及相应的文件名有时可以省略，而取其默认主页。

以下是一些常用的网页浏览方法：

1．利用地址栏浏览

如果用户知道要访问网页的 URL 地址，通常可在 IE 6.0 窗口的地址栏中直接输入其 URL 地址访问该网页。例如，在地址栏中输入"http://www.microsoft.com/"并按回车键，即可浏览 Microsoft 公司的主页，如图 5-12 所示。

如果想查看近期访问过的网页，则可以单击地址栏右侧的向下箭头，从下拉列表框中单击某一个地址来查看相应的网页，如图 5-13 所示。

图 5-12 Microsoft 公司的主页　　　　图 5-13 利用地址栏列表访问查看过的网页

用户甚至可以在地址栏中输入本地硬盘上的路径和文件名，来查看本地文档。例如输入"c:"并按回车键，就可在 IE 中打开 C 盘进行浏览。

2．向前、向后浏览

对于已经浏览过的网页，可以单击工具栏上的"前进"或"后退"按钮，再次向前或向后翻页浏览。

若要前进或后退若干页，可单击该按钮右侧的向下箭头，在出现的下拉列表中选择所要访问的网页。

3．利用超级链接浏览

在浏览的网页中，用户会发现一些带下划线的蓝色文本及一些特殊的图片或按钮，当鼠标指针移到其上时会变成一只小手。这就是网页中的超级链接或称热链接，只要单击这些热链接就可迅速打开所链接的另一个网页，而不管该网页是在因特网上附近的、还是地球另一端的一台 Web 服务器上。

4．停止和刷新网页

如果正在下载的网页要耗费很长的时间，或者不再想继续下载，可以单击工具栏上的"停止"按钮来立即终止对当前网页的访问。终止访问后，在需要时还可以单击"刷新"按钮来重新下载当前的网页。

5．脱机浏览网页

为了节省上网费用，通常可将要仔细查看的网页内容先下载到自己的计算机上，然后再以脱机的方式来慢慢浏览。要以脱机方式浏览网页，可在下载完所需要的网页内容后，选择"文件"菜单中的"脱机工作"命令，使该命令的前面带有选中标记。

用户进行脱机浏览时，当将鼠标指针移到网页上的超级链接时，如果被链接的目标尚未下载到本地计算机中，则在变成手指形状的鼠标指针旁还将出现一个否定符号，表示在脱机状态下无法打开这个被链接的目标。此时若单击此超级链接，则将出现一个询问是否需要连接因特网的对话框，单击其中的"连接"按钮，可再次拨号接入因特网进行下载和浏览；若单击其中的"保持脱机状态"按钮，则暂不进行访问而仍处于脱机工作状态。

5.2.3 保存网页

在浏览网页时，对于感兴趣的内容可以随时将其保存起来，可以保存整个网页，也可以仅保存其中感兴趣的文字和图片。

1．保存整个网页

将整个网页保存起来的方法为：
- 选择"文件\另存为"菜单命令，弹出"保存网页"对话框。
- 在该对话框中指定要存放的文件夹与文件名，必要时还可指定所保存的类型和所用的编码。
- 单击"保存"按钮。

网页保存后，通常将成为硬盘上的一个 html 文件，双击该文件即可启动浏览器并显示出该网页的内容。

2．保存文本段落

对于网页中感兴趣的文章或段落，可随时用鼠标将其选定，然后利用剪贴板功能将其复制和粘贴到需要的地方。以下介绍用"写字板"保存的具体方法：

1）在当前网页中选择要保存的信息，即按住鼠标左键从要保存信息的左上角拖动到右下角，被选中的内容将呈反白显示。如图 5-14 所示。

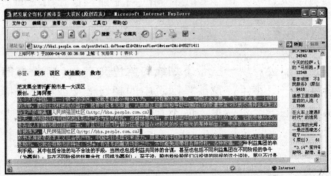

图 5-14　在网页中选择所需信息

2）选择"编辑\复制"菜单命令，将所选内容放入剪贴板。
3）启动 Windows XP 的"写字板"程序，打开"写字板"窗口。
4）选择写字板窗口的"编辑\粘贴"菜单命令，将剪贴板内容粘贴到写字板窗口。
5）选择写字板窗口内的"文件\保存"菜单命令，将该信息命名后存盘。

3. 保存图片

用户在浏览网页时，若要将一些感兴趣的图片保存起来，可采用以下方法：

1）用鼠标右键单击要保存的图片，在弹出的快捷菜单中选择"图片另存为"命令。
2）在弹出的"保存图片"对话框中指定要存放的路径名与文件名。
3）单击"保存"按钮。

如果要将感兴趣的图片设置为 Windows XP 桌面的墙纸，只需用右键单击该图片，在弹出的快捷菜单中选择"设置为背景"命令即可。

5.2.4 使用收藏夹

可将经常访问的网页的 URL 地址添加到 IE 6.0 的收藏夹中，待以后再访问其中某个网页时，只需打开收藏夹，单击其中的链接即可，这样就省去了查找和输入地址的麻烦。

若要将当前浏览网页的 URL 地址收藏起来，可选择"收藏"菜单中的"添加到收藏夹"命令，在弹出的对话框中输入一个该网页的名称或使用默认名称，然后单击"确定"按钮，就可将当前网页添加到收藏夹中。此外，遇到有保存价值的网页，只需按"Ctrl+D"组合键，即可将该网页的 URL 地址添加到收藏夹内。

单击菜单栏上的"收藏"菜单即可看到所收藏的 URL 地址。此外，单击工具栏上的"收藏夹"按钮，同样可以在窗口左侧出现的"收藏夹"窗格中看到所收藏的站点或网页地址，单击其中某个收藏的地址就可快速地访问该网页。"收藏夹"窗格打开后，再次单击工具栏上的"收藏夹"按钮，即可隐藏"收藏夹"窗格。

5.2.5 IE 的设置

一般情况下，IE 6.0 的默认设置已可满足用户要求，若用户有特殊需要，可进行一些必要的设置。方法是：在 Internet Explorer 窗口中选择"工具"菜单中的"Internet 选项"命令，即可弹出如图 5-15 所示的"Internet 选项"对话框。

在该对话框中，通常可根据用户的具体情况进行以下一些项目的设置。

1. 设置默认主页

所谓默认主页是 Internet Explorer 每次启动后自动访问的网页。若要重新设置默认主页，可选择如图 5-15 所示的"Internet 选项"对话框的"常规"选项卡，在"主页"区内进行以下的设置：

图 5-15 "Internet 选项"对话框

- 若在"地址"框中输入一个 URL 地址，则该 URL 地址即成为默认主页。
- 若单击"使用当前页"按钮，则将以当前正在浏览的网页作为默认主页。
- 若单击"使用空白页"按钮，则使用空白页作为默认主页。
- 若单击"使用默认页"，则通常以 Microsoft 公司的主页作为默认主页。

2. 设置临时文件

默认情况下,访问过的网页内容将被作为临时文件存放在本地计算机的特定文件夹中(例如,在 Windows XP 中存放在 C:\Documents and Settings\账户名\Local Settings\Temporary Internet Files 中),从而可以方便用户的再次浏览且可以在断开因特网后进行脱机浏览。

用户可在"常规"选项卡中的"Internet 临时文件"框中单击"设置"按钮,以设置存放在临时文件所使用的磁盘空间的大小或重新指定存放临时文件的文件夹名称。若在该"Internet 临时文件"框中单击"删除文件"按钮,则可删除存放在文件夹中的所有 Internet 临时文件。

3. 设置历史记录

"历史记录"中保留有用户访问过的网页的 URL 地址,单击 IE 6.0 窗口工具栏上的"历史"按钮,就可以在窗口左侧的"历史记录"窗格中见到最近访问过的网页列表。利用"历史记录"可使用户快速地访问已查看过的站点和网页。

用户可在"常规"选项卡中的"历史记录"框中,指定访问过的网页的 URL 地址保存在"历史记录"中的天数。若单击"清除历史记录"按钮,则可清空保存的历史记录。

4. 设置多媒体播放

在 IE 6.0 浏览器中不仅可以查看网页的文本,而且可以显示图片、播放动画、声音和视频。然而在网络带宽不够的情况下,播放动画、声音、视频等多媒体信息将大大降低访问网页的速度。

在"Internet 选项"对话框的"高级"选项卡中,用户可以根据需要在"多媒体"选项区内设置在浏览时是否"显示图片"、"播放声音"、"播放动画"和"播放视频"等,以兼顾网页的多媒体效果和其浏览速度。如图 5-16 所示。

取消了显示图片和禁止播放声音、动画或视频后,可以在下载的网页上看到原有图片或多媒体信息的占位符。若想有选择地将某个占位符代表的内容打开,可用鼠标右键单击其占位符,在弹出的快捷菜单中选取"显示图片"命令即可。

图 5-16 "高级"选项卡

5.2.6 搜索信息

WWW 是一个信息的海洋,要在其中搜索有价值的信息自然不是一件容易的事。而搜索引擎可依据用户输入的查找要求在 WWW 上进行自动搜索,并将找到的有关内容进行分类与索引。利用搜索引擎,可以搜索所需的网站,也可以搜索所需的网页,甚至可以搜索出现特定文字的网页。

在 IE 6.0 窗口的工具栏中单击"搜索"按钮,在窗口的左侧将出现一个"搜索"窗格。

例如,要查找包含某些特定内容的网页,可在其中的"查找包含下列内容的网页"框中输入用户要查找的关键词语,然后在列出的 Yahoo 等几个搜索引擎中选择一个,单击"搜索"按钮即可开始搜索。不多时,在搜索窗格内将显示出搜索结果,并在窗口右侧显示其对应的网页内容。

除了 IE 6.0 提供的搜索功能之外，目前因特网上还有许多提供搜索引擎的站点。由于不同的搜索引擎使用不同的搜索方法，因而其搜索的结果也不尽相同。表 5-1 是一些常用的搜索引擎及其 url 地址与简短说明。

表 5-1　常用搜索引擎

网　　站	url 地　　址	说　　明
雅虎	http://www.yahoo.com/	最著名的搜索引擎
雅虎中文	http://chinese.yahoo.com/	适合查找中文站点
搜狐	http://www.sohu.com/	著名的中文搜索引擎
infoseek	http://www.infoseek.com/	搜索范围最广
download	http://www.download.com/	搜索并列出可下载的文件
Whowhere	http://www.whowhere.com/	搜索某人的电子邮件地址等信息

5.3　电子邮件的使用

5.3.1　Outlook Express 的功能与界面

1. Outlook Express 的功能简介

Windows 操作系统中内置的 Outlook Express 是目前功能比较完善、使用比较方便的一个电子邮件管理软件，它在桌面上实现了全球范围的联机通信，无论是与同事和朋友交换电子邮件，还是加入新闻组进行思想与信息的交流，Outlook Express 都将成为最得力的助手。

Outlook Express 是一种电子邮件和新闻程序，可用于收发邮件、参加 Internet 新闻组，甚至可以按电子邮件发送 HTML 页。用户还可从其他邮件程序导入联系人和通讯簿，甚至不用打开 Outlook Express 就可检查电子邮件。

2. Outlook Express 的界面

在"开始"菜单中，单击"所有程序"中的"Outlook Express"命令，打开 Outlook Express 的主窗口，如图 5-17 所示。

Outlook Express 的主窗口主要由菜单栏、工具栏、视图栏、文件夹列表栏、联系人列表栏和状态栏组成，下面分别进行介绍。

- 菜单栏：给出了 Outlook Express 所有的菜单项，包括"文件"、"编辑"、"查看"、"工具"、"邮件"和"帮助"等。用户通过菜单栏可以完成 Outlook Express 中的大部分操作。
- 工具栏：给出了 Outlook Express 中一些常用命令按钮，用以快速启用 Outlook Express 的常用功能。工具栏中按钮的数量会随着文件夹的不同而发生变化，主要有"创建邮件"按钮、"发送/接收"按钮、"地址"按钮和"查找"按钮等，用户也可根据自己的需要或喜好来自定义工具栏。

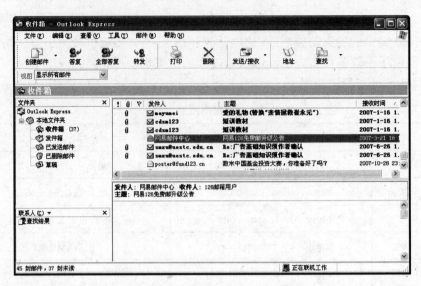

图 5-17 Outlook Express 的主窗口

- 视图栏：给出了邮件列表中邮件的类型，通过视图栏中的下拉菜单，可以控制主窗体邮件列表中邮件的类型，在默认情况下为"显示所有邮件"，还可以选择"隐藏已读邮件或忽略的邮件"和"隐藏已读邮件"等。
- 文件夹列表栏：给出了所有文件夹，包括用户自己创建的文件夹，可用来分类保存信息，主要包括"收件箱"、"发件箱"、"已发送邮件"、"已删除邮件"、"草稿"等。
- 联系人列表栏：给出了用户通讯簿中的所有联系人名单。用户通过它可以管理自己的联系人。
- 状态栏：用来显示用户当前的工作状态。另外，当用户单击文件夹列表时，状态栏将显示出该文件夹列表中总邮件数或未读邮件数。

5.3.2 设置电子邮件账号

要利用 Outlook Express 收发邮件，必须先在 Outlook 中登记设置一个用户自己的邮件账号，以便让 Outlook 知道邮件主人的用户名和用户自身的电子邮件地址，以及收发邮件时所使用的邮件服务器名称和所采用的邮件协议等有关信息。

Outlook Express 可以为用户管理多个电子邮件账号。在设置邮件账号之前，用户通常可从其注册的 ISP 那里得到一个邮件账号和密码。此外，用户还可在某些网络站点上申请一个或多个免费的邮件账号，然后将其添加到 Outlook Express 中。

要在 Outlook Express 中设置（添加）电子邮件账号，可按以下步骤进行：

1）在 Outlook Express 的窗口中，选择"工具\账户"菜单命令，弹出如图 5-18 所示的"Internet 账户"对话框。

2）在"邮件"选项卡中单击"添加"按钮，再在子菜单中选择"邮件"命令。

3）此时，Outlook Express 将启动一个"Internet 连接向导"，出现"你的姓名"对话框，如图 5-19 所示。在"显示名"框中输入你的姓名（可以是真名、别名或其他任何名称），收件人在收到此邮件后，在该邮件的"发件人"栏目内将出现这个姓名。

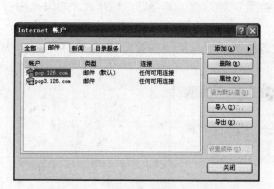
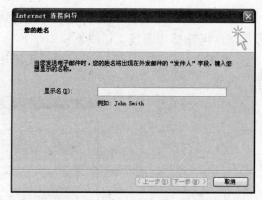

图 5-18 "Internet 账户"对话框　　　　　图 5-19 "你的姓名"对话框

4）单击"下一步"按钮，出现"Internet 电子邮件地址"对话框，如图 5-20 所示。在其中输入 ISP 为你提供的邮件地址或你自己申请的免费邮件地址。

5）单击"下一步"按钮，出现"电子邮件服务器名"对话框，如图 5-21 所示。在这里输入你的邮件接收（pop3 或 imap）服务器的名称和外发邮件（smtp）服务器的名称。

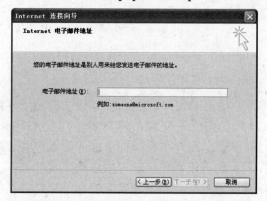
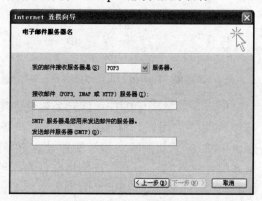

图 5-20 "Internet 电子邮件地址"对话框　　　　图 5-21 "电子邮件服务器名"对话框

6）单击"下一步"按钮，出现"Internet Mail 登录"对话框，如图 5-22 所示。在这里输入你的邮件账号（用户名）和密码。

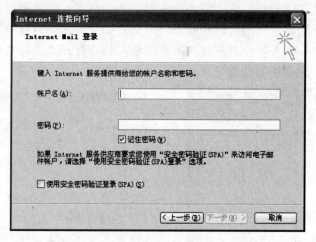

图 5-22 "Internet Mail 登录"对话框

7）单击"下一步"按钮，出现"选择连接类型"对话框，如图 5-23 所示。如果是用拨号连接，可选择"通过电话线连接"。

8）单击"下一步"按钮，然后再设置所用的调制解调器和所用的拨号连接，最后单击"完成"按钮。

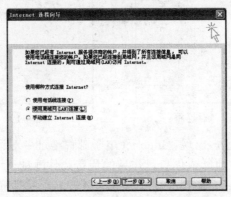

图 5-23　"选择连接类型"对话框

5.3.3　创建和发送电子邮件

1．创建电子邮件

用户要发送电子邮件，首先必须创建电子邮件。使用 Outlook Express 创建一封电子邮件与传统的邮件相似，都需要有收件人和寄件人地址、信件正文和信件签名等，但 Outlook Express 的电子邮件较之传统邮件具有更多的功能，例如，用户可在邮件中插入音乐供对方在阅读邮件时欣赏；用户可直接将邮件发送给收件人，也可以将邮件副本抄送给某收件人。在 Outlook Express 中还提供了多种安全措施，可以确保用户接收和发送安全的电子邮件。要创建一封简单的电子邮件，可参照下面的步骤：

1）在 Outlook Express 窗口中，选择"文件/新建/邮件"命令，或单击工具栏中的"创建邮件"按钮，即可打开一个"新邮件"窗口，如图 5-24 所示。

2）在"收件人"和"抄送"文本框中输入收件人的姓名，如果用户要同时发送给多个收件人，可在电子邮件地址中分别用逗号或分号分隔。如果要从通讯簿中添加收件人，可以单击"新邮件"窗口中收件人和抄送左侧的书本图标，将会打开"选择收件人"对话框，如图 5-25 所示。可以从中选择所需的地址。

图 5-24　"新邮件"窗口　　　　　　　图 5-25　"选择收件人"对话框

3）在默认状态下，新邮件窗口中不显示密件抄送框，如果要使用密件抄送，选择邮件窗口中的"查看/所有邮件标头"命令，即可显示密件抄送框。和收件人框一样，密件抄送框也用来输入收件人的姓名，如果要同时抄送给多个收件人，可分别用逗号或分号分隔。不同的是密件抄送收件人不被其他收件人所看见，而收件人和抄送收件人会被其他收件人看见。如果要从通讯簿中添加电子邮件地址，可以单击密件抄送左侧的书本图标，将会打开"选择收件人"对话框，可以从中选择所需的地址。

4）为了收件人收到邮件时，可以在收件箱中看到邮件的主题，便于预览，在"主题"文本框中键入邮件主题。

5）邮件正文输入在正文区中，利用正文区上方的格式栏，可以为当前邮件设置简单的文字格式。

2．发送电子邮件

要发送电子邮件，在新邮件工具栏单击"发送"按钮或者选择"文件\发送邮件"命令即可。如果是在脱机情况下发送邮件，则邮件并没有被立即发送出去，而是保存到"发件箱"文件夹中，待以后连接到 Internet 时，再进行发送。如果在联机的情况下发送邮件，则邮件会立即被发送出去。

5.3.4 接收、转发和回复电子邮件

1．接收电子邮件

当连接到 Internet 后，单击工具栏上的"发送/接收"按钮，Outlook Express 将会根据用户所建立的账号，建立与相应的服务器的连接，并从邮件服务器上下载所收到的新邮件。

由于 Outlook Express 能够脱机阅读，邮件下载完后，即可以在单独的窗口或预览窗格中阅读邮件。在 Outlook Express 窗口中单击文件夹列表中的"收件箱"，即可打开如图 5-26 所示的"收件箱"文件夹。在"收件箱"文件夹中，上半部分是邮件列表，列出了所有接收到的邮件，下半部分是预览窗格，用来预览选定邮件的内容。

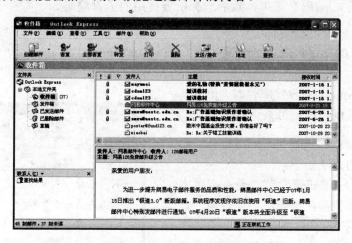

图 5-26 "收件箱"文件夹

在"收件箱"文件夹中，用户可以根据 Outlook Express 所给出的一些特殊符号来辨别邮件的类别，如邮件的优先级、是否有附加文件、邮件已读还是未读等，使用户可以有选择地

阅读和处理邮件。在"收件箱"文件夹中，单击一个邮件项目，下面的预览窗格中即会出现该邮件的正文，用户可以拖动滚动条进行预览。

如果要打开一封邮件，在该邮件项目上双击，即可打开该邮件。邮件上部显示出邮件的发件人、收件人、发送时间和主题，下面的文本框中显示邮件正文。在邮件窗口中可以阅读、打印、另存或删除邮件。

如果用户需要查看有关邮件的所有信息，如发送邮件的时间等，可执行"文件"菜单中的"属性"命令，打开属性对话框进行查看。如果要将邮件存储在文件系统中，选择"文件/另存为"命令，打开"另存为"对话框，然后选择格式（邮件、文件或HTML）和存储位置，并单击"保存"按钮进行保存。

2. 回复和转发电子邮件

在 Outlook Express 中，用户不但可以直接发送电子邮件，而且还可以回复和转发电子邮件。收到一封邮件后，可以向该邮件的发件人发出答复，也可以将答复发送给该邮件的"收件人"和"抄送"文本框中的全部收件人。对于含有公众事宜的邮件，如果需要，还可以转发给其他有关的人员。

如果要答复发件人，在 Outlook Express 窗口中单击要答复的邮件项目，然后单击工具栏中的"答复"按钮即可打开邮件窗口，所收到邮件的发件人的地址显示在答复邮件的"收件人"框中，在标题栏中显示"Re（答复）"字样，并显示原邮件的主题；文本框中显示原始邮件的各种信息。答复邮件时，在正文区中的原信顶部键入文字即可。如果用户需要答复全部发件人、收件人以及抄送的联系人，则要单击工具栏上的"答复全部"命令。

如果要转发邮件，在 Outlook Express 窗口中单击要转发的邮件项目，然后单击工具栏中的"转发"按钮即可打开邮件窗口，原邮件的主题显示在"主题"文本框中，而且在邮件的正文区显示出原邮件的有关信息和正文内容，用户只需在"收件人"和"抄送"文本框中输入要转发的邮件的地址。转发邮件时，会以原始邮件的语言编码来发送。如果在转发中更改了语言编码，则原始字符可能无法正确显示，除非以 HTML 格式和 Unicode 发送邮件，并且接收程序可以读 HTML 格式和 Unicode 邮件。如果要在一封邮件中使用不同的编码，可在邮件窗口中打开"格式/编码"菜单，然后选择所要使用的语言编码。

5.3.5 管理和使用通讯簿

在 Outlook Express 中收发邮件时，使用其"通讯簿"功能可以为用户带来许多方便。

1. 建立通讯簿

建立通讯簿的方法如下：

1）选择"工具\通讯簿"菜单命令或单击工具栏上的"地址"按钮，弹出"通讯簿"窗口。如图 5-27 所示。

2）单击"新建"按钮，再选择"新建联系人"命令，弹出"属性"对话框。

3）在其中输入新联系人的"姓名"、"职务"、

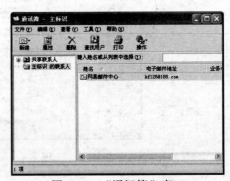

图 5-27 "通讯簿"窗口

"电子邮件地址"等有关的个人信息及其电子邮件地址,然后单击"添加"按钮。

4)单击"确定"按钮。新联系人的邮件地址即刻出现在"通讯簿"窗口内。

2．地址自动添入通讯簿

每次发送或接收邮件时,都可以将收件人或发件人的邮件地址添加到通讯簿。以下两种方法之一均可实现。

- 在正在查看或回复的邮件中,右击此人姓名,在弹出的快捷菜单中选择"添加到通讯簿"。
- 在收件箱或其他邮件夹的邮件列表中,右击某个邮件,然后在弹出的快捷菜单中选择"将发件人添加到通讯簿"。

此外,还可将 Outlook 设置为在回信时自动将收件人添加到通讯簿。方法是:

1)选择"工具\选项"菜单命令,弹出"选项"对话框。

2)在"发送"选项卡中选中"自动将我的回复对象添加到通讯簿"复选框。

3)单击"确定"按钮。

3．利用通讯簿发送邮件

建立了通讯簿后,给联系人发邮件时就可以自动填写"收件人"和"抄送"框内的邮件地址。以下几种方法均可实现:

单击工具栏上的"创建邮件"按钮,在出现的"新邮件"窗口中选择"工具"菜单中的"选择收件人"命令,在弹出的"选择收件人"对话框中可以方便地选择存在于"通讯簿"中的收件人和抄送者。

单击工具栏上"创建邮件"按钮,在出现的"邮件"窗口中单击"收件人"或"抄送"按钮,在弹出的"选择收件人"对话框中,选择"通讯簿"中的收件人和抄送者。

在 Outlook Express 主面板的"联系人"窗格中,用鼠标右键单击某个联系人,在弹出的快捷菜单中选择"发送电子邮件"命令,如图 5-28 所示。在出现的新邮件窗口中已自动填写好了该收件人的邮件地址。

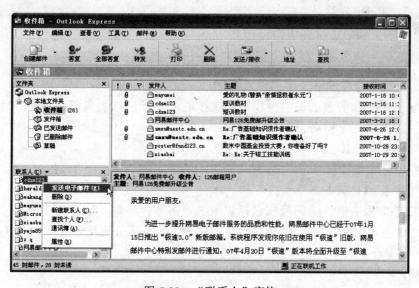

图 5-28 "联系人"窗格

5.4 文件的下载与上传

5.4.1 使用浏览器下载文件

微软公司的 IE 6.0 内建有文件下载功能，而且完全支持断点续传。直接使用浏览器下载文件有以下特点：

不需借助任何第三方软件。使用第三方下载软件，即便是共享软件，不是有使用时间限制就是因没有注册而限制了不少功能，有的还有讨厌的广告窗口。而且多使用一个软件，必然增加对系统资源的开销，对于内存较少的用户，会影响浏览器的性能。

浏览器的断点续传功能将没有传输完的文件放在你的浏览器缓冲区中，不会因为误删除文件而导致原来已经下载部分丢失。

用浏览器下载软件，也有几个缺点：

一般地说，人们上网往往是"冲浪"，可能没有记住原来下载文件的站点名，以后要续传时，往往找不到要下载的文件站点。

由于浏览器耗用的资源是比较大的，它的下载速度肯定不如耗用资源较少的下载工具。

所以如果需要下载的文件不大，在下载时间内你还要浏览网页，那么选择用浏览器下载算是上策。毕竟它是一种最简单的操作，而且完全没有增加你额外的网络开销。

5.4.2 使用 CuteFTP 下载、上传文件

CuteFTP 是一个非常优秀的上传、下载工具，经常上网的朋友恐怕没有几个不知道它的大名的。在目前众多的 FTP 软件中，CuteFTP 因为其使用方便、操作简单而备受网上冲浪者的青睐。以下给出如何使用 CuteFTP 下载、上传文件的方法。

1. 安装 CuteFTP 软件

软件下载地址：http://music.flasher123.com/hanlan/jhhb/cuteftp5.0.1.rar

软件下载以后，解压缩，然后直接运行 cuteftp.exe 文件一步步安装即可。

2. 获取 FTP 服务器地址、用户名、密码

只有获取了 FTP 服务器的访问授权，才能够正常访问 FTP 服务器。一般情况下，可以通过以下几个渠道获取 FTP 服务器的访问授权：

- 注册免费服务器空间。
- 购买付费服务器空间。
- 获取共享 FTP 服务器账号。

所获得的 FTP 服务器的访问授权包括以下 3 个内容：

- FTP 服务器地址（比如 IP 地址 218.4.33.125 或者域名地址 cn.flasher123.com）。
- 用户名。
- 密码。

3. 设置 FTP 站点连接

运行 CuteFTP，出现如图 5-29 所示的软件窗口。

1）打开"站点管理器"对话框。选择"文件/站点管理器"命令（或者单击工具栏最左边的"站点管理器"按钮），打开"站点管理器"对话框，如图 5-30 所示。

2）新建连接站点。在"站点管理器"对话框中，单击"新建"按钮，建立一个新站点，你可以根据所建立站点的特点重新输入一个站点名称。

图 5-29　CuteFTP 窗口　　　　　　　　　图 5-30　"站点管理器"对话框

3）输入服务器地址、用户名和密码。单击新建的站点名称，在右边对应的文本框中输入授权的服务器地址、用户名和密码，你可以参考图 5-30 所示进行设置。除了服务器地址、用户名和密码这 3 项是根据你自己的授权进行设置以外，其他参数一般都和图 5-30 所示一致。

4）取消防火墙设置。有些服务器有一些特别的要求，比如会进行一些高级参数的设置，比较常见的是要取消防火墙设置。选择"编辑/设置"，打开"设置"对话框，在这个对话框中选择"连接/防火墙"，然后将窗口中的"PASV 模式"和"启用防火墙访问"两项前面的复选勾去掉，最后单击"确定"按钮，如图 5-31 所示。

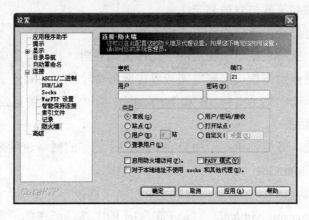

图 5-31　高级设置

至此，FTP 服务器连接就基本设置好了，在如图 5-30 所示的对话框中单击"连接"按钮，这样就可以连接到服务器上了。如果连接一切正常的话，"服务器目录列表"窗口中就会将远端授权给你的服务器目录列表出来。

如果要上传文件，只需用鼠标将"本地目录"窗口中的文件拖拽到"服务器目录列表"

窗口中的相应目录即可，下载文件也是同样的方法。另外，还可以根据授权情况，在"服务器目录列表"窗口中进行建立目录、删除文件、文件重新命名等操作。

CuteFTP 还有很多其他方便的功能和设置，在此不一一举例讲解。

5.4.3 下载软件 FlashGet 的使用

1. FlashGet 软件简介

FlashGet 是一个免费软件，可以免费使用并且可以以任意形式传播该软件。

FlashGet 的主要功能有：

①可以同时下载多个文件，通过多线程、断点续传、镜像等技术最大限度地提高下载速度。

②可以把一个文件分成多个部分同时下载，大大提高带宽的利用率，从而实现比其他下载方法更快的速度。

③支持镜像功能（多地址下载）。通常网站对你要下载的文件，都会列出好几个地址（即文件分布在不同的站点上），只要文件大小相同，本软件就可同时连接多个站点并选择较快的站点下载该文件。优点在于保证更快的下载速度，即使某站点断线或错误，都不会影响。一个任务可支持不限数目的镜像站点地址，并且可通过 Ftp Search 自动查找镜像站点。

④可创建不同的类别，把下载的软件分门别类地存放，方便用户管理所下载的文件。强大的管理功能包括支持拖拽、更名、添加描述、查找，文件名重复时可自动重命名等。

⑤可管理以前下载的文件。

⑥可检查文件是否更新或重新下载。

⑦支持自动拨号，下载完毕可自动挂断和关机，实现智能化操作。

⑧充分支持代理服务器。

⑨可定制工具条和下载信息的显示。

⑩下载的任务可排序，重要文件可提前下载。

⑪多语种界面，支持包括中文在内的十几种语言界面，并且可随时切换。

⑫计划下载，避开网络使用高峰时间或者在网络费较便宜的时段下载。

⑬捕获浏览器单击，完全支持 IE 和 Netscape，当单击你需要下载的软件时，FlashGet 会自动启动并弹出对话框。

⑭速度限制功能，方便浏览，不用担心 FlashGet 把你的网络速度拖慢。

2. 下载和安装 FlashGet

在很多软件下载站点都能轻易地找到这个常用的下载软件。为了方便学生，这里提供一个网址 http://www.amazesoft.com/cn/，它是 FlashGet 的主站，可在此下载最新版本。

FlashGet 有两个发行版本——国际版和中文特别版，虽说版本分别相当明晰，其实除了帮助文件的语种不同之外并没有任何差别。

下载后的 FlashGet 安装程序文件是后缀为.exe 的可执行程序，直接双击程序图标，就可以开始安装，如图 5-32 所示。安装时一直单击"下一步"按钮，即可按照默认方式完成安装。

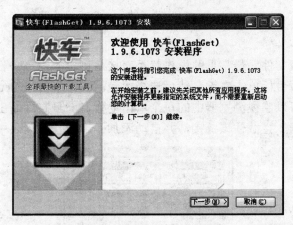

图 5-32　FlashGet 的安装

如果是初次安装 FlashGet，一直按"下一步"按钮也就可以了；但如果系统已经装有 FlashGet 的旧版本（以前 FlashGet 叫作 Jetcar），安装时记住不要删除老版本目录下的文件，特别是 default.jcd，因为该文件保存了原先下载文件的信息，如果删除将会丢失以前下载的信息，未完成的下载任务因此将会无法继续下载。正确的做法是，将新版本 FlashGet 的安装目录设置为老版本的目录，接下来依旧是一直按"下一步"按钮，直至安装结束。

3．启动 FlashGet

启动 FlashGet 程序的方法有多种。一般地，只要有文件下载，不管习惯于哪种操作方式，FlashGet 都会主动跳出来服务。

除了传统的从"开始"菜单启动外，下面再介绍两种 FlashGet 常用的启动方法：

（1）快捷菜单启动

每当需要通过浏览器下载文件的时候，用鼠标右键单击下载链接，弹出如图 5-33 所示的快捷菜单，选择其中的"使用网际快车下载"即可启动 FlashGet 开始下载。

（2）浏览器图标快速启动

在安装 FlashGet 软件后，浏览器工具栏上多了一个 FlashGet 图标，如图 5-34 所示。只要单击 FlashGet 图标即可快速启动，在屏幕上会显示 FlashGet 悬浮图标。然后只需把下载链接拖拽到悬浮图标上就可以下载。

图 5-33　网际快车下载快捷菜单　　　图 5-34　浏览器工具栏中 FlashGet 图标

4. 下载

（1）单击下载

平常从网络上下载文件，最常见的操作就是直接从浏览器中单击相应的链接进行下载，或者对浏览器中的下载目标单击右键，然后选择"使用快车（FlashGet）下载"。FlashGet 最大的便利之处在于它可以监视浏览器中的每个单击动作，一旦它判断出你的单击符合下载要求，它便会"自作主张"拦截住该链接，并自动添加至下载任务列表中，如图 5-35 所示。

图 5-35 新的下载任务

FlashGet 软件如何自动识别出下载链接呢？道理很简单：它主要通过文件的扩展名进行识别，比如说单击了 http://www.pconline.com.cn/pcedu/soft/abcd.exe 和 http://www.pconline.com.cn/pcedu/soft/abcd.htm 这两个链接，前者目标文件为可执行的文件，而后者指向的只是一般的 HTML 文件，很明显，前者属于下载范畴。FlashGet 同理也能监视剪贴板中的链接是否符合下载要求，即每当拷贝一个合法的链接 URL 地址到剪贴板中时，无论是从什么程序中拷贝，只要该链接确实符合下载要求，FlashGet 亦会自行下载。所以，当我们从其他程序中查询到某下载链接时，不必粘贴到浏览器中再下载，只须执行拷贝动作即可。

（2）手动下载

有时我们通过其他途径获取了某个下载链接，比如说某本杂志介绍了一款软件，同时附上了下载链接，当遇到这种情况时，我们必须手工输入以方便 FlashGet 识别并下载，这种方法称为手动下载。

如图 5-36 所示，在 FlashGet 的界面中，单击选择菜单命令"文件\新建下载任务"。或者单击工具栏的"新建"按钮，如图 5-37 所示。与前面 FlashGet 自动截获下载链接后弹出的窗口一样。稍有不同的是，必须在 URL 文本框里手动输入链接地址。

图 5-36 新建下载任务

图 5-37 工具栏"新建"下载任务按钮

（3）查看下载状况

如图 5-38 所示，是 FlashGet 下载文件时的状态窗口，通过它用户可以很直观地查看出下载的具体情况。

图 5-38 下载文件状态窗口

下载状态窗口分为左右两栏：文件夹管理和下载文件参数列表。

- 文件夹管理：正在下载、已下载和已删除。如果正在下载文件夹里的文件下载完成后，文件就会自动移到已下载的文件夹里。
- 下载文件参数列表：主要包括文件名、大小、完成数、百分比、用时等。

FlashGet 是将文件分割成好几个部分同时进行下载的，刚下载完毕时是 FlashGet 将分割下载的几个部分进行合并的时候。因为一般下载的文件并不是很大，所以合并的时间相当短暂，用户一般觉察不出。但偶尔遇到大文件，可能需要一定的合并时间。所以，下载完大文件后不要急于运行安装，否则容易产生出错信息。

FlashGet 还有很多其他方便的功能和设置，在此不一一举例讲解。

【本章小结】

本章首先简要地介绍了几种 Internet 的接入方法，之后介绍了如何使用 Windows Server 2003 及 Sygate 软件实现局域网共线上网等方面的知识，接着又比较详细地介绍了如何使用 IE 浏览器在 Internet 上畅游，如何用 Outlook Express 创建、发送及接收电子邮件，最后介绍了几个常用的文件下载与上传软件的使用方法。

【习题】

简答题

1. 目前，接入 Internet 有哪些方法？
2. 如何使用 Windows Server 2003 实现局域网共线上网？
3. 如用使用代理服务器软件实现共线上网？
4. 如何保存网页？
5. 如何用 Outlook Express 创建、发送及接收电子邮件？
6. 简述使用 FlashGet 下载文件的方法。

第 6 章　网络管理与网络安全

【学习目标】

1. 了解网络管理的概念、内容及其体系结构。
2. 了解典型的网络管理体系结构，即：基于 INTERNET\SNMP 的网络管理体系结构、基于 OSI\CMIP 的网络管理体系结构及 TMN 网络管理体系结构。
3. 了解网络安全的概念及其安全防范的内容。
4. 熟悉几种主要的网络安全技术，即：防火墙技术、加密技术、虚拟专用网技术及安全隔离技术。
5. 掌握 Windows Server 2003 的安全与配置，诸如：用户安全设置、密码的设置、系统安全设置及服务安全设置等。

6.1　网　络　管　理

6.1.1　网络管理的概念

网络管理顾名思义是指对组成网络的各种软硬件设施的综合管理，以充分发挥这些设施的作用。

计算机网络是由一系列的计算机、数据传输设备、终端、通信控制处理机等硬件，以及运行在这些硬件之上，以支持进行数据传输的软件所构成。为了使得这些设备能够有效地工作，尤其是进行互补地工作，必须获得网络管理的支持。一方面，随着网络规模的扩大、网络资源的种类和数量的增多，使得网络系统管理人员很难及时了解整个网络的工作情况，及时地控制网络的各个部分，因此迫切需要网络可以提供强有力的监控设施。另一方面，随着网络规模的扩大，影响网络服务质量的因素增多（如网络设备的失效、主机或终端的故障、存储或传输容量不足、用户可能的误操作、数据传输的安全性等问题），如何在网络环境不变换而网络设施可能出故障的情况下，仍可向用户提供良好的服务，也是网络用户对网络本身提出的要求。如果没有一个强有力的网络管理系统对整个网络进行管理，很难保证网络可以向广大用户提供令人满意的服务。所有的这一切，都成了研究网络管理的主要目标之一。

网络管理是在网络技术迅速发展形势下提出的新问题。从广义上说，任何一个系统（包括计算机网络这样的系统）都需要进行管理，只是根据系统的规模、复杂性的程度，管理在整个系统中的重要程度不同。早期的网络由于其规模较小、复杂性不高，一个简单的专用网络管理系统就可满足网络正常工作的需要，因而对此研究较少。但是随着网络的发展，规模增大，复杂性增加，原有的网络管理技术已经不能适应网络的迅速发展。尤其是以往的网络管理系统往往是厂商在自己的网络系统中开发的专用系统，很难对其他厂商的网络系统、通信设备和软件等进行管理,很不适合网络异构互联的发展趋势。上世纪 80 年代初期,Internet 的出现方案,如高级实体管理系统(HEMS)、简单信关监控协议(SGMP)、简单网络管理协议(SNMP)、公共管理信息协议(CMIP)等;其中 SNMP 应用最广,得到许多公司和厂商支持,成为网络管理领域事实上的工业标准;CMIP 是 ISO 提出的 OSI 网络管理协议,应当说是网络管理的标准。

关于网络管理的定义目前很多,ISO 在 ISO/IEC7498-4 中定义和描述了 OSI 管理的术语和概念,提出一种 OSI 管理的结构和 OSI 管理应用的行为,指出 OSI 管理是对 OSI 环境下的资源的控制、调配和监视,这些资源保证 OSI 环境下的正常通信。也有专家从网络服务角度,将网络管理定义为:"在网络运行状态下,为提供符合设计的网络服务所须的那些功能和活动"。但是无论网络管理的定义如何,其目地却很明确,主要对各种网络资源进行监测、控制和协调,以达到充分利用这些资源的目的,并在网络出现故障时,可以及时报告和处理,从而保证网络可向用户提供可靠的通信服务。

6.1.2 网络管理的内容

受 Internet 发展的影响,网络在各方面迅速增长,包括规模、复杂性、带宽、用户需求、不断更新的技术和配置,所有这些方面的增长速度都是管理网络的人力物力所难以跟上的。帮助预防、查找及修复问题的自动工具和服务比以往任何时候都更为重要。

网络管理的内容主要包括 5 个方面:

(1) 配置管理

大多数智能设备需要某种形式的配置信息,配置管理功能允许用户使用某种形式的友好界面在 NMS(Network Manage System,网络管理系统)网络管理系统)输入配置信息并把这些信息传送到被管理的设备。增强功能还包括对大多数远程设备及中心管理和检查配置信息的能力。这保证了对软件版本的严格控制。

(2) 安全管理

当网络变得很大并开始彼此互连时,安全就成了一个主要问题。安全屏障可以配置在网络上。如果这些设备受到侵入,被管理的设备或 NMS 的安全管理性能负责触发警报。安全管理的更广阔的形式是保证安全策略在整个网络上是一致的。实际上,如果我们把网络作为一个扩展的计算机系统,安全系统就代替操作系统的安全功能。

(3) 计账管理

网络耗费资金。其存在的理由是它能使公司工作效率更高。最终的费用决定于网络服务的使用。

(4) 性能管理

NMS 是在网络上收集性能数据的好地方。在理论上,这个数据可以放入相同的模型软件包中,该软件包首先用于设计网络。这将允许为指定的系统改进和定制模型。虽然目前性能数据收集成为事实,但是信息处理和它在设计模型中的使用尚未完美地结合。

(5) 故障管理

其中错误管理的任务是,确保网络的正常运行,掌握网络及事件监控和应用系统的运行情况并且能够检测到网络的潜在问题,通过一系列的管理应用模块可以帮助管理员进行适当的操作。

6.1.3 网络管理体系结构概念

由于通信网中设备不断更新换代，技术不断提高，网络结构不断变化，网络管理体系结构显得很重要。无论网络的设备、技术和拓扑结构如何变化，最基本的体系结构应该是不变的，不应当在网络发生新的变化时，就把原有的网络管理体系结构推倒重来，这种方法不可取，也不现实。因此研究网络管理体系结构具有重要的意义。根据开放分布式处理（ODP，Open Distributed Processing）关于体系结构的概念，我们给出网络管理体系结构的概念。

网络管理体系结构即是用于定义网络管理系统的结构及系统成员间相互关系的一套规则。

根据网络管理体系结构的定义可知，网络管理体系结构需要研究以下的问题：研究单个网管系统内部的结构及其成员间的关系，研究多个网管系统如何连接构成管理网络以管理复杂的网络。

6.1.4 典型网络管理体系结构

1. 基于 Internet\SNMP 的网络管理体系结构

简单网络管理协议 SNMP 是 Internet 组织用来管理 TCP/IP 互联网和以太网的，它出现不过十几年的时间，但其使用范围发展相当快，已超出了 Internet 的范围，作为一个标准的协议在网络管理领域中得到了广泛的接受，已经成为事实上的国际标准。

SNMP 的网络管理模型包括 4 个关键元素：管理站、代理者、管理信息库（MIB）及网络管理协议。管理站一般是一个分立的设备，也可以利用共享系统实现，管理站被作为网络管理员与网络管理系统的接口。代理者装备了 SNMP 的平台，如主机、网桥、路由器及集线器均可作为代理者工作，代理者对来自管理站的信息请求和动作请求进行应答，并随机地为管理站报告一些重要的意外事件。MIB 是设在代理者处的管理对象的集合，管理站通过读取 MIB 中对象的值来进行网络监控。管理站和代理者之间通过 SNMP 网络管理协议通信。

基于 TCP/IP 协议的 SNMP 最重要的特点是采用简单的管理信息模型和管理功能。它的管理信息由简单数据类型定义，因此存取简单、传递成本低、处理方便。这种简单性是它得到众多厂商支持的根本原因。但是，由于这种管理信息定义方法不是面向对象的方法，因此从理论上讲，可移植性、可互操作性不易得到保证。

2. 基于 OSI\CMIP 的网络管理体系结构

公共管理信息协议 CMIP 是一个 OSI 网络管理的标准，在 TMN 以及 SDH 的管理标准中都采用了 CMIP 作为应用层交换管理信息的协议。CMIP 协议和与 CMIP 相配对的公共管理信息服务 CMIS 是 ISO 网络管理国际标准中最成熟的内容之一。

在 CMIP 协议内，应用层中与系统管理应用有关的实体被称为系统管理应用实体（SAME）。SAME 有 3 个元素：连接控制服务元素（ACSE）、远程操作服务元素（ROSE）以及公共管理信息服务元素（CMISE）。

OSI 管理信息采用连接性协议传送，管理者和代理者是一对对等实体（peer entities），通过调用 CMISE 来交换信息。CMISE 提供的服务访问点支持管理者和代理者的联系。CMISE 利用 ACSE 和 ROSE 来实现管理信息服务。

基于 OSI 的 CMIP 协议功能比较完善，支持面也较广，是一种理想的传送信息的协议。但是，由于 CMIP 需要庞大的协议栈的支持，这部分协议的开销非常大，使得 CMIP 协议十分复杂，协议的执行速度受到影响，协议占用的资源也较多。

3．TMN 网络管理体系结构

电信管理网（TMN）是一个逻辑上与电信网分离的网络，它通过标准的接口（包括通信协议和信息模型）与电信网进行传送\接收管理信息，从而达到对电信网控制和操作的目的。

6.2 网络安全

6.2.1 网络安全的概念

国际标准化组织（ISO）对计算机系统安全的定义是：为数据处理系统建立和采用的技术和管理的安全保护，保护计算机硬件、软件和数据不因偶然和恶意的原因遭到破坏、更改和泄露。由此可以将计算机网络的安全理解为：通过采用各种技术和管理措施，使网络系统正常运行，从而确保网络数据的可用性、完整性和保密性。所以，建立网络安全保护措施的目的是确保经过网络传输和交换的数据不会发生增加、修改、丢失和泄露等。

6.2.2 Internet 上存在的主要安全隐患

Internet 的安全隐患主要体现在下列几方面：

①Internet 是一个开放的、无控制机构的网络，黑客（Hacker）经常会侵入网络中的计算机系统，窃取机密数据和盗用特权，或破坏重要数据，或使系统功能得不到充分发挥以至瘫痪。

②Internet 的数据传输是基于 TCP/IP 通信协议进行的，这些协议缺乏使传输过程中的信息不被窃取的安全措施。

③Internet 上的通信业务多数使用 Unix 操作系统来支持，Unix 操作系统中明显存在的安全脆弱性问题会直接影响安全服务。

④在计算机上存储、传输和处理的电子信息，还没有像传统的邮件通信那样进行信封保护和签字盖章。信息的来源和去向是否真实，内容是否被改动，以及是否泄露等，在应用层支持的服务协议中是凭着君子协定来维系的。

⑤电子邮件存在着被拆看、误投和伪造的可能性。使用电子邮件来传输重要机密信息会存在着很大的危险。

⑥计算机病毒通过 Internet 的传播给上网用户带来极大的危害，病毒可以使计算机和计算机网络系统瘫痪、数据和文件丢失。在网络上传播病毒可以通过公共匿名 FTP 文件传送、也可以通过邮件和邮件的附加文件传播。

6.2.3 网络安全防范的内容

一个安全的计算机网络应该具有可靠性、可用性、完整性、保密性和真实性等特点。计算机网络不仅要保护计算机网络设备安全和计算机网络系统安全，还要保护数据安全等。因此针对计算机网络本身可能存在的安全问题，实施网络安全保护方案以确保计算机网络自身的安全性是每一个计算机网络都要认真对待的一个重要问题。网络安全防范的重点主要有两个方面：一是计算机病毒，二是黑客犯罪。

计算机病毒是我们大家都比较熟悉的一种危害计算机系统和网络安全的破坏性程序。黑客犯罪是指个别人利用计算机高科技手段，盗取密码侵入他人计算机网络，非法获得信息、盗用特权等，如非法转移银行资金、盗用他人银行账号购物等。随着网络经济的发展和电子商务的展开，严防黑客入侵、切实保障网络交易的安全，不仅关系到个人的资金安全、商家的货物安全，还关系到国家的经济安全、国家经济秩序的稳定问题，因此各级组织和部门必须给予高度重视。

6.2.4 主要的网络安全技术

1. 防火墙技术

网络防火墙技术是一种用来加强网络之间访问控制，防止外部网络用户以非法手段通过外部网络进入内部网络，访问内部网络资源，保护内部网络操作环境的特殊网络互联设备。它对两个或多个网络之间传输的数据包如链接方式按照一定的安全策略来实施检查，以决定网络之间的通信是否被允许，并监视网络运行状态。

目前的防火墙产品主要有堡垒主机、包过滤路由器、应用层网关（代理服务器）以及电路层网关、屏蔽主机防火墙、双宿主机等类型。

防火墙处于 5 层网络安全体系中的最底层，属于网络层安全技术范畴。负责网络间的安全认证与传输。但随着网络安全技术的整体发展和网络应用的不断变化，现代防火墙技术已经逐步走向网络层之外的其他安全层次，不仅要完成传统防火墙的过滤任务，同时还能为各种网络应用提供相应的安全服务。另外还有多种防火墙产品正朝着数据安全与用户认证、防止病毒与黑客侵入等方向发展。

根据防火墙所采用的技术不同，可以将它分为 4 种基本类型：包过滤型、网络地址转换（NAT）、代理型和监测型。具体如下：

（1）包过滤型

在互联网这样的 TCP/IP 网络上，所有往来的信息都被分割成许许多多一定长度的信息包，包中包含发送者的 IP 地址和接收者的 IP 地址信息。当这些信息包被送上互联网络时，路由器会读取接收者的 IP 并选择一条合适的物理线路发送出去，信息包可能经由不同的路线抵达目的地，当所有的包抵达目的地后会重新组装还原。包过滤式的防火墙会检查所有通过的信息包中的 IP 地址，并按照系统管理员所给定的过滤规则进行过滤。如果对防火墙设定某一 IP 地址的站点为不适宜访问的话，从这个地址来的所有信息都会被防火墙屏蔽掉。

包过滤防火墙的优点是它对用户来说是透明的，处理速度快而且易于维护，通常作为第一道防线。包过滤路由器通常没有用户的使用记录，这样我们就不能得到入侵者的攻击记录。而攻破一个单纯的包过滤式防火墙对黑客来说还是有办法的。"IP 地址欺骗"是黑客比较常用的一种攻击手段。黑客们向包过滤式防火墙发出一系列信息包，这些包中的 IP 地址已经被替换为一串顺序的 IP 地址，一旦有一个包通过了防火墙，黑客便可以用这个 IP 地址来伪装他们发出的信息；在另一种情况下，黑客们使用一种他们自己编制的路由攻击程序，这种程序使用动态路由协议来发送伪造的路由信息，这样所有的信息包都会被重新路由到一个入侵者所指定的特别地址；破坏这种防火墙的另一种方法被称之为"同步风暴"，这实际上是一种网络炸弹。攻击者向被攻击的计算机发出许许多多虚假的"同步请求"信息包，目标计算机响应了这种信息包后会等待请求发出者的应答，而攻击者却不做任何的响应。如果服务器在一定时间里没有收到响应信号的话就会结束这次请求连接，但是当服务器在遇到成千上万个虚假请求时，它便没有能力来处理正常的用户服务请求，处于这种攻击下的服务器表现为性能下降，服务响应时间变长，严重时服务完全停止甚至死机。

（2）网络地址转换（NAT）

网络地址转换是一种用于把 IP 地址转换成临时的、外部的、注册的 IP 地址标准。它允许具有私有 IP 地址的内部网络访问因特网。它还意味着用户不需要为其网络中每一台机器取得注册的 IP 地址。

NAT 的工作过程是，在内部网络通过安全网卡访问外部网络时，将产生一个映射记录。系统将外出的源地址和源端口映射为一个伪装的地址和端口，让这个伪装的地址和端口通过非安全网卡与外部网络连接，这样对外就隐藏了真实的内部网络地址。在外部网络通过非安全网卡访问内部网络时，它并不知道内部网络的连接情况，而只是通过一个开放的 IP 地址和端口来请求访问。OLM 防火墙根据预先定义好的映射规则来判断这个访问是否安全。当符合规则时，防火墙认为访问是安全的，可以接受访问请求，也可以将连接请求映射到不同的内部计算机中。当不符合规则时，防火墙认为该访问是不安全的，不能被接受，防火墙将屏蔽外部的连接请求。网络地址转换的过程对于用户来说是透明的，不需要用户进行设置，用户只要进行常规操作即可。

（3）代理型

代理型防火墙也可以被称为代理服务器，它的安全性要高于包过滤型产品，并已经开始向应用层发展。它适用于特定的互联网服务，如超文本传输（HTTP），远程文件传输（FTP）等等。代理服务器通常运行在两个网络之间，它对于客户来说像是一台真的服务器，而对于外界的服务器来说，它又是一台客户机。当代理服务器接收到用户对某站点的访问请求后，会检查该请求是否符合规定，如果规则允许用户访问该站点的话，代理服务器会像一个客户一样去那个站点取回所需信息再转发给客户。代理服务器通常都拥有一个高速缓存，这个缓存存储有用户经常访问的站点内容，在下一个用户要访问同一站点时，服务器就不用重复地获取相同的内容，直接将缓存内容发出即可，既节约了时间也节约了网络资源。代理服务器会像一堵墙一样挡在内部用户和外界之间，从外部只能看到该代理服务器而无法获知任何的内部资源，诸如用户的 IP 地址等。应用级网关比单一的包过滤更为可靠，而且会详细地记录所有的访问状态信息。但是应用级网关也存在一些不足之处，首先它会使访问速度变慢，因为它不允许用户直接访问网络，而且应用级网关需要对每一个特定的互联网服务安装相应的代理服务软件，用户不能使用未被服务器支持的服务，对每一类服务要使用特殊的客户端软件，更不幸的是，并不是所有的互联网应用软件都可以使用代理服务器。

（4）监测型

监测型防火墙是新一代的产品，这一技术实际已经超越了最初的防火墙定义。监测型防火墙能够对各层的数据进行主动的、实时的监测，在对这些数据加以分析的基础上，监测型防火墙能够有效地判断出各层中的非法侵入。同时，这种检测型防火墙产品一般还带有分布式探测器，这些探测器安置在各种应用服务器和其他网络的节点之中，不仅能够检测来自网络外部的攻击，同时对来自内部的恶意破坏也有极强的防范作用。据权威机构统计，在针对网络系统的攻击中，有相当比例的攻击来自网络内部。因此，监测型防火墙不仅超越了传统防火墙的定义，而且在安全性上也超越了前两代产品。

虽然监测型防火墙安全性上已超越了包过滤型和代理服务器型防火墙，但由于监测型防火墙技术的实现成本较高，也不易管理，所以目前在实用中的防火墙产品仍然以第二代代理型产品为主，但在某些方面也已经开始使用监测型防火墙。基于对系统成本与安全技术成本的综合考虑，用户可以选择性地使用某些监测型技术。这样既能够保证网络系统的安全性需求，同时也能有效地控制安全系统的总拥有成本。

虽然防火墙是目前保护网络免遭黑客袭击的有效手段，但也有明显不足，无法防范通过防火墙以外的其他途径的攻击，不能防止来自内部变节者和不经心的用户们带来的威胁，也不能完全防止传送已感染病毒的软件或文件，以及无法防范数据驱动型的攻击。

2．加密技术

信息交换加密技术分为两类：即对称加密和非对称加密。具体如下：

（1）对称加密技术

在对称加密技术中，对信息的加密和解密都使用相同的密钥，也就是说一把钥匙开一把锁。这种加密方法可简化加密处理过程，信息交换双方都不必彼此研究和交换专用的加密算法。如果在交换阶段私有密钥未曾泄露，那么机密性和报文完整性就可以得以保证。对称加密技术也存在一些不足，如果交换一方有 N 个交换对象，那么他就要维护 N 个私有密钥，对称加密存在的另一个问题是双方共享一把私有密钥，交换双方的任何信息都是通过这把密钥加密后传送给对方的。

（2）非对称加密技术

在非对称加密体系中，密钥被分解为一对（即公开密钥和私有密钥）。这对密钥中任何一把都可以作为公开密钥（加密密钥）通过非保密方式向他人公开，而另一把作为私有密钥（解密密钥）加以保存。公开密钥用于加密，私有密钥用于解密，私有密钥只能有生成密钥的交换方掌握，公开密钥可广泛公布，但它只对应于生成密钥的交换方。非对称加密方式可以使通信双方无须事先交换密钥就可以建立安全通信，广泛应用于身份认证、数字签名等信息交换领域。非对称加密体系一般是建立在某些已知的数学难题之上，是计算机复杂性理论发展的必然结果。最具有代表性的是 RSA 公钥密码体制。

RSA 算法是 Rivest、Shamir 和 Adleman 于 1977 年提出的第一个完善的公钥密码体制，其安全性是基于分解大整数的困难性。在 RSA 体制中使用了这样一个基本事实：到目前为止，无法找到一个有效的算法来分解两大素数之积。RSA 算法的描述如下：

①选择两个大素数 P 和 Q，均应大于 10^{100}。

②计算 n=P×Q 和 z=（P—1）×（Q—1）。

③选择一个与 z 互质的数 d（即与 z 无公因子的数 d）。

④找出 e，使得 e×d=1 mod z。

⑤将明文划分为明文段 m，每段 K= bit，K 是满足 $2^k<n$ 的最大整数。
⑥对每个 K bit 的明文段 m 加密；密文段 $c=m^e$（mod n），公开密钥为数偶（e，n）。
⑦解密：$m=c^d$ mod n，私有密钥为数偶（d，n）。

利用目前已经掌握的知识和理论，分解 2048bit 的大整数已经超过了 64 位计算机的运算能力，因此在目前和预见的将来，它是足够安全的。

3．虚拟专用网技术

虚拟专用网（VPN，Virtual Private Network）是近年来随着 Internet 的发展而迅速发展起来的一种技术。现代企业越来越多地利用 Internet 资源来进行促销、销售、售后服务，乃至培训、合作等活动。许多企业趋向于利用 Internet 来替代它们私有数据网络。这种利用 Internet 来传输私有信息而形成的逻辑网络就称为虚拟专用网。

虚拟专用网实际上就是将 Internet 看作一种公有数据网，这种公有网和 PSTN 网在数据传输上没有本质的区别，从用户观点来看，数据都被正确传送到了目的地。相对地，企业在这种公共数据网上建立的用以传输企业内部信息的网络被称为私有网。

目前 VPN 主要采用 4 项技术来保证安全，这 4 项技术分别是隧道技术（Tunneling）、加解密技术（Encryption & Decryption）、密钥管理技术（Key Management）、使用者与设备身份认证技术（Authentication）。

（1）隧道技术

隧道技术是一种通过使用互联网络的基础设施在网络之间传递数据的方式。使用隧道传递的数据（或负载）可以是不同协议的数据帧或包。隧道协议将这些其他协议的数据帧或包重新封装在新的包头中发送。新的包头提供了路由信息，从而使封装的负载数据能够通过互联网络传递。

被封装的数据包在隧道的两个端点之间通过公共互联网络进行路由。被封装的数据包在公共互联网络上传递时所经过的逻辑路径称为隧道。一旦到达网络终点，数据将被解包并转发到最终目的地。注意隧道技术是指包括数据封装、传输和解包在内的全过程。

（2）加解密技术

对通过公共互联网络传递的数据必须经过加密，确保网络其他未授权的用户无法读取该信息。加解密技术是数据通信中一项较成熟的技术，VPN 可直接利用现有技术。

（3）密钥管理技术

密钥管理技术的主要任务是如何在公用数据网上安全地传递密钥而不被窃取。现行密钥管理技术又分为 SKIP 与 ISAKMP/OAKLEY 两种。SKIP 主要是利用 Diffie-Hellman 的演算法则，在网络上传输密钥；在 ISAKMP 中，双方都有两把密钥，分别用于公用、私用。

（4）使用者与设备身份认证技术

VPN 方案必须能够验证用户身份并严格控制只有授权用户才能访问 VPN。另外，方案还必须能够提供审计和计费功能，显示何人在何时访问了何种信息。身份认证技术最常用的是使用者名称与密码或卡片式认证等方式。

VPN 整合了范围广泛的用户，从家庭的拨号上网用户到办公室联网的工作站，直到 ISP 的 Web 服务器。用户类型、传输方法，以及由 VPN 使用的服务的混合性，增加了 VPN 设计的复杂性，同时也增加了网络安全的复杂性。如果能有效地采用 VPN 技术，是可以防止欺诈、增强访问控制和系统控制、加强保密和认证的。选择一个合适的 VPN 解决方案可以有效地防范网络黑客的恶意攻击。

4. 安全隔离

网络的安全威胁和风险主要存在于 3 个方面：物理层、协议层和应用层。网络线路被恶意切断或过高电压导致通信中断，属于物理层的威胁；网络地址伪装、Teardrop 碎片攻击等则属于协议层的威胁；非法 URL 提交、网页恶意代码、邮件病毒等均属于应用层的攻击。从安全风险来看，基于物理层的攻击较少，基于网络层的攻击较多，而基于应用层的攻击最多，并且复杂多样，难以防范。

面对新型网络攻击手段的不断出现和高安全网络的特殊需求，全新安全防护理念"安全隔离技术"应运而生。它的目标是，在确保把有害攻击隔离在可信网络之外，并保证可信网络内部信息不外泄的前提下，完成网间信息的安全交换。

隔离概念的出现，是为了保护高安全度网络环境，隔离产品发展至今共经历了 5 代。

第一代隔离技术，完全的隔离。采用完全独立的设备、存储和线路来访问不同的网络，做到了完全的物理隔离，但需要多套网络和系统，建设和维护成本较高。

第二代隔离技术，硬件卡隔离。通过硬件卡控制独立存储和分时共享设备与线路来实现对不同网络的访问，它仍然存在使用不便、可用性差等问题，有的在设计上还存在较大的安全隐患。

第三代隔离技术，数据转播隔离。利用转播系统分时复制文件的途径来实现隔离，切换时间较长，甚至需要手工完成，不仅大大降低了访问速度，更不支持常见的网络应用，只能完成特定的基于文件的数据交换。

第四代隔离技术，空气开关隔离。该技术是通过使用单刀双掷开关，通过内外部网络分时访问临时缓存器来完成数据交换的，但存在支持网络应用少、传输速度慢和硬件故障率高等问题，往往成为网络的瓶颈。

第五代隔离技术，安全通道隔离。此技术通过专用通信硬件和专有交换协议等安全机制，来实现网络间的隔离和数据交换，不仅解决了以往隔离技术存在的问题，并且在网络隔离的同时实现高效的内外网数据的安全交换，它透明地支持多种网络应用，成为当前隔离技术的发展方向。

6.3 Windows Server 2003 的安全与配置

6.3.1 Windows Server 2003 的安全

与 Windows 早前的版本（例如 Windows 3.x 和 9.x）不同，Windows Server 2003 具有一个完整的安全系统，它是操作系统不可分割的一部分，而且不能被禁用。Windows Server 2003 的安全系统负责在用户登录系统时验证用户的身份；控制用户能够访问哪些资源、文件和应用程序；负责维护对用户活动期间生成的安全时间进行审核跟踪。

Windows Server 2003 的安全分为 3 个主要的部分：用户的访问令牌，安全账号管理器（SAM，Security Accounts Mange）的注册表项中有关每个用户访问权限的信息，以及对系统管理员有可能审核的安全事件的记录。

1. 访问令牌

访问令牌是由 Windows Server 2003 安全系统创建的软件对象,它包含用户在当前工作站以及网络中其他计算机上的特权信息。访问令牌包括的信息保存在注册表中,并可在注册表中直接进行操作。访问令牌包括下列信息:

用户安全 ID(User Security ID)
组安全 ID(Group Security ID)
用户特权
所有者的 SID
主组(Primary Group)的 SID
默认的访问控制列表(Access Control List,ACL)

2. SAM 注册表项

有关用户安全设置的信息保存在注册表配置单元 HKEY_LOCAL_MACHINE 的一个名为 Security Accounts Manager 的子项中。SAM 是 Windows Server 2003 负责验证来自各种系统工具用户界面的用户登录信息有效性的服务,同时还提供包含在每个用户访问令牌中的信息。SAM 注册表项中的信息通常不会被直接操作,而是通过各种管理工具,例如系统策略编辑器操作。

3. 审核

Windows Server 2003 系统无论何时发生涉及安全的活动,都有可能产生安全事件,这些事件被依次写入一个日志文件,以便日后由系统管理员审核。这个日志文件由事件查看器控制,但是其设置是在注册表中,而且在需要时可以查看。潜在的安全事件包括:

- 创建新用户/组成员变更。
- 程序执行/资源被访问。
- 登录/注销。
- 安全策略变更。
- 特权的使用。
- 系统事件对安全造成了影响。

6.3.2 Windows Server 2003 的用户安全设置

1. 禁用 Guest 账号

在计算机管理的用户里面把 Guest 账号禁用。为了保险起见,最好给 Guest 加一个复杂的密码。你可以打开记事本,在里面输入一串包含特殊字符、数字、字母的长字符串,然后把它作为 Guest 用户的密码拷贝进去。

2. 限制不必要的用户

去掉所有的重复用户、测试用户、共享用户等等。用户组策略设置相应权限,并且经常检查系统的用户,删除已经不再使用的用户。这些用户很多时候都是黑客入侵系统的突破口。

3. 创建两个管理员账号

创建一个一般权限用户用来收信以及处理一些日常事物,另一个拥有 Administrator 权限的用户只在需要的时候使用。

4．把系统 Administrator 账号改名

大家都知道，Windows Server 2003 的 Administrator 用户是不能被停用的，这意味着别人可以一遍又一遍地尝试这个用户的密码。尽量把它伪装成普通用户，比如改成 Guestclude。

5．创建一个陷阱用户

什么是陷阱用户?即创建一个名为"Administrator"的本地用户，把它的权限设置成最低，什么事也干不了的那种，并且加上一个超过 10 位的超级复杂密码。这样可以让那些黑客忙上一段时间，借此发现它们的入侵企图。

6．把共享文件的权限从 Everyone 组改成授权用户

任何时候都不要把共享文件的用户设置成"Everyone"组，包括打印共享，默认的属性就是"Everyone"组的，一定不要忘了改。

7．开启用户策略

使用用户策略，分别设置复位用户锁定计数器时间为 20 分钟，用户锁定时间为 20 分钟，用户锁定阈值为 3 次。

8．不让系统显示上次登录的用户名

默认情况下，登录对话框中会显示上次登录的用户名。这使得别人可以很容易地得到系统的一些用户名，进而作密码猜测。可打开"管理工具\域控制器安全策略"，打开"默认域控制器安全设置"窗口，在左边目录树中依次展开"安全设置\本地策略\安全选项"，在右边列表中双击"交互式登录：不显示上次的用户名"选项，启动该策略即可。

6.3.3 Windows Server 2003 的密码安全设置

1．使用安全密码

一些公司的管理员创建账号的时候往往用公司名、计算机名做用户名，然后又把这些用户的密码设置得太简单，比如"welcome"等等。因此，要注意密码的复杂性，还要记住经常改密码。

2．设置屏幕保护密码

这是一个很简单也很有必要的操作。设置屏幕保护密码也是防止内部人员破坏服务器的一个屏障。

3．开启密码策略

注意应用密码策略，如启用密码复杂性要求，设置密码长度最小值为 6 位，设置强制密码历史为 5 次，时间为 42 天。

4．考虑使用智能卡来代替密码

对于密码，总是使安全管理员进退两难，密码设置简单容易受到黑客的攻击，密码设置复杂又容易忘记。如果条件允许，用智能卡来代替复杂的密码是一个很好的解决方法。

6.3.4 Windows Server 2003 的系统安全设置

1．使用 NTFS 格式分区

最好把服务器的所有分区都改成 NTFS 格式，NTFS 文件系统要比 FAT、FAT32 的文件系统安全得多。

2．运行防毒软件

杀毒软件不仅能杀掉一些著名的病毒，还能查杀大量木马和后门程序，因此要注意经常运行程序并升级病毒库。

3．到微软网站下载最新的补丁程序

很多网络管理员没有访问安全站点的习惯，以至于一些漏洞都出现很久了，还放着服务器的漏洞不补给人家当靶子用。经常访问微软和一些安全站点，下载最新的 Service Pack 和漏洞补丁，是保障服务器长久安全的惟一方法。

4．关闭默认共享

Windows Server 2003 安装好以后，系统会创建一些隐藏的共享，你可以在"Cmd"下输入"Net Share"查看它们。网上有很多关于 IPC 入侵的文章，都利用了默认共享连接。要禁止这些共享，打开"管理工具\计算机管理\共享文件夹\共享"在相应的共享文件夹上按右键，单击"停止共享"即可。

5．锁住注册表

在 Windows Server 2003 中，只有 Administrators 和 Backup Operators 才有从网络上访问注册表的权限。如果你觉得还不够的话，可以进一步设定注册表访问权限。

详细信息请参考：

http://support.microsoft.com/support/kb/articles/Q153/1/83.asp

6．禁止用户从软盘和光驱启动系统

一些第三方的工具能通过引导系统来绕过原有的安全机制。如果服务器对安全要求非常高，可以考虑使用可移动软盘和光驱。当然，把机箱锁起来仍不失为一个好方法。

7．利用 Windows Server 2003 的安全配置工具来配置安全策略

微软提供了一套基于 MMC（管理控制台）安全配置和分析工具，利用它们你可以很方便地配置你的服务器以满足你的要求。

详细信息请参考微软主页。

6.3.5 Windows Server 2003 的服务安全设置

1．关闭不必要的端口

关闭端口意味着减少功能，在安全和功能上面需要做一点决策。如果服务器安装在防火墙的后面，冒险就会少些。但是，永远不要认为就可以高枕无忧了。用端口扫描器扫描系统已开放的端口，确定系统开放的哪些服务可能引起黑客入侵。在系统目录中的 system32\drivers\etc\services 文件中有知名端口和服务的对照表可供参考。具体方法为：打开

"网上邻居/属性/本地连接/属性/internet 协议（TCP/IP）/属性/高级/选项/TCP/IP 筛选/属性"打开"TCP/IP 筛选"，添加需要的 TCP、UDP 协议即可。

2．设置好安全记录的访问权限

安全记录在默认情况下是没有保护的，把它设置成只有 Administrators 和系统账户才有权访问。

3．把敏感文件存放在另外的文件服务器中

虽然现在服务器的硬盘容量都很大，但是你还是应该考虑是否有必要把一些重要的用户数据（文件、数据表、项目文件等）存放在另外一个安全的服务器中，并且经常备份它们。

4．禁止建立空连接

默认情况下，任何用户都可通过空连接连上服务器，进而枚举出账号，猜测密码。可以通过修改注册表来禁止建立空连接：即把"HKEY_LOCAL_MACHINE\System\CurrentControlSet\Control\LSA\restrictanonymous"的值改成"1"即可。

此外，安全和应用在很多时候是矛盾的。因此，就需要在其中找到平衡点，如果安全原则妨碍了系统应用，那么这个安全原则也不是一个好的原则。

【本章小结】

本章在简要地介绍网络管理与网络安全的相关概念的基础上，着重地介绍了 Windows Server 2003 的在用户管理、密码管理、系统管理及系统服务等方面的安全与配置方法。

【习题】

简答题
1. 网络管理的内容主要包括哪几个方面？
2. 试述 SNMP，CMIP，TMN 网络管理体系结构的内容及其特点。
3. 目前，Internet 上存在哪些主要的安全隐患？
4. 试述包过滤型、网络地址转换（NAT）、代理型和监测型防火墙技术的主要内容。
5. Windows Server 2003 的安全分为哪几个部分？各部分的具体内容是什么？
6. 在 Windows Server 2003 中如何禁用 Guest 账号？如何创建一个陷阱用户？
7. 在 Windows Server 2003 中如何不让系统显示上次登录的用户名？
8. 在 Windows Server 2003 中可从哪几个方面进行系统的安全设置？

第 7 章 Intranet 与电子商务

【学习目标】

1. 了解 Intranet 的基本概念、Intranet 的特点、网络结构及其提供的基本功能。
2. 了解 Intranet 安全控制的实现方法。
3. 熟悉 Intranet 的组建步骤。
4. 了解电子商务的概念、功能、特点及分类。
5. 了解电子商务的基本形式。
6. 了解电子商务的主要应用领域。
7. 理解电子商务中的网络技术与安全技术。

7.1　企业内部网

随着 Internet（因特网）网络规模的不断扩大，应用系统越来越丰富，网络用户越来越普及，Internet 的各种技术正在迅猛发展，越来越多的企业已经意识到 Internet 是一种全球商用信息交换的有效手段。长期以来，教育和科研部门已经利用 Internet 作为教学科研的一种先进工具，近几年 Internet 服务提供者（ISP）也开始为企业提供域名服务（DNS）、电子函件（E-mail）、万维网（WWW）浏览等极具商业价值的多种服务。Internet 的发展不但为企业网络提供了全球信息交换和信息发布的能力，而且 Internet 的技术以其开放性、标准性、成熟性和实用性为企业网络的建设、应用开发、管理和维护等带来了很好的借鉴，给传统的企业 MIS 的网络和应用模型带来巨大的冲击。于是，将 Internet 的技术模式和成熟技术应用到企业网络环境中就形成了所谓的"Intranet"的概念。

7.1.1　Intranet 的基本概念

Intranet 可以看作是一种"专用 Internet"。一般称为内联网络、企业内部网络，或企内网络等。它是在统一行政管理和安全控制管理之下，采用 Internet 的标准技术和应用系统建设成的网络，并使用与 Internet 相协调的技术开发企业内部的各种应用系统。通常，Intranet 还要与 Internet 相连，以获得全球信息交换的能力。

企业利用 Intranet 技术构建企业内部网络，连接雇员、合作伙伴以及客户，对外提供广告宣传、技术支持等服务，同时还充分利用 Internet 提供的信息资源；对内则用于企业内部事务处理、信息交换、信息共享、信息获取以及网上通信、网上讨论等方面。

从功能上来看，除了具有 Internet 已有的各种功能之外，Intranet 最重要的特点是网络安全功能和企业多种应用信息系统的功能。

与 Internet 的开放性和学术性不同，企业信息的共享和交换往往具有多种安全控制的需要，Intranet 应当满足这些需求。

Intranet 除了能提供 Internet 上提供的基本服务（例如：DNS、E-mail、WWW、FTP 等）外，还应增添企业计算机应用需要的一些功能，例如数据库系统、事务处理，以及 CAD、GIS 等应用。

7.1.2 Intranet 的特点

（1）Intranet 成熟、稳定、风险小

Intranet 是在 Internet 长期发展的基础上采用其成熟技术而发展起来的。由于 Internet 的技术已被广泛使用，并得到多方的验证及认可，而且 Internet 拥有一批雄厚的技术力量作为其技术发展支持，因此在 Internet 基础上形成与发展的 Intranet 具有成熟、稳定，并且风险小的特点。

（2）Intranet 是一种很好的快速原型方法

借助 Internet 中各种模块化技术和近年来迅速发展的各种快速开发工具（RAD），用 Intranet 技术建设企业网络，便于从小到大、从少到多地逐步发展，并能随着 Internet 的技术进步而不断升级，所以 Intranet 是一种很好的快速原型方法。

（3）Intranet 建设周期短，开发工作量小

由于 Intranet 大量借用 Internet 的成熟技术，因此建设周期短，开发工作量较小，这也是快速原型法能够得以实际应用的重要基础。

7.1.3 Intranet 的网络结构

传统的企业内部网络使用的是客户端（Client）—服务器（Server）结构，即 C-S 结构。Intranet 使用的是浏览器（Browser）—服务器（Server）结构，即 B-S 结构。图 7-1 是一个 Intranet 的网络结构图。

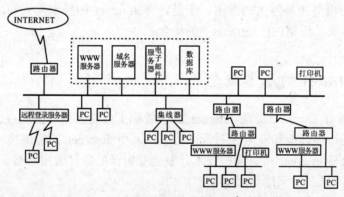

图 7-1 企业 INTRANET 网络结构

从图中可以看到，在主干网上有 4 个服务器，其中：WWW 服务器是 Internet 的核心，它是遵循超文本协议的信息服务器,用户通过它来发布自己的主页和信息。它一般都含有 FTP（从服务器下载和上传文件）服务，必要时可专设 FTP 服务器。如果企业内有大量的公告和新闻要发布和讨论，可设置 NEWS（新闻组）服务器。

- 电子邮件服务器：管理网上的电子邮件。
- 域名服务器：为访问网上多个 WWW 站点指路导航。
- 数据库服务器：存放企业内部数据库。

主干网上还有 3 个路由器，其中一个可以与外部的互联网相连，如：Internet 或国内的 Chinanet。其他路由器可以与企业内的远程 WWW 站点或局域网相连。

远程登录服务器可使远程客户机（PC）与 WWW 服务器相连。其他客户机（PC）以总线或星形方式通过网络与 WWW 服务器相连。它们都可共享本地或远程网上的信息。

如果 Intranet 的规模不大，且无更多的内部 WWW 站点，其系统结构可简化。Intranet 的建设与企业的管理模式、管理机制以及企业文化都有一定的关系，因此，组建 Intranet 必须有企业领导的支持和参与。同时，作为一项信息工程，必须按科学的开发规范进行。

7.1.4 Intranet 提供的基本功能

Intranet 提供的基本功能就是 Internet 中可以提供的所有基本功能，如 DNS、E-mail、WWW、FTP 等基本功能。Intranet 实现这些基本功能都采用 Internet 中流行的标准 C／S 模式，并利用标准的软件实现。有一些新的标准扩展了这些功能，如：轻型目录协议（LDAP，Light Directory Access Protocol）、遵循 CCITT X.400 规范的消息访问协议（IMAP，Internet Message Access Protocol）和安全的电子函件协议（S/MIME）等。这些新标准正开始在 Intranet 中得到应用。

7.1.5 Intranet 的安全措施

为了保护企业的信息机密，必须在 Intranet 中提供信息安全控制机制。一般而言，Intranet 具有统一的行政领导和网络管理机构，由这些机构制定统一的安全策略，并通过各种安全管理制度和安全技术手段来实施这些策略。

1. Intranet 的安全需求

（1）出入站点的控制

Intranet 一般通过防火墙（Firewall）与 Internet 相连，由防火墙将内部的 Intranet 与外部的 Internet 相隔，控制外部站点访问内部网络和内部站点将信息送到外部网络。

（2）身份验证

通过鉴别证实连接访问请求的合法性，识别发出访问请求用户的身份。这是防止对方欺骗的重要手段，也是对用户资源访问进行控制的基础。

（3）资源访问控制

由于 Intranet 中的大部分信息并非对所有用户开放，用户访问这些信息必须经过授权。资源访问控制系统就是授权各种用户可以合法访问哪些资源。

（4）数据加密

数据加密是在数据传输过程中防止非法截获信息的有效手段，也是提高资源访问控制能力的重要补充手段。通过使用一定的数学算法替换数据，打乱数据排列顺序，实现对数据的加密；通过使用对应算法将替换重排后的数据恢复成明文，实现数据解密。

2. Intranet 安全控制的实现方法

（1）分组过滤

路由器作为网络互联的主要设备，提供了对进出的数据分组进行过滤的能力，近年来路由器的分组过滤能力不断加强。分组过滤在 IP 层可以允许或拒绝某个（或某些）主机的数据进出内部网络。因此，分组过滤是实现将内部网络与外部不可信任网络分隔的重要基础手段。

（2）应用级网关

路由器主要完成 IP 层数据分组的转发工作，为了不对性能带来过大的影响，其分组过滤功能不宜过细，因此出现了应用级网关。通过应用级网关实现更为细致更为强大的安全控制功能，例如可以对电子函件服务器进行细致的过滤控制等。

（3）代理服务器

代理服务器（Proxy Server，也称托管服务器）受网络管理者的委托对某子网的某些功能进行代管，常常用于将内部网络与外部网络分离。内部网络中使用未经授权的 IP 地址的主机，所有进出内部网的数据分组都经过代理服务器进行，对这些主机上的用户使用的各种服务进行控制和转换。代理服务器的安全控制功能可以做得十分强大，但也给代理服务器带来很大的开销。

（4）访问控制系统

访问控制系统实现对用户的授权。由访问控制系统对用户发出的请求进行鉴别和证实，与其他安全机制共同作用，对用户能够访问的资源作出授权。

（5）数据加密

现行的数据加密方法主要有两类：数据加密标准（DES）和公开密钥加密体制（RSA）。RSA 是一种密码体制，也可作为 DES 的补充。在网络环境下，通常用 DES 将数据加密，在使用公开信道发送消息前，用 RSA 将 DES 密钥加密。再将经 DES 加密的数据和经 RSA 加密的 DES 密钥一同发送。在建立连接阶段，用 RSA 实现认证和密钥交换。

7.1.6 Intranet 的组建步骤

1. 确立目标

对企业的现状进行分析，对企业内外信息交流的需求及迫切性进行考察，分析建立 Intranet 可能带来的经济和社会效益。还要根据企业领导的作用和要求，组织 Intranet 小组，进行规划，确定近期和远期目标。

考虑将目标分为以下几点：

- 企业内部办公条件改善，办公文件、报告、信函迅速传递。
- 和外界有交流渠道，可向外界发布企业消息及产品和服务广告信息。
- 对内部大量数据归档存储并能方便地查询。
- 对企业的文字资料可按任意关键词检索。

2. 选择配置

首先根据 Intranet 的规模配备一台服务器，作为 WWW 服务器或兼作文件服务器，选择网络操作系统及相应的 WWW 软件。

目前流行的系统 UNIX，Windows 2000/2003，Intranetware 以及 OS/2 等构成满足 WWW

的局域或广域网，都有配套的 WWW 软件。如果 Intranet 的规模大，服务器选择中小型机，操作系统大多选 UNIX，因为在支持所连站点数和系统的可靠性方面，UNIX 有一定的优势。对较小规模的 Intranet，可用微机服务器 Windows 2000/2003，Intranetware 和微机的 UNIX（如 UNIX-SOLARIS X86）。鉴于目前大家对 NETWARE，Windows，DOS 较为熟悉，所以选 Windows 2000/2003 或 Intranetware 更为切实可行。

选择若干台 PC 机作为客户机，可选 Windows 配备必要的 TCP/IP 软件或 Windows 95 应用平台和浏览器软件。

为达到上述目标，还可加配其他相应的硬软件。

3. 组织实施

对组成的 Intranet 小组进行必要的培训，根据选定的软硬件，采购或更新改造现有设备，安装硬软件，配置网络，配置局域网的地址。

与外部的 Internet 相连，要考虑是专线方式还是点对点方式。专线方式，要向邮电部门申请专线，确定专线方式和速率，申请域名和 IP 地址，此外为了内部信息的安全还可考虑加设防火墙。点对点方式，可设一代理服务器，以使网上的客户机都可上 Internet，后一种方式经济实用，但信息传输速率大大低于专线方式。

若有数据库的支持，则应配置数据库与 WWW 的接口软件，以使数据库内的信息方便地向 HTML 转换，对 FoxBASE，FoxPro 等数据库，可用相应的接口软件或用 Java，C++ 语言开发接口软件。

若有大量文字性资料数据库存在，应考虑选用中文全文检索软件。

Intranet 的建设，一开始就要制定一些标准和规范，使得 Intranet 的开发和使用者有章可循，从而使 Intranet 健康发展、不断完善。

Intranet 的框架搭好后，就可做开发工作：

- 组织开发人员，用超文本技术、设计内容充实的企业主页，树立企业形象，发布公告和产品广告，吸引更多的人来了解和介绍自己的企业，发布信息。
- 设立电子论坛和交流园地，互相进行技术和知识交流，提出有利于企业发展的建议。
- 公布可查询数据库的接口及方法，以便更多的人按自己的要求查询数据库甚至为其设计制作实用的查询主页。
- 提供与外界相连的域名站点及所含信息内容的简介，使用户能方便地从互联网上查找和下载所需的信息和知识。

7.2　电子商务的基本概念

7.2.1　电子商务的概念

电子商务源于英文 Electronic Commerce，简写为 EC。顾名思义，其内容包含两个方面，一是电子方式，二是商贸活动。电子商务指的是利用简单、快捷、低成本的电子通信方式，买卖双方不谋面地进行各种商贸活动。电子商务可以通过多种电子通讯方式来完成。简单的，比如通过打电话或发传真的方式来与客户进行商贸活动，似乎也可以称作为电子商务；但是，现在人们所探讨的电子商务主要是以 EDI（电子数据交换）和 Internet 来完成的。尤其是随着 Internet 技术的日益成熟，电子商务真正的发展将是建立在 Internet 技术上的。所以也有人把电子商务简称为 IC（Internet Commerce）。从贸易活动的角度分析，电子商务可以在多个环节实现，由此也可以将电子商务分为两个层次，较低层次的电子商务如电子商情、电子贸易、电子合同等；最完整的也是最高级的电子商务应该是利用 Internet 网络能够进行全部的贸易活动，即在网上将信息流、商流、资金流和部分的物流完整地实现，也就是说，从寻找客户开始，一直到洽谈、订货、在线付（收）款、开据电子发票以至到电子报关、电子纳税等通过 Internet 一气呵成。要实现完整的电子商务还会涉及到很多方面，除了买家、卖家外，还要有银行或金融机构、政府机构、认证机构、配送中心等机构的加入才行。由于参与电子商务中的各方在物理上是互不谋面的，因此整个电子商务过程并不是物理世界商务活动的翻版，网上银行、在线电子支付等条件和数据加密、电子签名等技术在电子商务中发挥着重要的、不可或缺的作用。

7.2.2 电子商务的功能和特点

建立在 Internet 网上的电子商务不受时间和空间的限制，可以每天 24 小时不分区域的运行，在很大程度上改变了传统商贸的形态和业态。电子商务以数据信息的电子流在网上的快速安全传输代替了传统商务的纸面单证和实物流的传送。对企业来讲，提高了工作效率，降低了成本，扩大了市场，给企业带来社会效益和经济效益。相对于传统商务，电子商务具有无可替代的功能和优异的特点。

1. 电子商务的功能

电子商务通过 Internet 可提供在网上的交易和管理的全过程的服务，具有对企业和商品的广告宣传，交易的咨询洽谈，客户的网上订购和网上支付，电子账户，销售前后的服务传递，客户的意见征询，对交易过程的管理等各项功能。

（1）广告宣传

电子商务使企业可以通过自己的 Web 服务器和网络主页（Home Page）和电子邮件（E-mail）在全球范围内做广告宣传，在 Internet 上宣传企业形象和发布各种商品信息，客户用网络浏览器可以迅速找到所需的商品信息。与其他各种广告形式相比，在网上的广告成本最为低廉，而给顾客的信息量却最为丰富。

（2）咨询洽谈

电子商务使企业可借助非实时的电子邮件（E-mail）、新闻组（News Group）和实时的讨论组（chat）来了解市场和商品信息、洽谈交易事务，如有进一步的需求，还可用网上的白板会议（Whiteboard Conference）、公告板（BBS）来交流即时的信息。在网上的咨询和洽谈能超越人们面对面洽谈的限制、提供多种方便的异地交谈形式。

（3）网上订购

电子商务通过 Web 中电子邮件的交互传送实现客户在网上的订购。企业的网上订购系统通常都是在商品介绍的页面上提供十分友好的订购提示信息和订购交互表格，当客户填完订购单后，系统回复确认信息单表示订购信息已收悉。电子商务的客户订购信息采用加密的方式使客户和商家的商业信息不会泄漏。

（4）网上支付。

网上支付是电子商务交易过程中的重要环节。客户和商家之间可采用信用卡、电子钱包、电子支票和电子现金等多种电子支付方式进行网上支付，采用在网上电子支付的方式节省了交易的开销。对于网上支付的安全问题现在已有实用的技术来保证信息传输安全性。

（5）电子账户

交易的网上支付由银行、信用卡公司及保险公司等金融单位提供电子账户管理等网上操作的金融服务，客户的信用卡号或银行账号是电子账户的标志。电子账户通过客户认证、数字签名、数据加密等技术措施的应用保证电子账户操作的安全性。

（6）服务传递

电子商务通过服务传递系统将客户订购的商品尽快地传递到已订货并付款的客户手中。对于有形的商品，服务传递系统可以对在本地和异地的仓库在网络中进行物流的调配并通过快递业完成商品的传送；而无形的信息产品如软件、电子读物、信息服务等则立即从电子仓库中将商品通过网上直接传递到用户端。

（7）意见征询

企业的电子商务系统可以采用网页上的"选择"、"填空"等及时收集客户对商品和销售服务的反馈意见，客户的反馈意见能提高网上交易售后服务的水平，使企业获得改进产品、发现市场的商业机会，使企业的市场运作形成了一个良性的封闭回路。

（8）交易管理

电子商务的交易管理系统可以完成对网上交易活动全过程中的人、财、物，客户及本企业内部的各方面进行协调和管理。

电子商务的上述功能，对网上交易提供了一个良好的交易服务和进行管理的环境，使电子商务的交易过程得以顺利和安全地完成，并可以使电子商务获得更广泛的应用。

2．电子商务的特点

电子商务在全球各地通过计算机网络进行并完成各种商务活动、交易活动、金融活动和相关的综合服务活动。在一个不太长的时间内，电子商务已经开始改变人们长期以来习以为常的各种传统贸易活动的内容和形式。相对于传统商务和 EDI 商务，电子商务表现出以下几个突出的特点：

（1）电子商务的结构性特点

电子商务涉及电子数据处理、网络数据传输、数据交换和资金汇兑等技术；在企业的电子商务系统内部有导购、定货、付款、交易与安全等有机地联系在一起的各个子系统；在交易的进行过程中经历商品浏览和订货、销售处理和发货、资金支付和售后服务等环节；电子商务业务的开展由消费者、厂商、运输、报关、保险、商检和银行等不同参与者通过计算机网络组成一个复杂的网络结构，相互作用，相互依赖，协同处理，形成一个相互密切联系的连接全社会的信息处理大环境。在这个环境下，简化了商贸业务的手续，加快了业务开展的速度，最重要的是规范了整个商贸业务的发生、发展和结算过程，从根本上保证了电子商务的正常运作。

（2）电子商务的动态性特点

电子商务交易网络没有时间和空间的限制，是一个不断更新的系统，每时每刻都在进行运转。网络上的供求信息在不停地更换，网上的商品和资金在不停地流动，交易和买卖的双方也在不停地变更，商机不断地出现，竞争不停地展开。正是这种物质、资金和信息的高速流动，使得电子商务具有了传统商业所不可比拟的强大生命力。

（3）电子商务的社会性特点

电子商务的最终目标是实现商品的网上交易，但这是一个相当复杂的过程，除了要应用各种有关技术和其他系统的协同处理来保证交易过程的顺利完成外，还涉及许多社会性的问题。例如商品和资金流转的方式变革，法律的认可和保障，政府部门的支持和统一管理，公众对网上电子购物的热情和认可等等。所有这些问题全都涉及到社会，不是一个企业或一个领域就能解决的，需要全社会的努力和整体的实现，才能最终得到电子商务所带来的优越性。

（4）电子商务的层次性特点

电子商务具有层次结构的特点。任何个人、企业、地区和国家都可以建立自己的电子商务系统，这些系统的本身都是一个独立的、完备的整体，都可以提供从商品的推销到购买、支付全过程的服务。但是这样的系统又是更大范围或更高一级的电子商务系统的一个组成部分。因此在实际应用中，常将电子商务分为一般、国内、国际等不同的级别。另外，也可以从系统的功能和应用的难易程度对电子商务进行分级，较低级的电子商务系统只涉及基本网络、信息发布、产品展示和货款支付等，各方面的要求较低；而用于进行国际贸易的电子商务系统不仅技术要求高，而且要涉及到税收、关税、合同法以及不同的银行业务等，结构也比较复杂。

（5）网上购物和商品的特点

电子商务通过 Internet 网上的浏览器，可以让客户足不出户就能看到商品的具体型号、规格、售价、商品的真实图片和性能介绍，借助多媒体技术甚至能够看到商品的图像和动画演示和听到商品的声音，使客户基本上达到亲自到商场里购物的效果。特别是客户可以减少路途的劳累和人员的拥挤，在网上购物对客户也具有趣味性和吸引力。但是，大部分消费者还习惯于直接的购物方式，对网上购物要有一个观念的转变和适应的过程。

由于网上购物的特点，适于网上销售的商品也有其不同的特征，具体表现在：
- 具有独特性的商品在网上较好销售。
- 需要进行性能和价格的比较，但购买前的试用并不重要的产品，如电脑、家用电器等技术成熟的标准化产品。
- 消费者出于便利的要求需经常购买的商品如订购飞机票等。
- 便于展示销售的商品如图书、音乐、CD 盘、汽车等。
- 能在网络上实现电子化传递的商品，如可以下载的软件、电子刊物等。
- 可以在网络上详细说明的服务如旅游、信息咨询、客房预订等。

7.2.3 电子商务的分类

根据电子商务发生的对象，可以将电子商务分为 4 种类型：B to B、B to C、C to A 和 B to A 4 类。

（1）B to B 商业机构之间的电子商务

商业机构对商业机构的电子商务，指的是企业与企业之间进行的电子商务活动。这一类电子商务已经存在多年。特别是企业通过私营或增值计算机网络采用 EDI（电子数据交换）方式所进行的商务活动。

（2）B to C 商业机构对消费者的电子商务

商业机构对消费者的电子商务，指的是企业与消费者之间进行的电子商务活动。这类电子商务主要是借助于国际互联网所开展的在线式销售活动。最近几年随着国际互联网络的发展，这类电子商务的发展异军突起。例如，在国际互联网上目前已出现许多大型超级市场，所出售的产品一应俱全，从食品、饮料到电脑、汽车等，几乎包括了所有的消费品。

（3）C to A 消费者对行政机构的电子商务

消费者对行政机构的电子商务，指的是政府对个人的电子商务活动。这类的电子商务活动目前还没有真正形成。政府随着商业机构对消费者、商业机构对行政机构的电子商务的发展，将会对社会的个人实施更为全面的电子方式服务。政府各部门向社会纳税人提供的各种服务，例如社会福利金的支付等，将来都会在网上进行。

（4）B to A 商业机构对行政机构的电子商务

商业机构对行政机构的电子商务，指的是企业与政府机构之间进行的电子商务活动。例如，政府将采购的细节在国际互联网络上公布，通过网上竞价方式进行招标，企业也要通过电子的方式进行投标。除此之外，政府还可以通过这类电子商务实施对企业的行政事务管理，如政府用电子商务方式发放进出口许可证、开展统计工作，企业可以通过网上办理交税和退税等。

如果按照电子商务交易所涉及的商品内容分类，电子商务主要包括两类商业活动。

（1）间接电子商务

电子商务涉及商品是有形货物的电子订货，如鲜花、书籍、食品、汽车等，交易的商品需要通过传统的渠道如邮政业的服务和商业快递服务来完成送货，因此，间接电子商务要依靠送货的运输系统等外部要素。

（2）直接电子商务

电子商务涉及商品是无形的货物和服务，如计算机软件、娱乐内容的联机订购、付款和交付，或者是全球规模的信息服务。直接电子商务能使双方越过地理界线直接进行交易，充分挖掘全球市场的潜力。目前我国大部分的农业网站都属于这一类，但这还是真正意义上的直接电子商务。

根据开展电子商务业务的企业所使用的网络类型框架的不同，电子商务可以分为如下 3 种形式。

（1）EDI 网络电子商务（Electronic Data Interchange，电子数据交换）

EDI 是按照一个公认的标准和协议，将商务活动中涉及的文件标准化和格式化，通过计算机网络，在贸易伙伴的计算机网络系统之间进行数据交换和自动处理。EDI 主要应用于企业与企业、企业与批发商、批发商与零售商之间的批发业务。EDI 电子商务在 90 年代已得到较大的发展，技术上也较为成熟，但是因为开展 EDI 对企业有较高的管理、资金和技术的要求，因此至今尚不太普及。

（2）因特网电子商务（Internet 网络）

是指利用连通全球的 Internet 网络开展的电子商务活动，在因特网上可以进行各种形式的电子商务业务，所涉及的领域广泛，全世界各个企业和个人都可以参与，正以飞快的速度在发展，其前景十分诱人，是目前电子商务的主要形式。

（3）内联网络电子商务（Intranet 网络）

是指在一个大型企业的内部或一个行业内开展的电子商务活动，形成一个商务活动链，可以大大提高工作效率和降低业务的成本。例如中华人民共和国专利局的主页，客户在该网站上可以查询到有关中国专利的所有信息和业务流程，这是电子商务在政府机关办公事务中的应用；已经开通的上海网上南京路一条街主页，包括了南京路上的主要商店，客户可以在网上游览著名的上海南京路商业街，并在网上南京路上的网上商店中以电子商务的形式购物；已开始营业的北京图书大厦主页，客户可以在此查阅和购买北京图书大厦经营的几十万种图书。上述两个都是 B to C 的电子商务应用形式。

7.2.4 电子商务的基本形式

不管电子商务被冠以何种美名，从其实质内容来看，它应分为 3 个层次：企业与企业之间的电子商务、企业对消费者的电子商务、企业和政府之间的电子商务。这三者都是建立在电子商务的基础设施之上，运用电子手段和电子工具进行商务活动的。

1. 企业—企业

在可以预见的将来，企业与企业之间的电子商务仍将是电子商务业务中的重头戏，就目前来看，电子商务最热心的推动者也是商家，这也不足为怪，因为相对来说，企业和企业之间的交易才是大宗的，是通过引入电子商务能够产生大量效益的地方。

就一个处于生产领域的商品生产企业来说，它的商务过程大致可以描述为：需求调查→材料采购→生产→商品销售→收款→货币结算→商品交割。当引入电子商务是这个过程可以描述为：以电子查询的形式来进行需求调查→以电子单证的形式调查原材料信息确定采购方案→生产→通过电子广告促进商品销售→以电子货币的形式进行资金接收→同电子银行进行货币结算→商品交割。

具体地说，电子商务在以下几个方面提高了生产企业的商业效率：

（1）供货体系管理

电子商务使得企业能够通过减少订单处理费用，缩短交易时间，减少人力占用来加强同供货商的合作关系，从而使其可以集中精力只同较少的供货商进行业务联系。概括地说就是"加速收缩供货链"。

（2）库存管理

电子商务缩短了从发出订单到货物装船的时间，从而使企业可以保持一个较为合理的库存数量，甚至实现零库存（Just-In-Time）。可以想象当大部分的贸易伙伴都由电子方式联系在一起是，原本需要用传真或信函来传递的信息现在只要鼠标一点就可以迅速传递过去，这无论从时间还是金钱来讲，都是一笔效益。并且企业每一笔单证都是由专门的中介机构记录在案的，从而保证了交易的安全性。

（3）运输管理

电子商务使得运输过程所需的各种单证，如：订单、货物清单、装船通知等能够快速准确的到达交易各方，从而加快了运输过程。由于单证是标准的，也保证了所含信息是比较精确的。

（4）信息流通

在电子商务的环境中，信息能够以更快、更大量、更精确、更便宜的方式流动。并且是能够被监控和跟踪的。

对于一个处于流通领域的商贸企业来说，由于它没有生产环节，电子商务活动几乎覆盖了整个企业的经营管理活动，是利用电子商务最多的企业。通过电子商务，商贸企业可以更及时、准确的获取消费者信息，从而准确定货、减少库存，并通过网络促进销售，以提高效率、降低成本，获取更大的利益。

对于大型企业来说，EDI 这种从企业应用系统到企业应用系统、没有人为干涉、采用标准格式的交易方式对企业降低库存、减少错误、实现高效率管理是十分有效的。传统的基于 VAN（Value Added Network，增值型网络）的 EDI 技术对于大型企业的业务发展取得了很大的成功，但对于中小企业的接入有一定困难，因为这类用户的需求是一个价格较低、易操作、易接入的支持人机交互的 EDI 平台，而这些是传统的基于 VAN 的 EDI 系统所无法实行的。Internet 的出现将 EDI 从专业网扩大到 Internet。以 Internet 作为互联手段，将它同 EDI 技术结合，提供一个较为廉价的服务环境，可以满足大量中小企业对 EDI 的需求。

注：VAN 除了传送数据的功能外，另外提供错误检查、数据储存功能的网络。

2．企业—消费者

从长远来看，企业对消费者的电子商务将取得长足的发展，并将最终在电子商务领域占据重要地位。但是由于各种因素的制约，目前以及比较长的一段时间内，这个层次的业务还只能占比较小的比重。

如果用一句话来描述这种电子商务，可以这样说：它是以 Internet 为主要服务提供手段，实现公众消费和提供服务，并保证与其相关的付款方式的电子化。它是随着 WWW 的出现而迅速发展的，可以将其看作是一种电子化的零售。

可以勾画出一些现实世界中这一类型电子商务应用的基本应用模型，图 7-2 是一个消费者和商场之间实现购物的简单应用模型。

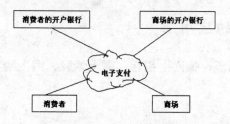

图 7-2　消费者和商场之间实现购物的简单应用模型

3．企业—政府

政府与企业之间的各项事务都可以涵盖在其中。包括政府采购、税收、商检、管理条例发布等。例如：政府的采购清单可以通过 Internet 发布，公司可以以电子的方式回应。这方面应用目前还比较少，但随着政府身体力行的推进电子商务的发展，会迅速增长的。

7.2.5　电子商务的支付方式

电子支付的方式基本可分为 3 大类：电子货币类（如电子现金、电子钱包等）、电子信用卡类（如智能卡、借记卡、电话卡等）、电子支票类（如电子支票、电子汇款、电子划款等）。

国际通行的电子支付安全协议——SSL（Secure Sockets Layer，安全套接层）与 SET SSL 协议是由网景（Netscape Communication）公司设计开发的一种安全通信协议，它能够对信用卡和个人信息提供较强的保护。SSL 协议的整个概念可以被总结为：一个保证任何安装了安全套接字的客户和服务器之间事务安全的协议，它涉及所有 TCP/IP 应用程序。在 SSL 中，采用了公开密钥和私有密钥两种加密方法，其运行的基点是商家对客户信息保密的承诺，但却仅有商家对客户的认证，而缺乏了客户对商家的认证，因此有利于商家而不利于客户。因此 SSL 协议逐渐被新的 SET 协议所取代。

SET 协议（Secure Electronic Transaction，安全电子交易）是由 Visa 和 MasterCard 两大信用卡组织于 1997 年 5 月联合推出的规范。SET 主要是为了解决用户、商家和银行之间通过信用卡支付的交易而设计的，在保留对客户信用卡认证的前提下，又增加了对商家身份的认证，从而保证支付信息的机密、支付过程的完整、商户及持卡人的合法身份以及交易的可操作性。

SET 中的核心技术主要有公开密匙加密、电子数字签名、电子信封、电子安全证书等。

现阶段电子商务支付还存在以下几方面的问题：

- 安全问题：虽然计算机及网络专家们在网络安全问题上下了极大的功夫，采取了多种措施，但是安全仍然是电子商务支付中最关键、最重要的问题，它关系到电子交易各方的利益。目前我国要实现电子支付迫切需要解决几个问题：积极向电子支付国际通用标准靠拢；建立认证中心（CA）；大力发展电子支付的安全技术。
- 支付方式的统一问题：在电子支付中存在着若干种支付方式，每一种方式都有其自身的特点，且有时两种支付方式之间不能做到互相兼容。这样，当电子交易中的当事人采用不同的支付方式且这些支付方式又互不兼容时，双方就不可能通过电子支付的手段来完成款项支付，从而也就不能实现因特网上的交易。此外，就单种支付方式而言，也存在着标准不一的问题，如智能卡的标准问题等。

7.2.6 电子商务的应用

电子商务的应用非常广泛，像网上银行、网上炒股、网上购物、网上订票、网上租赁、工资发放、费用缴纳等等。

1. EDI 业务

EDI（Electronic Data Interchange）的中文意思是电子数据交换。它是电子商务发展早期的主要形式。EDI 旨在票据传送的电子化。

- 运输业——能最大程度地利用设备、仓位，获得更大效益。
- 零售业、制造业和仓储业——提高货物提取及周转，增加资金流动。
- 通关与报关——实现货物通关自动化和国际贸易无纸化。
- 金融保险和商检——快速可靠的支付，减少时间和费用，加快资金流动。
- 贸易业——无纸贸易是提高国内外贸易竞争能力的一个有力手段。

2. 虚拟银行

随着虚拟现实技术的不断进步，银行金融业正在积极利用虚拟现实技术，创建虚拟金融世界，这也是为了适应网络商业的日益发展的需要。在虚拟银行电子空间中，可以允许数以百万计的银行客户和金融客户，面向银行所提供的几十种服务，根据需要随时到虚拟银行里漫游，这些服务包括信用卡网上购物、电子货币结算、金融服务及投资业务的咨询等。

虚拟银行一方面使银行能够争取到更多的顾客，并且服务成本迅速下降。另一方面也使客户能够从虚拟银行获得方便、及时、高质量的服务，同时又节省很多服务费。当前，建立网络银行最重要的是完善硬件、软件设施和完善有关技术标准和统一操作规范。

数年前，美国率先在网上建立了第一家"安全第一网络银行"，而目前发达国家已有1000多家金融机构正在筹划或已经初步建立网络银行服务。截止到2000年，发达国家已有约10%的家庭在网络银行建立了账户，2005年这个比例可达25%以上，届时网络银行在网上实现的营业额将占总营业额的三分之一。

虚拟银行是现代银行金融业的发展方向，它指引着未来银行的发展。利用Internet这个开放式网络来开展银行业务有着广阔的前景，它将导致一场深刻的银行业革命。

3. 网上购物

随着电子商务技术的发展和应用，网络购物将越来越普及，并日渐成为一种新的生活时尚。网络购物利用先进的通信和计算机网络的三维图形技术，把现实的商业街搬到网上。用户无须担心出门时的天气变化，足不出户便能像真的上街那样"逛商场"，方便、省时、省力地选购商品，而且订货不受时间限制，商家会送货上门。当然，你也无须担心独自"逛街"的孤独，因为你可以在网络的"大街"上约定或找到同行者，结伴"逛街"，乐趣无穷。

目前在网上已开通了书店、花市、电脑城、超级市场以及订票、订报、网上直销等服务。

4. 网络广告

由于WWW提供的多媒体平台，使得通信费用降低，对于机构或公司而言，利用其进行产品宣传，非常具有诱惑力。

网络广告可以根据更精细的个性差别将顾客进行分类，分别传送不同的广告信息。而且网络广告不像电视广告那样被动接受广告信息，网络广告的顾客是主动浏览广告内容的。未来的广告将利用最先进的虚拟现实界面设计达到身临其境的效果，给人们带来一种全新的感官经验。以汽车广告为例，你可以打开汽车的车门进去看一看，还可以利用电脑提供的虚拟驾驶系统体验一下驾车的感受。

7.3 电子商务中的网络技术与安全技术

7.3.1 EDI技术

1. EDI概述

EDI是起源于上世纪70年代，在上世纪80年代得到迅速发展的一种电子化数据交换工具，是现代计算机技术与网络通信技术相结合的产物。

在世界贸易竞争日趋激烈的环境下，许多因素都在促使企业重新思考传统的贸易流程和运作方式，这些因素包括：

- 国内外市场的激烈竞争。
- 产品和住处的转移，即向质量化的方向发展。
- 企业内部的住处处理向更加分散的方向发展。
- 企业之间快速准确的信息传播的重要性与日俱增。

目前，大型企业纷纷在竞争环境下寻求降低成本的有效措施，使自己的产品营销和服务具有更强的国际竞争力。

"以最少资金投入、获得最大利润"的经营方针是企业经营的最终目标。无论是通过强化经营管理，还是深入挖掘企业内部的资源，企业的共同目的都是降低经营成本，提高生产效率。采用计算机技术能够使企业在内部生产、管理等业务操作上很大程度地提高生产效率，但在经营环境的外部方面，特别是企业之间的信息交流方面，还远远没有发挥出计算机技术带给企业的优势。正是在市场竞争日趋激烈的条件下，EDI越来越受到经营者的重视。也正是由于 EDI 技术可在极大程度上改善企业经营过程中企业之间信息交换的不足，EDI 才得到更加广泛的应用。

2. EDI 的概念

EDI 是英文 Electronic Data Interchange 的缩写，它是将企业与企业之间的商业往来，以标准化、规范化的文件格式，无需人工介入，无需纸张文件，采用电子化的方式，通过网络系统在计算机应用系统与计算机应用系统之间，直接地进行信息业务交换与处理，是一种先进的通信手段和技术。

EDI 具体的工作方式是：用户在现有的计算机应用系统上进行信息的编辑处理，然后通过 EDI 翻译软件（Mapper）将原始单据格式转换为中间文件，中间文件是用户原始资料格式与 EDI 标准格式之间的对照性文件，它符合翻译软件的输入格式，通过翻译软件（Mapper）变成 EDI 标准格式文件。最后在文件外层加上通信交换信封，通过通信软件送到增值服务网络或直接传给对方用户，对方用户则进行相反的处理过程，最后成为用户系统应用能够接受的文件格式进行收阅处理。这种方式由于采用电子文件的形式，因而 EDI 也形象称为"无纸贸易"。

EDI 的实现主要依靠 3 方面的支撑环境：数据标准、计算机网络和通信、企业计算机信息处理水平。上述 3 项支撑中，后两项主要依靠自然科学的进步成果，而第一项则是软科学的成果，它随后两项技术的发展而诞生，反过来又促进后两项技术的发展。虽然三十年前因运输业已开始了 EDI 应用，但世界发达国家只是在近十几年才有较多使用，我国则是进入上世纪 90 年代才开始研究和发展 EDI 应用的，这是和上述 3 个支撑环境逐步成熟密不可分。

在传统贸易单证处理过程中，首先将资料输入到计算机中进行处理，然后打印成业务文件再通过邮寄、传真或手工投递等方式送达贸易对方；贸易对方需要重复输入所接收的资料并进行处理。这种做法既浪费时间和人力，也会造成很高的错误率。

在 EDI 方式下，报文是结构化数据，它是按照标准进行格式化的。EDI 用户的应用系统可能是不尽相同的数据库中的数据格式，在报文传送到网络之后，必须将它翻译成标准的 EDI 文件格式。在实际应用中，系统是将无格式的数据文件添加到 EDI 报文的相应字段中来完成翻译过程的，这种无格式的数据文件又称作平面文件。用户应用系统的数据文件并非是平面文件，而是格式不尽相同的数据库，因此需要一个映像程序作为用户数据库和翻译软件包的接口程序，它的作用是将用户的格式数据文件展开成平面文件。

简单的 EDI 贸易单证处理方式的处理过程为：

1）用户应用系统从数据库取出用户格式数据，通过映像程序将用户格式的数据展开成平面文件，以便翻译器进行识别，翻译器按照 EDI 标准将平面文件翻译成 EDI 报文。

2）通信软件将已经转换成标准格式的 EDI 报文通过网络和通信线路传送到网络中心。

3）贸易对方通过通信线路从网络中心读取数据，也可通过通信网络自动通知贸易对方。

4）贸易对方将取出具有 EDI 标准格式的数据，经过 EDI 翻译器转换成平面文件。平面文件经映像程序转换成用户格式数据，存入相应的用户数据库中，并到达接收 EDI 用户的应用系统。

目前，在西方发达国家，使用电子数据交换（EDI）已经相当普遍，许多行业性的 EDI 网络正在高速运行中。EDI 以其传递的快速、便捷、准确、高效，无可争议地受到越来越广泛的关注和重视。

如上所述，由于 EDI 的流通，消除了流通中的许多问题，例如缩短了处理文件的时间，减少了输入数据的人工成本，降低了信息出错的可能性等等。企业通过缩短投递周期及减少仓储费，便可节约大量成本，带来可观的经济效益。

EDI 技术迅速发展的基本动因是各国进出口贸易以及工商业发展追求高效率、高利润的需要。但是人们，特别是政府的决策部门认识到这一点却有先后之别。发达国家中的 EDI 技术更为普及，发展更为迅速。在前两年，不少西方国家，还有亚洲的新加坡，曾多次要求我国必须用 EDI 技术办理海关手续，否则将推迟办理，而且压关、压港的损失也将由我国承担。在这种背景下，特别是我国加入世贸组织以来，我国的 EDI 技术也得到了迅速的发展。

3．EDI 的特点

EDI 与其他通信方式和信息处理方式相比，具有以下特点：

（1）EDI 用电子方法传递信息和处理数据

EDI 一方面用电子传输的方式取代了以往纸单证的邮寄或递送，从而提高了传输效率；另一方面通过电脑处理数据取代人工处理数据而减少了差错和延误。EDI 不仅是一种先进通讯方式，也是对传统贸易程序和做法的一次革命。通过设定的 EDI 程序，许多外部输入的信息将自动得到处理（如订单），各有关部门会立即得到相应的信息指令，避免由业务人员处理信息时可能出现的疏忽或拖延（如有关业务员外出）；对于必须先由人工输入的数据信息，经一次输入并核对确认后，即可存入计算机存储系统，随时调出并组合进不同的电子单证中，省去重复操作。

（2）EDI 用统一的标准编制资料

首先，要所有相关部门、公司的电脑，能识别和处理商业单据，如订单、发票、货运单、收货通知和提单等，就必须有统一的格式，而所有的商业单据都必须根据相应的统一格式编制。EDI 就是用统一的标准来编制各种商业资料的。

（3）EDI 是计算机的应用系统与计算机的应用系统的连接

传真、电传和电子邮件是人与人的通信，是自由格式的，它们一般都不关心单据的内容，即使单据的内容不完整，也能被人们理解。另外，传真、电传和电子邮件是为眼球与眼球的通信设计的，而 EDI 是电脑应用程序与电脑应用程序的通信，是有严格的格式要求的，EDI 对单据的内容十分"关切"，在传递之前和之后，要对单据的内容进行核对，既核对数据的准确性，也核对数据的格式是否符合标准。EDI 能对单据的数据自动进行处理，并自动产生新的单据，而传真、电传及电子邮件则不能处理数据。

中介交换是指信息资料被储存在磁带、磁盘和激光盘等中间载体上，然后把它投送到贸易伙伴那里。EDI 则是通过网络直接电子传递商业资料。

在 EDI 中，一旦数据被输入买方的计算机系统，同样的数据就会电子传入卖方的计算机系统，没有也不需要重新从键盘输入或以其他方法重新输入。也就是说，数据是在买方的应用程序（如采购系统）与卖方的应用程序（如订单输入系统）之间电子化转移的，没有另外的人为干预或重复输入。数据不仅在贸易伙伴之间电子化流通，而且在每一个贸易伙伴内部的应用程序之间电子化流通，同样不需要重新从键盘输入。例如买方的订单进入卖方的订单输入系统后，同样的数据就会传递到卖方的生产、仓储、运输、财会等应用程序并由各程序自动相应产生生产安排表、库存记录更新、货运单、发票等等。数据在一个组织内部的应用程序之间的电子化流通称为"搭桥"。

（4）EDI 系统采用防伪手段

一般的信函与电话、传真等电子通信方式，因为有指定的接收人，其他人无法接收了解有关信息，通常不必加密；EDI 系统要有相应的保密措施，EDI 传输信息的保密通常是采用密码系统，各用户掌握自己的密码，可打开自己的"邮箱"取出，外人却不能打开这个"邮箱"，有关部门和企业发给自己的电子信息均自动进入自己的"邮箱"。一些重要信息在传递时还要加密，即把信息转换成他人无法识别的代码，接收方电脑按特定程序译码后还原成可识别信息。为防有些信息在传递过程中被篡改，或防止有人传递假信息，还可以使用证实手段，即将普通信息与转变成代码的信息同时传递给接收方，接收方把代码翻译成普通信息进行比较，如二者完全一致，可知信息未被篡改，不是伪造的信息。

除以上这些特点外，EDI 的使用对象是不同的组织之间，它所传送的资料是一般的业务资料，如发票、订单等。

4．EDI 的构成要素

EDI 的构成要素如下。

（1）数据标准化

EDI 标准是由各企业、各地区代表共同讨论、制订的电子数据交换共同标准，可以使各组织之间的不同文件格式，通过共同的标准，获得彼此之间文件交换的目的。

（2）EDI 软件及硬件

实现 EDI，需要配备相应的 EDI 软件及硬件。EDI 软件具有将用户数据库系统中的信息，译成 EDI 的标准格式，以供传输交换的能力。由于 EDI 标准具有足够的灵活性，可以适应不同行业的众多需求，然而，每个公司有其自己规定的信息格式，因此，当需要发送 EDI 电文时，必须用某些方法从公司的专有数据库中提取信息，并把它翻译成 EDI 标准格式，进行传输，这就需要 EDI 相关软件的帮助。EDI 软件由转换软件、翻译软件和通信软件构成。

转换软件可以帮助用户将原有计算机系统的文件，转换成翻译软件能够理解的中间文件，或是将从翻译软件接收来的中间文件，转换成原计算机系统中的文件。翻译软件将中间文件翻译成 EDI 标准格式，或将接收到 EDI 标准格式翻译成中间文件。通信软件将 EDI 标准格式的文件外层加上通信信封（Envelope），再送到 EDI 系统交换中心的邮箱（Mailbox），或由 EDI 系统交换中心，将接收到的文件取回。

EDI 所需的硬件设备大致有：计算机、调制解调器（Modem）及电话线。

（3）通信网络

EDI 通信方式有多种。许多应用 EDI 公司逐渐采用第三方网络与贸易伙伴进行通信，即增值网络（VAN）方式。它类似于邮局，为发送者与接收者维护邮箱，并提供存储转送、记忆保管、通信协议转换、格式转换、安全管制等功能。因此通过增值网络传送 EDI 文件，可以大幅度降低相互传送资料的复杂度和困难度，大大提高 EDI 的效率。

5. EDI 的类型

根据运作功能，EDI 一般可分为 4 类：
- 第一类也是最基本的 EDI 系统称为贸易数据交换系统，它用电子数据文件来传输订单、发货单和各类通知，是在商贸领域最常见的 EDI 系统。
- 第二类 EDI 系统是电子金融汇兑系统，即在银行和其他经济机构之间进行电子汇兑，支付账款，转移资金。
- 第三类 EDI 系统是交互式应答系统，可以应用在旅行社或航空公司作为机票预定系统。
- 第四类是带有图形资料自动传输的 EDI 系统，最常见的是计算机辅助设计 CAD 图形的自动传输。

7.3.2 电子商务中主要的安全要素

电子商务中的安全要素主要如下所述。

1. 有效性

EC 以电子形式取代了纸张，那么如何保证这种电子形式的贸易信息的有效性则是开展 EC 的前提。EC 作为贸易的一种形式，其信息的有效性将直接关系到个人、企业或国家的经济利益和声誉。因此，要对网络故障、操作错误、应用程序错误、硬件故障、系统软件错误及计算机病毒所产生的潜在威胁加以控制和预防，以保证贸易数据在确定的时刻、确定的地点是有效的。

2. 机密性

EC 作为贸易的一种手段，其信息直接代表着个人、企业或国家的商业机密。传统的纸面贸易都是通过邮寄封装的信件或通过可靠的通信渠道发送商业报文来达到保守机密的目的的。EC 是建立在一个较为开放的网络环境上的（尤其 Internet 是更为开放的网络），维护商业机密是 EC 全面推广应用的重要保障。因此，要预防非法的信息存取和信息在传输过程中被非法窃取。

3. 完整性

EC 简化了贸易过程，减少了人为的干预，同时也带来维护贸易各方商业信息的完整、统一的问题。由于数据输入时的意外差错或欺诈行为，可能导致贸易各方信息的差异。此外，数据传输过程中信息的丢失、信息重复或信息传送的次序差异也会导致贸易各方信息的不同。贸易各方信息的完整性将影响到贸易各方的交易和经营策略，保持贸易各方信息的完整性是 EC 应用的基础。因此，要预防对信息的随意生成、修改和删除，同时要防止数据传送过程中信息的丢失和重复并保证信息传送次序的统一。

4. 可靠性\不可抵赖性\鉴别

EC 可能直接关系到贸易双方的商业交易，如何确定要进行交易的贸易方正是进行交易所期望的贸易方这一问题则是保证 EC 顺利进行的关键。在传统的纸面贸易中，贸易双方通过在交易合同、契约或贸易单据等书面文件上手写签名或印章来鉴别贸易伙伴，确定合同、契约、单据的可靠性并预防抵赖行为的发生。这也就是人们常说的"白纸黑字"。在无纸化的

EC 方式下，通过手写签名和印章进行贸易方的鉴别已是不可能的。因此，要在交易信息的传输过程中为参与交易的个人、企业或国家提供可靠的标识。

5. 审查能力

根据机密性和完整性的要求，应对数据审查的结果进行记录。

7.3.3 电子商务中的安全技术

1. 加密技术

加密技术是 EC 采取的主要安全措施，贸易方可根据需要在信息交换的阶段使用。目前，加密技术分为两类，即对称加密和非对称加密。

（1）对称加密/对称密钥加密/专用密钥加密

在对称加密方法中，对信息的加密和解密都使用相同的密钥。也就是说，一把钥匙开一把锁。使用对称加密方法将简化加密的处理，每个贸易方都不必彼此研究和交换专用的加密算法，而是采用相同的加密算法并只交换共享的专用密钥。如果进行通信的贸易方能够确保专用密钥在密钥交换阶段未曾泄露，那么机密性和报文完整性就可以通过对称加密方法加密机密信息和通过随报文一起发送报文摘要或报文散列值来实现。对称加密技术存在着在通信的贸易方之间确保密钥安全交换的问题。此外，当某一贸易方有"n"个贸易关系，那么他就要维护"n"个专用密钥（即每把密钥对应一贸易方）。对称加密方式存在的另一个问题是无法鉴别贸易发起方或贸易最终方。因为贸易双方共享同一把专用密钥，贸易双方的任何信息都是通过这把密钥加密后传送给对方的。

数据加密标准（DES）由美国国家标准局提出，是目前广泛采用的对称加密方式之一，主要应用于银行业中的电子资金转账（EFT）领域。DES 的密钥长度为 56 位。三重 DES 是 DES 的一种变形。这种方法使用两个独立的 56 位密钥对交换的信息（如 EDI 数据）进行 3 次加密，从而使其有效密钥长度达到 112 位。RC2 和 RC4 方法是 RSA 数据安全公司的对称加密专利算法。RC2 和 RC4 不同于 DES，它们采用可变密钥长度的算法。通过规定不同的密钥长度，RC2 和 RC4 能够提高或降低安全的程度。一些电子邮件产品（如 LotusNotes 和 Apple 的 Open Collaboration Environment）已采用了这些算法。

（2）非对称加密\公开密钥加密

在非对称加密体系中，密钥被分解为一对（一把公开密钥或加密密钥和一把专用密钥或解密密钥）。这对密钥中的任何一把都可作为公开密钥（加密密钥）通过非保密方式向他人公开，而另一把则作为专用密钥（解密密钥）加以保存。公开密钥用于对机密性的加密，专用密钥则用于对加密信息的解密。专用密钥只能由生成密钥对的贸易方掌握，公开密钥可广泛发布，但它只对应于生成该密钥的贸易方。贸易方利用该方案实现机密信息交换的基本过程是：贸易方甲生成一对密钥并将其中的一把作为公开密钥向其他贸易方公开；得到该公开密钥的贸易方乙使用该密钥对机密信息进行加密后再发送给贸易方甲；贸易方甲再用自己保存的另一把专用密钥对加密后的信息进行解密。贸易方甲只能用其专用密钥解密由其公开密钥加密后的任何信息。

RSA（Rivest Shamir Adleman）算法是非对称加密领域内最为著名的算法，但是它存在的主要问题是算法的运算速度较慢。因此，在实际的应用中通常不采用这一算法对信息量大的信息（如大的 EDI 交易）进行加密。对于加密量大的应用，公开密钥加密算法通常用于对称加密方法密钥的加密。

2. 密钥管理技术

（1）对称密钥管理

对称加密是基于共同保守秘密来实现的。采用对称加密技术的贸易双方必须要保证采用的是相同的密钥，要保证彼此密钥的交换是安全可靠的，同时还要设定防止密钥泄密和更改密钥的程序。这样，对称密钥的管理和分发工作将变成一件潜在危险的和繁琐的过程。通过公开密钥加密技术实现对称密钥的管理使相应的管理变得简单和更加安全，同时还解决了纯对称密钥模式中存在的可靠性问题和鉴别问题。

贸易方可以为每次交换的信息（如每次的 EDI 交换）生成惟一一把对称密钥并用公开密钥对该密钥进行加密，然后再将加密后的密钥和用该密钥加密的信息（如 EDI 交换）一起发送给相应的贸易方。由于对每次信息交换都对应生成了惟一一把密钥，因此各贸易方就不再需要对密钥进行维护和担心密钥的泄露或过期。这种方式的另一优点是即使泄露了一把密钥也只将影响一笔交易，而不会影响到贸易双方之间所有的交易关系。这种方式还提供了贸易伙伴间发布对称密钥的一种安全途径。

（2）公开密钥管理、数字证书

贸易伙伴间可以使用数字证书（公开密钥证书）来交换公开密钥。国际电信联盟（ITU）制定的标准 X.509（信息技术-开放系统互联-目录:鉴别框架）对数字证书进行了定义，该标准等同于国际标准化组织（ISO）与国际电工委员会（IEC）联合发布的 ISO/IEC 9594—8:195 标准。数字证书通常包含有唯一标识证书所有者（即贸易方）的名称、惟一标识证书发布者的名称、证书所有者的公开密钥、证书发布者的数字签名、证书的有效期及证书的序列号等。证书发布者一般称为证书管理机构（CA），它是贸易各方都信赖的机构。数字证书能够起到标识贸易方的作用，是目前 EC 广泛采用的技术之一。

（3）密钥管理相关的标准规范

目前国际有关的标准化机构都着手制定关于密钥管理的技术标准规范。ISO 与 IEC 下属的信息技术委员会（JTC1）已起草了关于密钥管理的国际标准规范。该规范主要由 3 部分组成：第 1 部分是密钥管理框架；第 2 部分是采用对称技术的机制；第 3 部分是采用非对称技术的机制。该规范现已进入到国际标准草案表决阶段，并将很快成为正式的国际标准。

3. 防火墙技术

防火墙是一种将内部 Intranet 网络与公用网络分开的方法，它实际上是一种隔离技术，控制着 Internet 与 Intranet 之间的所有的数据量。防火墙有包过滤（Packet filter）型、代理服务（Proxy service）型、复合型和其他类型。

防火墙主要包括 5 个部分：安全操作系统、过滤器、网关、域名服务和 E-mail 处理。有的防火墙可能在网关两侧设置两个内、外过滤器，外过滤器保护网关不受攻击，网关提供中继服务，辅助过滤器控制业务流，而内过滤器在网关攻破后提供对内部网络的保护。防火墙本身必须建立在以安全操作系统所提供的安全环境中，安全操作系统可以保护防火墙的代码和文件不受入侵者的攻击。

防火墙有两种准则：一是封锁所有信息流，然后对希望提供的服务逐项开放。这是一种非常实用和安全的准则，但是用户可以使用的服务范围受到极大的限制。二是转发所有信息流，然后逐项屏蔽可能有害的服务。这种方法相当灵活，可为用户提供更多的服务。其弊病是，在日益增多的网络服务面前，网管人员的负担增加，在受保护的网络范围增大时，很难提供可靠的安全防护。

防火墙也具有局限性，它只能抵御经由防火墙的攻击，不能防止内部应用软件所携带的数据和病毒或其他方式的袭击，也不能对内部计算机系统未授权的物理袭击提供安全保证。

4. 认证技术

认证与认证系统，是为了防止消息被篡改、删除、重放和伪造的一种有效方法。它使接收者能够识别和确认消息的真伪。认证是 Internet 信息安全的另一个重要的方面，它与保密彼此独立，加密保证了 Internet 信息的机密性，认证则保护了信息的真实性和完整性。实现认证功能的密码系统称为认证系统（Authentication system）。一个安全的认证系统应满足防伪造、防抵赖、防窃听、防篡改的要求。

（1）身份认证（CA）

身份认证是一致性验证，是建立一致性证明的一种技术手段。通常，用户的身份认证可以通过 3 种基本方式或其组合的方式来实现：一是用户所知道的某个秘密信息，如自己的口令；二是用户持有的某个秘密信息，如智能卡中存储的用户个人化参数；三是用户所具有的某些生物学特征，如指纹、声音、DNA 图案等。

Internet 的认证系统可分为用户对主机、主机对主机、用户对用户以及第三方验证。目前用得最多的是第三种，是在一系列安全协议的支持下建立起来的认证系统。

（2）数字签名技术

数字签名（Digital signature）也称电子签名，是实现认证的重要工具。在信息安全，包括身份认证、数据完整性、不可否认性以及匿名性等方面有重要的应用。

数字签名是公开密钥加密技术的另一类应用，用 DES 算法、RSA 算法都可以实现。有一种数字签名的方法叫做"数字指纹"，其主要方式是，报文的发送方从报文文本中生成一个 128bit 的散列值，（或报文摘要），发送方用自己的私钥对这个散列值进行加密来形成发送方的数字签名。然后，这个数字签名将作为报文的附件和报文一起发送给报文的接收方。报文的接收方首先从接收到的原始报文中计算出 128bit 的散列值（或报文摘要），接着再用发送方的公钥来对报文附加的数字签名进行解密。如果两个散列值相同，那么接收方就能确认该数字签名是发送方的。通过数字签名能够实现对原始报文完整性的鉴别和不可抵赖性。

其他的数字签名的技术还有：

- "盲签名"：发送者先用一种秘密的算法对信息进行加密，再交由签名者进行签名。签名者发回签名后，发送者利用签名者的公开密钥验证签名。
- "数字时间戳系统"签名方案：将不可篡改的时间信息纳入数字签名方案。
- "指定批准人签名方案"：某个指定的人员可以自行验证签名的真实性，其他任何人除非得到该指定人员或签名者的帮助，不能验证签名。
- "不可抵赖签名方案"：在签名和验证的常规成份之外添上"抵赖协议"，则仅在得到签名者的许可信号后才能进行验证。

7.3.4 与电子商务安全有关的协议

1. SSL 协议

SSL（Secure Sockets Layer）安全套接层协议主要是使用公开密钥体制和 X.509 数字证书技术保护信息传输的机密性和完整性，它不能保证信息的不可抵赖性，主要适用于点对点之间的信息传输，常用 Web Server 方式。

SSL 协议在应用层收发数据前，协商加密算法、连接密钥并认证通信双方，从而为应用层提供了安全的传输通道；在该通道上可透明加载任何高层应用协议（如 HTTP、FTP、Telnet 等）以保证应用层数据传输的安全性。SSL 协议独立于应用层协议，因此，在电子交易中被用来安全传送信用卡号码。

SSL 的应用及局限：中国目前多家银行均采用 SSL 协议，从目前实际使用的情况来看，SSL 还是人们最信赖的协议。但是 SSL 当初并不是为支持电子商务而设计的，所以在电子商务系统的应用中还存在很多弊端。它是一个面向连接的协议，在涉及多方的电子交易中，只能提供交易中客户与服务器间的双方认证，而电子商务往往是用户、网站、银行三家协作完成的，SSL 协议并不能协调各方间的安全传输和信任关系；还有，购货时用户要输入通信地址，这样将可能使得用户收到大量垃圾信件。

2. SET 协议

电子商务在提供机遇和便利的同时，也面临着一个最大的挑战，即交易的安全问题。在网上购物的环境中，持卡人希望在交易中保密自己的账户信息，使之不被人盗用；商家则希望客户的定单不可抵赖，并且，在交易过程中，交易各方都希望验明其他方的身份，以防止被欺骗。针对这种情况，由美国 Visa 和 MasterCard 两大信用卡组织联合国际上多家科技机构，共同制定了应用于 Internet 上的以银行卡为基础进行在线交易的安全标准，这就是 SET （Secure Electronic Transaction）安全电子交易协议。它采用公钥密码体制和 X.509 数字证书标准，主要应用于保障网上购物信息的安全性。由于 SET 提供了消费者、商家和银行之间的认证，确保了交易数据的安全性、完整可靠性和交易的不可否认性，特别是保证不将消费者银行卡号暴露给商家等优点，因此它成为了目前公认的信用卡/借记卡的网上交易的国际安全标准。

SET 协议包含 SET 证书、认证中心（CA，Certificate Authority）、支付网关以及用户注册等内容。SET 证书主要包含申请者的个人信息和其公共密钥。在 SET 中，主要有由持卡人认证中心、商户认证中心、支付网关认证中心颁发的持卡人证书、商户证书和支付网关证书。认证中心负责发放和管理用户的数字证书。支付网关是金融专用网与公用网之间的接口，是金融网的安全屏障。用户注册由持卡人注册和商户注册两部分构成。

SET 的缺点是它在相互操作方面存在着一些问题。它的局限性还在于它仅限于使用信用卡方式的支付手段。在我国一些较早的电子商务的试验中选择了 SET 协议。

现在我们已经可以看到电子商务的灼人热浪，我国现在也在制订电子商务的相关标准，建立符合我国国情的认证机构。电子商务是目前人们普遍看好并大有发展前途的业务，相信在不久的将来，它能为企业带来巨大的商机和经济效益。

【本章小结】

本章首先介绍了 Intranet 的概念、特点、网络结构及其基本功能，接着介绍了 Intranet 安全控制的实现方法及 Intranet 的组建步骤；其次介绍了电子商务的一些基本概念、功能特点、分类、实现形式、支付方式及其应用领域；最后还介绍了电子商务中的相关的网络技术和安全方面的技术等。

【习题】

简答题

1. Intranet 的特点主要体现在哪些方面？
2. Intranet 的安全措施主要有哪些？
3. 试述 Intranet 安全控制的实现方法。
4. 试述 Intranet 的组建步骤。
5. 相对于传统商务，电子商务具有哪些功能和特点？
6. 电子商务的基本形式是什么？
7. 什么是 EDI？它的工作方式怎样？
8. EDI 的构成要素有哪些？
9. 电子商务中的安全要素主要有哪些？
10. 试述电子商务中几种主要的安全技术的功能特点。
11. 试述 SSL 协议与 SET 协议的有关内容。

第 8 章 网页制作技术

【学习目标】

1. 了解网页的基本概念。
2. 学会使用 HTML 制作网页。
3. 学会使用 FrontPage 制作网页及其网站建立与管理等。

8.1 网页的基本概念

8.1.1 几个基本概念

网站：是由一个个页面构成的，是网页的有机结合。

网页：即 HTML 文件，是纯文本格式的，用任何文本编辑器都可以打开编辑，而且它也是一种可以在 WWW 网上传输，并被浏览器认识和翻译成页面显示出来的文件。文字与图片是构成一个网页的两个最基本的元素。另外，网页的元素还包括动画、音乐、程序等。

主页：网站的第一页。

8.1.2 网页制作的工具

制作网页的第一件事就是选定一种网页制作工具。从原理上来讲，用 Notepad 或者 Netscape 自带的网页编辑器就可以制作网页。但选择一个好的编辑器会令你事半功倍。

下面介绍几个目前比较流行的网页制作工具。

1. HTML 语言

HTML 英文全名为 Hyper Text Makeup Language，是一种标记描述语言。它是网页制作的基础，是初学者必学的内容。虽然现在有许多所见即所得的网页制作工具，但是说到底，还是有必要了解一些 HTML 的语法。这样，可以更精确的控制页面的排版，可以实现更多的功能。HTML 语言可直接使用普通的文本编辑器进行编辑（例如：DOS 下的 EDIT，WPS；Windows 中的记事本等）。

2. FrontPage

FrontPage 是一个功能强大，简单易用的网页制作工具。它由 3 个相对独立的部分组成：FrontPage Editor、FrontPage Explorer、FrontPage Server Extension。FrontPage Editor 是整套工具的核心，它优秀的所见即所得让你的工作显得轻松、自由。你可以任意摆放文字和图形，在页面中增加 Java 小程序、插入 ActiveX 控件或 JavaScript 脚本，它还支持浏览器插件。

FrontPage Explorer 是一个网站管理工具。当你打开一个网站时，它能以图形的方式直观表现网站的层次结构，以不同的图标代表不同类型的页面。FrontPage Server Administrator 是一个用来管理服务器扩展（Server Extension）的工具。通过服务器扩展构件，FrontPage 能够工作于大多数流行的 Web 服务器，不管是 Windows 上的 IIS，还是基于 UNIX 的 Netscape SuitSpot。

3．Dreamweaver

Dreamweaver 是一个很不错的网页设计软件，它包括可视化编辑、HTML 代码编辑的软件包，并支持 ActiveX、JavaScript、Java、Flash、ShockWave 等特性。而且它还能通过拖拽从头到尾制作动态的 HTML 动画，支持动态 HTML（Dynamic HTML）的设计。同时它还提供了自动更新页面信息的功能。

Dreamweaver 还采用了 Roundtrip HTML 技术。这项技术使得网页在 Dreamweaver 和 HTML 代码编辑器之间进行自由转换，HTML 句法及结构不变。Dreamweaver 最具挑战性和生命力的是它的开放式设计，这项设计使任何人都可以轻易扩展它的功能。到目前为止，全世界范围超过 60%的专业网页设计师都在使用 Dreamweaver。

4．Fireworks

Fireworks 是第一个彻底为 Web 制作者们设计的软件。作为一个图像处理软件，Fireworks 能够自由地导入各种图像（如苹果公司的 PICT、FreeHand、Illustrator、CorelDraw8 的矢量文件、Photoshop 文件。GIF、JPEG、BMP、TIFF），甚至是 ASCII 的文本文件，而且 Fireworks 可以辨认矢量文件中的绝大部分标记以及 Photoshop 文件的层。而作为一款为网络设计而开发的图像处理软件，Fireworks 能够自动切图、生成鼠标动态感应的 JavaScript 等等，而且 Fireworks 具有十分强大的动画功能和一个几乎完美的网络图像生成器（浏览器功能）。需要特别指出的是 Fireworks 与 Dreamweaver、Flash 等有良好的兼容性和联系。

5．Flash

Flash 是美国著名的多媒体软件公司 Macromedia 开发的矢量图形编辑和交互式动画制作的专业软件。该软件与同是 Macromedia 公司出品的 Dreamweaver（网页编辑软件）、Fireworks（图像处理软件）被人们合称为网页设计的"三剑客"。网站设计者可以使用 Flash 随心所欲地为网站设计各种动态 Logo、动画、导航条以及全屏动画，还可以带有动感音乐，完全具备多媒体的各项功能。矢量动画（不论你怎么放大，图片质量不会改变），支持 MP3 音乐压缩格式，提供灵活的 Button 制作功能，根据 Up、Over、Down、Hit 4 个状态的灵活设置，可以制作出极为动感的 Button 在各状态下还可以 Movie，Movie Clip 应该说是 Flash 电影里的一个元素，不过实际上它也算是一个小电影，可以随意地加入 Movie 里面，Flash 也是动画制作软件，用它你也可以随心所欲地制作你能够想出来的动画。

6．ImageStyler

ImageStyler 是大名鼎鼎的 Adobe 公司的著名产品，它拥有和 Photoshop 类似的命令、工具、调板和键盘快捷键，对于熟悉 PhotoShop 的用户来说，熟练使用 ImageStyler 应该不是什么难事。ImageStyler 使 Web 图形创作的过程变得更加简单，它准备了丰富的样式，可以很容易地运用到文本和图形上，单击一下鼠标就能立刻得到浮雕、阴影这样的特技效果；在 ImageStyler 中实现图像映射、JavaScript 翻滚效果、优化图形等也是一件轻松的事情；ImageStyler 还具有批处理创建图形的功能，可以在一瞬间更改站点的外观和感觉。另外，即使网页已经制作完成，还是可以随时对图形进行修改，同时保留其余的工作。

8.2 HTML 语言简介

HTML（Hyper Text Markup Language，超文本标记语言）是一种用来制作超文本文档的简单标记语言。用 HTML 编写的超文本文档称为 HTML 文档，它能独立于各种操作系统平台（如 UNIX，Windows 等）。自 1990 年以来 HTML 就一直被用作 World Wide Web 上的信息表示语言，用于描述 HomePage 的格式设计和它与 WWW 上其他 HomePage 的连接信息。

8.2.1 标记语法和文档结构

HTML 的标记总是封装在由小于号（<）和大于号（>）构成的一对尖括号之中。

1. 单标记

某些标记称为"单标记"，因为它只需单独使用就能完整地表达意思，这类标记的语法是：
<标记>
最常用的单标记是<P>，它表示一个段落（Paragraph）的结束，并在段落后面加一空行。

2. 双标记

另一类标记称为"双标记"，它由"始标记"和"尾标记"两部分构成，必须成对使用，其中始标记告诉 Web 浏览器从此处开始执行该标记所表示的功能，而尾标记告诉 Web 浏览器在这里结束该功能。始标记前加一个斜杠（/）即成为尾标记。这类标记的语法是：
<标记>内容</标记>
其中"内容"部分就是要被这对标记施加作用的部分。例如你想突出对某段文字的显示，就将此段文字放在一对<EM></EM>标记中：
<EM>计算机网络基础</EM>

3. 标记属性

许多单标记和双标记的始标记内可以包含一些属性，其语法是：
<标记 属性1 属性2 属性3...>
各属性之间无先后次序，属性也可省略（即取默认值），例如单标记<HR>表示在文档当前位置画一条水平线，一般是从窗口中当前行的最左端一直画到最右端。在 HTML3.0 中此标记允许带一些属性：
<HR SIZE=3 ALIGN=LEFT WIDTH="75%">
其中 SIZE 属性定义线的粗细，属性值取整数，默认为 1；ALIGN 属性表示对齐方式，可取 LEFT（左对齐，默认值），CENTER（居中），RIGHT（右对齐）；WIDTH 属性定义线的长度，可取相对值（由一对""号括起来的百分数，表示相对于充满整个窗口的百分比），也可取绝对值（用整数表示的屏幕像素点的个数，如 WIDTH=300），默认值是"100%"。

4. 文档结构

除了一些个别的标记外，HTML 文档的标记都可嵌套使用。通常由 3 对标记来构成一个

HTML 文档的骨架，它们是：

  <HTML>
  <HEAD>
  头部信息
  </HEAD>
  <BODY>
  文档主体，正文部分
  </BODY>
  </HTML>

  其中<HTML>在最外层，表示这对标记间的内容是 HTML 文档。<HEAD>之间包括文档的头部信息，如文档总标题等，若不需头部信息则可省略此标记。我们还会看到一些 HomePage 省略<HTML>标记，因为.html 或.htm 文件被 Web 浏览器默认为是 HTML 文档。<BODY>标记一般不省略，表示正文内容的开始。

5．HTML 文档的编辑工具

  HTML 文档是一个普通的文本文件即纯文本文件，因此它对编辑工具没有特殊的要求。为了方便、高效地进行 HTML 文档的开发过程，可以采用具有"所见即所得"的可视化 HTML 文档编辑工具，例如 FrontPage 等软件来编写网页，然后自动将其保存为 HTML 格式的文本文件，即该网页的 HTML 文档。这样就可以使制作网页变得十分简单，只需像在字处理软件 Word 中里写文章一样输入文字。插入图形、制作表格、编辑超链接，就能轻松完成网页的制作。

  这里介绍几种较简单的、创作 HTML 文档的软件工具。事实上，每种工具都各有它们的长处和局限，在实际工作中可以运用多种工具相互补充来设计出满意的 HTML 文档。

  （1）MS Office 套件中的 FrontPage

  这是一种专业的网页（HomePage）编辑器，它既具有可视化的编辑窗口，又可以直接用 HTML 源代码编辑，它提供的控件也十分丰富。FrontPage 的用户区包括 3 个视图：普通视图、HTML 代码视图和预览视图。用户可在普通视图中以"所见即所得"的方式进行 HTML 文档制作，也可以切换到 HTML 代码视图直接编辑代码。无论在哪个视图中进行改动，在另一个视图中就会生成相应的元素和 HTML 代码，因此，HTML 文档开发者几乎可以不用直接接触 HTML 语言本身。

  （2）MS Office 套件中的 PowerPoint 与 Word

  PowerPoint 和 Word 都是 Office 家族中的成员。PowerPoint 是一个优秀的演示文稿制作工具。你可以把网页制作成演示文稿的形式，以便在电脑屏幕或投影银幕上演示。它具有很强的编辑功能，支持对各种对象的插入。编辑和修改，并能轻松实现超级链接。最重要的是，PowerPoint 还可以把它所制作的网页存储为 HTML 格式文件，从而可以在网上显示该网页。PowerPoint 把演示文稿转换成 HTML 文件时，系统首先生成一个网页的索引封面，而把每一张幻灯片保存为一个静态图像文件.gif，通过自动生成的按钮来切换幻灯片。若使用 Word 编辑网页，只需在保存文件时选用 HTML 的存储格式即可。

  （3）Netscape 浏览器中的 PageEdit

  PageEdit 也采用"所见即所得"的编辑方式，编辑结果就是浏览器上显示的结果，十分方便。

此外，我们也可以使用任何一种文本编辑器来编辑 HTML 文档。例如，Windows 中的写字板软件 Wordpad 等。

8.2.2 构成网页的基本元素

1. 题目（Title）

Title 元素是文件头中惟一一个必须出现的元素，它也只能出现在文件头中。Title 元素的格式为：

<title>文件题目</title>

Title 标明该 html 文件的题目，是对文件内容的概括。在头元素中还可以出现其他元素，如<isindex>，<meta>等等。这些元素都不是必需的，而且也不常用。这些元素的用法和它们的含义可以参考有关文献。

下面是一个最简单的 html 文件。

<html>
<title>the simplest html file</title>
This is my first html file.
</html>

2. 标题（hn）

标题元素有 6 种，分别为 h1，h2…h6，用于表示文章中的各种题目。标题号越小，字体越大。一般情况下，浏览器对标题做如下解释：

- h1 黑体，特大字体，居中，上下各有两行空行。
- h2 黑体，大字体，上下各有一到两行空行。
- h3 黑体（斜体），大字体，左端微缩进，上下空行。
- h4 黑体，普通字体，比 h3 更多缩进，上边一空行。
- h5 黑体（斜体），与 h4 相同缩进，上边一空行。
- h6 黑体，与正文有相同缩进，上边一空行。
- Netscape 2.0 为 hn 的解释为，一律黑体，字体越来越小。
- hn 可以有对齐属性，align = #，#表示 left、center 或 right。
  left：标题居左。
  center：标题居中。
  right：标题居右。

3. 分段<P>

html 的浏览器是基于窗口的，用户可以随时改变显示区的大小，所以 html 将多个空格以及回车等效为一个空格，这是和绝大多数字处理器不同的。html 的分段完全依赖于分段元素<P>。比如下面两段源文件有相同的输出。

<h2>This is a level Two Heading </h2>
paragraph one <p>paragraph two <p>

…… ……

<h2>This Is a Level Two Heading</h2>

paragraph one <p>

paragraph Two <p>

<p>

也可以有多种属性，比较常用的属性是：

align=#，#可以是 left、center、right,其含义同上文。

例：<p align=center>This is a centered paragraph </p>当 html 文件中有图形，图形可能占据了窗口的一端，图形的周围可能还有较大的空白区。这时，不带 clear 属性的<p>可能会使文章的内容显示在该空白区内。为确保下一段内容显示在图形的下方，可使用 clear 属性。clear 属性的含义为：

clear=left 下一段显示在左边界处空白的区域 clear=right 下一段显示在右边界处空白的区域 clear=all 下一段的左右两边都不许有别的内容。

4. 清单 List

清单用于列举事实，常用的清单有 3 种格式，即无序清单（unordered list），有序清单（ordered list）和定义清单（definition list）。

（1）无序清单（ul）

无序清单用（ul）开始，每一个清单条目用<li>引导，最后是</ul>，注意清单条目不需要结尾链接签</Li>。输出时每一清单条目缩进，并且以黑点标示。

例如：

源文件

<ul>

<li>Today

<li>Tomorrow

</ul>

输出为

●Today

●Tomorrow

（2）有序清单<ol>

有序清单与无序清单相比，只是在输出时清单条目用数字标示，下面是一个例子及其输出：

<ol>

<li>Today

<li>Tomorrow

</ol>

输出为：

1.Today

2.Tommorow

（3）定义清单<dl>

定义清单用于对清单条目进行简短说明的场合，用<dl>开始，清单条目用<dt>引导，它的说明用<dd>引导。

<dl>

```
<dt>Item 1
<dd>The definition of item 1
<dt>Item 2
<dd>Definition or explanation of item 2
</dl>
```
输出为:
Item 1
The definition of item 1
Item 2
Definition or explanation of item 2

5. 预排版文本 \<pre\>

html 的输出是基于窗口的,因而 html 文件在输出时都是要重新排版的。若确实不需要重新排版的内容,可以用\<pre\>…\</pre\>通知浏览器。浏览器在输出时,对这部分内容几乎不做修改地输出,输出的字体为电传打字机字体。早期的 html 规范规定在预排版区内不能出现格式化输出的元素。如 hn 等,Netscape2.0 在遇到预排版元素时,允许其中有其他元素。

```
<pre>
please use your card.
VISA Master
<b>Here is an order form.</b>
<ul><li>Fax
<li>Air Mail </ul>
</pre>
```
please use your card
VISA Master
Here is an order form.
●Fax
●Air Mail

6. 块引用 \<BQ\>

块引用表示其中的内容是引用。浏览器内对块引用的解释一般为左右缩进,上下各有一空行,有些浏览器还采用斜体字。

7. 居中

很多元素都有对齐方式属性,如 hn、p 等。也可以直接用居中链接签\<center\>…\</center\>。

```
<h3 align=center>
Wonderful!!
</h3>
<center>
This must be my dream.
</center>
```
Wonderful!!
This must be my dream.

8.2.3 超文本链接指针

超文本链接指针是 HTML 最吸引人们优点之一。使用超文本链接指针可以使顺序存放的文件具有一定程度上随机访问的能力,这更加符合人类的思维方式。人的思维是跳跃的、交叉的,而每一个链接指针正好代表了作者或者读者的思维跳跃。因而组织得好的链接指针不仅能使读者跳过他不感兴趣的章节(比如一些枯燥的数据),而且有助于更好地理解作者的意图。

一个超文本链接指针由两部分组成。一是被指向的目标,它可以是同一文件的另一部分,也可以是世界另一端的一个文件,还可以是动画或音乐;另一部分是指向目标的链接指针。

1. 指向一个目标<a>

在 HTML 文件中用链接指针指向一个目标。其基本格式为:<a href="url">字符串</a>href 属性中的统一资源定位器(URL)是被指向的目标,随后的"字符串"在 HTML 文件中充当指针的角色, 它一般显示为蓝色。当读者用鼠标点这个字符串时,浏览器就会将 URL 处的资源显示在屏幕上。例如:

<a href="http://www.ihep.ac.cn">ihep china homepage</a>用户用鼠标点取 ihep china homepage,即可看到关于中国情况的介绍。在这个例子中,充当指针的是 ihep china homepage,下面我们将看到用图像做为指针的例子。

在编写 html 文件时,需要知道目标的 URL。如何才能得到目标的 URL 呢?对于自己主机内的文件,它的 URL 可以根据该文件的实际情况决定。对于 Internet 上的资源,我们在用浏览器观看时,它的 URL 会在浏览器的 Location 一栏中显示出来,把它抄下来写到你的 html 文件中即可。

在编写 HTML 文件时,对能确定关系的一组资源(比如在同一个目录中)应采用相对URL,这不仅简化你 HTML 文件,而且便于维护。比如当你需要将某个目录整个搬到另外一个地方或把某一主机的资源移到另一台主机时,用相对 URL 写的 HTML 文件用不看更新其中的 URL(只要它们的相对关系没有改变)。但如果你用绝对 URL 编写 HTML,你就不得不逐字修改每个链接指针中的 URL,这是一件很乏味也很容易出错的工作。对于各个资源之间没有固定的关系,比如你的 HTML 文件是介绍各大学情况的,它所指向的目标分布在全球的主机中,这时你就只能用绝对 URL 了。

在本节的末尾,作者给出一个完整的 HTML 文件,该文件使用了前面介绍的全部元素,以便于读者理解。

2. 标记一个目标

以上提到的链接指针可以使读者在整个 Internet 网上方便地链接。但如果编写了一个很长的 HTML 文件,从头到尾地读很浪费时间,能不能在同一文件的不同部分之间也建立起链接,使用户方便地在上下方之间跳转呢?答案是肯定的。前面曾提到过一个超文本链接指针包括两个部分,一个指向目标的链接指针,另一个是被指向的目标。对于一个完整的文件,我们可以用它的 URL 来惟一地标识它,但对于同一文件的不同部分,我们怎样来标识呢?下面的内容将介绍链接指针元素的另外的一个用途,标识目标。

标识一个目标的方法为:

<a name="name">text< / a>

name 属性将放置该标记的地方标记为"name"，name 是一个全文惟一的标记串，text 部分可有可无。这样，我们就把放置标记的地方做了一个叫做"name"的标记。

做好标记后，可以用下列方法来指向它，<a href="url#name">text </a>url 是放置标记的 HTML 文件的 url name 是标记名，对于同一个文件，可以写为<a href="#name">text </a>这时就可以点取 text 跳转到标记名为 name 的部分了。

3．目标窗口

如果希望被指向的目标在一个新的窗口中显示，可以使用 target 属性来修饰链接指针元素。

<a href="url" target="window-name">text </a>

将 url 代表的资源显示在一个新的窗口中，该窗口的名字叫 window-name。

注意：仅用于 Netscape2.0 浏览器。

4．图像链接指针

图像也可以作为链接指针。格式为：

<a href="url"><img src="url"></a>

可以看出，上例中用<img src="url">取代了链接指针中 text 的位置。

<img src="url">是图像元素，它表明显示 url 代表的图像文件。

下面是一个简单的图像链接指针。

<a href="www.ihep.ac.cn">China home page<img src="flag.gif"></a>

5．图像地图（image map）

上面介绍的图像链接指针每幅图只能指向一个地点，而图像地图可以把图像分成多个区域，每个区域指向不同的地点。你可以用图像地图编出很漂亮的 HTML 文件。

使用图像地图稍微复杂一点。图像地图不仅需要在 html 文件中说明，它还需要一个后缀为.map 的文件，用来说明图像分区及其指向的 URL 的信息。在.map 文件中说明分区信息的格式如下：

rect url 左上角坐标，右下角坐标

poly url 各顶点坐标

circle url 直径两端点坐标

default url

rect 指定一个矩形区域，该区域的位置由左上角坐标和右下角坐标说明。poly 指定一多边形区域，该区域的位置由各顶点坐标说明。circle 指定一圆形区域，该区域的位置由垂直通过圆心的直径与该圆的交点坐标说明。default 指定图像地图其他部分的 URL。坐标的写法为：x,y，各点坐标之间用空格分开。下面是一个完整的说明文件：

default http://www.ihep.ac.cn

rect http://www.ibm.com 140,20 280,60

poly http://www.microsoft.com 180,80 200,140

circle http://www.yahoo.com 80,140 80,100

图像地图需要一个特殊的处理程序 imagemap，imagemap 放在/cgi-bin 中。在 HTML 文件中引用图像地图的格式为：

<a href="/cgi-bin/imagemap/mymap.map">

```
<img src="mymap.gif" ismap></a>
```

可以看出这是一个包含图像元素的链接指针元素。图像元素指明用于图像地图的图像的URL，并用 ismap 属性说明。

需要说明的是链接指针中的 href 属性，它由两部分组成，第一部分是/cgi-bin/imagemap，它指出用哪个程序来处理图像地图，它必须原样写入，第二部分才是图形地图的说明文件 mymap.map。/cgi-bin/imagemap/mymap.map 绝不表示 mymap.map 在/cgi-bin/imagemap 目录中。在 Netscape 扩展中，图像地图可以用一种比较简化的方式来表示，这就是客户端图像地图。用户端地图可以将图像地图的说明文件写在 HTML 文件中，而且不需要另外的程序来处理。这就使 html 作者可以用同别的元素相一致的写法来写图像地图。客户端图像地图还有一个优点，当鼠标指向图像地图的不同区域时，浏览器能显示出各个区域所指向的 URL。但目前只有 Netscape2.0 以上版本才支持这一扩展。

用户端图像地图的格式为：<img src="url" usemap="#mymap">src="url"指定用作图像地图的图像。usemap 属性指明这是客户端图像地图"#mymap"是图像文件说明部分的标记名，浏览器寻找名字为 mymap 的<map>元素并从中得到图像地图的分区信息。客户端图像地图的分区信息用<map name=mapname>元素说明，name 属性命名<map>元素。图像地图的各个区域用<area shape="形状"coords="坐标" href="url">说明，形状可以是：rect 矩形，用左上角，右下角的坐标表示；各个坐标值之间用逗号分开；poly 多边形，用各顶点的坐标值表示；circle 圆形，用圆心及半径表示，前两个参数分别为圆心的横、纵坐标，第三个参数为半径。href="url"，表示该区域所指向的资源的 URL，也可以是 nohref，表示在该区域鼠标点取无效。客户端图像地图各个区域可以重叠，重叠区以先说明的条目为准，下面是一个例子：

源程序：
```
<img src="mapimg.gif" usemap="#Face>
<map name="Face">
<!Text BOTTON>  此行是注释
<area shape="rect"
href="page.html"
coords="140,20,280,60">
<!Triangle BOTTON>
<area shape="poly"
href="image.html"
coords="100,100,180,80,200,140">
<!FACE>
<area shape="circle"
href="nes.html"
coords="80,100,60>
</map>
```

8.2.4 版面风格控制

1．字体

（1）字体大小

HTML 有 7 种字号，1 号最小，7 号最大。默认字号为 3，可以用<basefontsize=字号>设置默认字号。

设置文本的字号有两种办法，一种是设置绝对字号，<font size=字号>；另一种是设置文本的相对字号；<font size=±n>。用第二种方法时"＋"号表示字体变大，"－"号表示字体变小。

<font size=7>Today is fine!</font>Today is fine!
<font size=6>Today is fine!</font>Today is fine!
<font size=5>Today is fine!</font>Today is fine!
<font size=4>Today is fine!</font>Today is fine!
<font size=3>Today is fine!</font>Today is fine!
<font size=2>Today is fine!</font>Today is fine!
<font size=1>Today is fine!</font>Today is fine!

（2）字体风格

字体风格分为物理风格和逻辑风格。物理风格直接指定字体，物理风格的字体有<b>黑体，<i>斜体，<u>下划线，<tt>打字机体。逻辑风格指定文本的作用，指定文本的逻辑风格的标记主要有：<em>强调，<srrony>特别强调，<code>源代码，<samp>例子，<kbd>键盘输入，<var>变量，<dfn>定义，<cite>引用，<small>较小，<big>较大，<sup>上标，<sup>下标等。

（3）字体颜色

字体的颜色用<font color=#>指定#可以是 6 位 16 进数，分别指定红、绿、蓝的值，也可以是 black，olive，teal，red，blue，maroon，navy，gray，lime，fudrsia，white，green，purple，sliver，yellow，aqua 之一。

（4）闪烁

<blink>文本</blink>使文本闪烁，闪烁频率为 1 秒钟一次。

2．横线（hr）

横线，一般用于分隔同一文体的不同部分。在窗口中划一条横线非常简单，只要写一个<hr>即可。横线的宽度用<hr size=n>指定，width=#>指 n 是线宽，单位是像素。例如：<hr size=10>。<hr 定横线长度，可以指定绝对线长，也可以指定横线长度占窗口宽度的百分比。例<hr width=50>、<hr width=50%>。横线的位置用<hr align=#>指定。#是 left 成 right 之一，left 表示左端与左边界对齐，right 是右端与右边界对齐，默认情况下，横线出现在窗口正中。

3．行间图像

行间图像使你的页面更加漂亮，但是行间图像会导致网络通信量急剧增大。使访问时间延长。所以在主页上，不宜采用很大的图像。如果确实需要一些大图像，最好在主页中用一个缩小的图像指向原图，并标明该图的大小。这样读者可以快速地访问你的主页，自己选择看还是不看那些图像。

图像的基本格式为：

<img src="image-url">或<img src="image-urd" alt="text">image-url 是图像文件的 url。目前，大部分浏览器支持.gif 和.xbm 文件，Netscape 还支持 jpeg 文件。alt 属性告诉不支持图像的浏览器用 text 代替该图。

4．图像与文本的对齐方式

图像在窗口中会占据一块空间，在图像的左右可能会有空白，不加说明时，浏览器将随后的文本显示在这些空白中，显示的位置由 align 属性指定。

用 align=left，right 时，图像是一个浮动图像。比如 align=left，图像必须挨着左边框，它把原来占据该块空白的文本"挤走"，或挤到它右边，或挤到它上下。

文本与图像的间距用 vspace=#,hspace=#指定，#是整数，单位是像素，前者指定纵向间距，后者指定横向间距。

5．分行
和禁止分行<nobr>

表示在此处分行，<nobr>....</nobr>叫通知浏览器，其中的内容在一行内显示，若一行内显示不了，则超出部分被裁剪掉。<br clear=#>clear 属性标明下一行的情况，如 clear=left，表示下一行从左边界处开始。#可以是 left，right，all 之一。

6．背影和文本颜色

窗口背景可以用下列方法指定。

<body background="image-url">

<body bgcolor=# text=# link=# alink=# vlink=#>

前者指定填充背景的图像，如果图像的大小小于窗口大小，则把背景图像重复，直到填满窗口区域。

后者指定的是 16 进制的红、绿、蓝分量。

- bgcolor 背景颜色
- text 文本颜色
- link 链接指针颜色
- alinik 活动的链接指针颜色
- vlinik 已访问过的链接指针颜色

7．转义字将与特殊字符

HTML 中<，>，&有特殊含义，（前两个字符用于链接签，&用于转义），不能直接使用。使用这 3 个字符时，应使用它们的转义序列。

- & 的转义序列为 & amps 或& #38。
- < 的转义序列为 & Lt; & #60。
- > 的转义序列为 & gt; & #62。

前者为字符转义序列，后者为数字转义序列。

例如：& Lt; font &Lgt;显示为<font>若直接写为<font>则被认为是一个链接签。

需要说明的是：

- 转义序列各字符间不能有空格。
- 转义序列必须以";"结束。

- 单独的&不被认为是转义开始。

如"≪"被解释为"≪"而不是<

">"被解释为"<"而不是>

另一个需要转义的字符是引号，它的转义序列为"""或"""，例如：

<img src="image.gif"alt="A &quol; real " example">

HTML 使用的字符集是 ISO &859 Larin-1 字符集，该字符集中有许多标准键盘上无法输入的字符。对这些特殊字符只能使用转义序列。

8.2.5 使用表格

1．表格的基本形式

一个表由<table>开始，</table>结束，表的内容由<tr>,<th>和<td>定义。<tr>说明表的一个行，表有多少行就有多少个<tr>；<th>说明表的列数和相应栏目的名称，有多少个栏就有多少个<th>；<td>则填充由<tr>和<th>组成的表格。是否用表格线分开为部分内容用 border 属性说明，下面是一个有表格线和一个元表格线的表及其输出。

2．有通栏的表

①有横向通栏的表用<th colspan=#>属性说明。colspan 表示横向栏距，#代表通栏占据的网格数，它是一个小于表的横向网格数的整数。

②有纵向通栏的表用 rowspan=#属性说明。rowspan 表示纵向栏距，#表示通栏占据的网格数，应小于纵向网格数。需要说明的是有纵向通栏的表，每一行必须用</tr>明确给出一横向栏目结束,这是和表的基本形式不同的。

3．表的大小，边框宽度，表格间距

①表的大小用 width=#和 height=#属性说明。前者为表宽，后者为表高，#是以像素为单位的整数。

②边框宽度由 border=#说明，#为宽度值，单位是像素。

③表格间距即划分表格的线的粗细用 cellspacing=#表示，#的单位是像素。

4．表中文本的输出

①文本与表框的距离用 cellpadding=#说明。

②表格的后度大于其中的文本后度时，文本在其中的输出位置与用 align=#说明。

#是 left，center 和 right 三者之一，分别表示左对齐，居中和右对齐，align 属性可修饰<tr>，<th>和<td>链接签。

③表格的高度大于其中文本的高度时，可以用 valign=#说明文本在其中的位置。#是 top,middle,bottom,baseline 四者之一。分别表示上对齐，文本中线与表格中线对齐，下对齐，文本基线与表格中线对齐，特别注意的是 baseline 对齐方式，它使得文本出现在网格的上方而不是下半部。同样，valign 可以修饰<tr>，<th>，<td>中的任何一个。

5．浮动表格

所谓浮动表格是指表与文件中内容对齐时，若在现在位置上不能满足其对齐方式，表格上下移动，即"挤开"一些内容，直到满足其对齐要求。

浮动属性一般由 align=left 或 right 指定。

6．表格颜色

表格的颜色用 bgcolor=#指定。

#是 16 进制的 6 位数，格式为 rrggbb，分别表示红、绿、兰三色的分量，或者是 16 种已定义好的颜色名称。

<table border>
<tr><th bgcolor=000000>
<font color=ffffff>Food</font></th>
<th bgcolor=whit>Drink</th>
<tr><td bgclor=ffaaaa>A</td><td>B</td>
</table>

8.2.6 使用框架

1．框架的基本格式

框架将浏览器的窗口分成多个区域，每个区域可以单独显示一个 HTML 文件，各个区域也可相关联地显示某一个内容，比如可以将索引放在一个区域，文件内容显示在另一个区域。

框架的基本结构如下：

<html>
<head>
<title>...</title>
</head>
<noframes>...</noframes>
<frameset>
<frame src="url">
</frameset>
</html>

<nframes>...</noframes>中的内容显示在不支持框架的浏览器窗口中，因而这里指向一个普通版本的 HTML 文件，以便使用不支持框架浏览器的用户阅读。

框架由<frameset>指定，并且可以嵌套，分区中部分显示的内容用<framre>指定。

需要说明的是，frame 是一个新出现的元素，许多浏览器不支持它。可以将窗口横向分成几个部分，也可以纵向分成几个部分，还可以混合框架。

2．横向框架

横向框架用<frameser cols=#>指定，#可以是一个百分数，也可以是一整数。前者规定各框占窗口的百分数，后者指定各框的绝对大小。

3．纵向框架

纵向框架用<frameset cols=#>指定。

4. 混合框架

将窗口分成横纵几个区域时，用<framset>代替<frame>链接至即可将原来分好的<frame>区域再次框架。

5. 框架与框中文本的间距

框架与其中的文本间距可以用 marginwidth=#和 marginneigh=#来指定，前者指定文本与框架的边缘的横向距离，后者为纵向距离，其单位都为像素。

6. 框架间的关联

框架之间可以有特定的关联，比如将某一框的内容输出到另一个框，这样我们就可以把其中一个框作为输出框，另一个框作为选择框。实现这种关联需要做下列的事情。

①在框架的 frame 中标记各个框，标记的方法是在<frame>中加入 name 属性，比如上例，定义左边的框为输出，右边框为索引。

<frame src="A.html" name=display><frame src="B.html" name=index>

②在 B.html 文件中指定输出到哪个框方法是在 B.html 文件中加入下列一行。

<base target="display">

这便得用鼠标点取 B.html 中的链接指针，它的输出会显示在左边的框中。

8.3 使用 FrontPage 制作网页

8.3.1 FrontPage 2002 简介

虽然 HTML 语言不像编程语言那么烦人，但它里面众多的为了让网页浏览器看懂的代码却令人望而却步。网页制作工具（如：FrontPage、Adobe Pagemill、Netobjects Fusion、Homesite等）的诞生，使你不必对 HTML 了解太多，就能做出引人入胜的具有专业水准的网页来。对于入门级用户来说，建议选择一个所见即所得的网页制作工具，下面主要介绍 FrontPage 2002 中文版。

FrontPage 2002 是目前世界上较优秀的网页制作与开发工具之一。它是 Office XP 中的一个重要组件，它既继承了 FrontPage 以前版本的功能，又采用了与 Office XP 其他组件一致的界面和操作方式。只要你使用过 Office 软件，就可以轻松掌握 FrontPage 2002 的用法。

当正确安装了 FrontPage 2002 后，依次单击"开始/所有程序/Microsoft FrontPage"，即可进入 FrontPage 2002 主界面，如图 8-1 所示。

可以看出 FrontPage 2002 主界面是由标题栏、菜单栏、常用工具栏、视图栏、编辑区和状态栏构成的。

图 8-1　FrontPage 2002 主界面

8.3.2 创建一个简单网页

依次打开"文件/新建/网页或站点",打开"新建网页或站点"任务窗格,单击"空白网页"链接,建立一个空白页面(或者单击工具栏的第一个图标 ▯ ▾:"新建普通网页"图标)。

在这个页面中,我们可以像使用 Word 那样键入文字,例如先设置网页的标题:"喂,世界,你好!"。用鼠标拖动选中键入的标题,选择字型图标 **B** *I* <u>U</u>,其中有加粗、倾斜、下划线3个按钮,选"加粗"按钮。我们还可以设置字体、字号等。

但与 Word 不同的是,建议一般不要设置字体、字号。而且在网页设置中,一般将字体均设置为宋体,因为目前的浏览器只支持宋体中文字符的显示,如果使用其他字体,则浏览者常常无法得到我们希望别人看到的效果,甚至可能出现乱码。

可以选择单击行对齐图标 ≡ ≡ ≡ ≡,选择"左对齐"、"居中对齐"、"右对齐"或"两端对齐"。对网页标题,一般设置为居中显示。

在键入文字或标题时,常常要用到回车,但应注意,FrontPage 2002 的回车与 Word、WPS 等有所不同:"Shift+Enter"为行回车,而直接按 Enter 则是段落回车,段落回车后的两行之间会插入一个空白行。

在 HTML 代码中,两者的区别在于行回车的代码为
</BR>,而段落回车的代码为<P></P>。

在实际操作过程中,具体采用哪一种回车,取决于网页的效果,千万不要拘泥于 Word 的既有经验。

网页的基本操作中,文本操作是最基本操作之一。在 FrontPage 2002 中,文本的操作与其他编辑软件,如 WPS、Word 基本一致。我们可以直接在 FrontPage 2002 对文本进行输入、修改、删除、插入等操作,也可以进行复制、剪切、粘贴等操作,而且操作方法、步骤完全一致。

下面是复制、剪切、粘贴操作的基本步骤,共4个小步骤:
1)选择一块文本(用鼠标拖动、键盘操作均可)。
2)根据需要,采用复制或剪切操作(通过菜单、工具栏、快捷键或鼠标右键均可)。
3)选定一个目标位置。
4)使用粘贴操作。

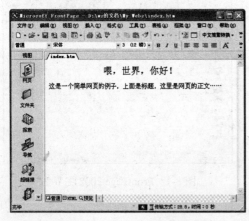

图 8-2 一个简单网页的示例

假定输入标题并回车后,输入以下文字:"这是一个简单网页的例子,上面是标题,这里是网页的正文……",则经过前面的操作,一个如图 8-2 所示的简单网页就做好了。

如前所述,一个网页一般对应一个 HTML 文件(.htm 或.html)。当网页制作完毕后,一定要保存该文件,以便将来使用或进行链接。

由于是新建网页,我们选择"保存文件"按钮 🔲,或者"文件/保存",计算机将自动弹出"另存为"对话框,如图 8-3 所示。

在"另存为"对话框中选择一个适当的文件夹,在"文件名"文本框中填入适当的文件名,最后选择"保存"。比如:图中选择了文件夹"My Webs",文件名为"index.htm",其中".htm"可以不用输入,计算机将自动给出。

至此,一个最简单的网页就建立并保存好了。我们可以立刻单击"预览"标签进行预览,或单击工具条中的图标,从浏览器中检查网页的显示效果……

图 8-3 "另存为"对话框

8.3.3 建立站点

1. 站点的概念

站点就是我们在前面提到的 Web 站点或网络站点(简称网站)。它是一台运行 Web 服务程序并与 Internet 连接的计算机。Web 服务程序可建立一套 Web 网页供浏览器使用。大多数的大型公司都有其自己的 Web 站点,并常常将装入服务程序的那台计算机以 www.公司名.com (gov 代表政府机构,net 代表网络组织,edu 代表教育机构)的形式命名。例如微软公司网站用"www.microsoft.com"来命名,微软公司在 Web 上的 Office 站点 FrontPage 主页地址是 "http://officeupdate.microsoft.com/welcome/frontpage.htm",用户可以从中获得最新的 FrontPage 信息。

使用 FrontPage 2002 开发站点时,人们经常在本地计算机上开发、编辑和预览,然后再将它发布到实际的站点上去。

2. 选择模板

FrontPage 2002 不仅可以编辑网页,而且具有建立网站、管理站点的功能。创建站点是一个网站所有工作的前提。使用 FrontPage 2002 可以方便地建立一个网站。下面介绍利用模板和向导建立网站的操作步骤。

1)单击工具栏"新建"按钮旁的下拉按钮,选择"站点"命令。

2)弹出如图 8-4 所示的"Web 站点模板"对话框,选择如下模板或向导之一即可创建站点。

- "只有一个网页的站点":创建只有一个单独空白网页的新站点,默认主页文件名为 default.htm。
- "导入站点向导":参见本节"站点的基本管理"。
- "个人站点":创建一个包含某人兴趣爱好、照片和喜好的个人站点。
- "公司展示向导":为某公司创建一个专业的 Internet 展示。
- "客户支持站点":创建一个改善客户支持服务的站点。

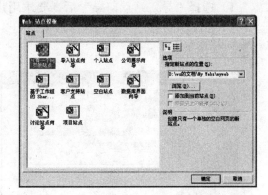

图 8-4 "Web 站点模板"对话框

- "空白站点"：创建一个没有内容的新站点，便于用户自由设计。
- "讨论站点向导"：创建一个带有线索、目录和全文搜索能力的讨论组。
- "项目站点"：为包含一系列成员、计划、状态、归档和讨论的项目创建站点。

3．建立个人站点

个人站点模板主要是为自己或他人创建个人主页。设计精美的个人主页，不仅可以展示自己的风采，还可以方便与朋友的交流。我们以个人站点为例，来给大家讲述创建一个站点的过程。

利用"Web 站点模板"选择个人向导模板，指定新站点的位置，稍后出现下列网页：

- 主页：对个人的全面介绍，有的个人主页以简历形式给出。默认主页文件名 default.htm，default.html，index.htm，index.html。
- 兴趣网页 interest.htm 文件，可以根据个人兴趣不同加以修改。
- 相册网页 photo.htm 文件，允许用户将个人珍藏的照片公开展示。
- 收藏夹 favorite.htm 文件，需要用户链接个人经常访问的站点。

针对以上网页，用户可以进行个性化的修改、网页名称的更名等符合个人需要的变化。站点创建完毕，可以切换到网页视图的预览模式观看效果，也可以在浏览器中浏览。为了便于将来的站点维护，站点设计完成后必须保存起来。FrontPage 不像 Word，没有自动保存的功能，因此需要用户自己来完成相应的"保存"或"另存为"操作，以便将改动保存到当前站点中或本地计算机中。

4．站点的基本管理

（1）站点的打开

当用户需要对一个已有的站点进行修改时，必须首先打开它。利用"文件\打开站点"或"最近访问过的站点"选项可以打开本地计算机上的站点或网络计算机上的站点。

（2）导入站点、添加文件和文件夹

用户除了自己建立站点、添加网页之外，还可以使用"导入站点向导"或"文件"菜单的"导入"选项来创建站点、添加文件和文件夹。

导入站点向导。用户需按照向导的要求，一步一步操作直到站点建成。其主要操作如下：

1）选择"导入站点向导"后，要求用户选择"源站点"，如图 8-5 所示。

2）如果源站点是"从全球广域网站点"获得，进一步要求用户选择下载磁盘空间和网页层数。如图 8-6 所示。

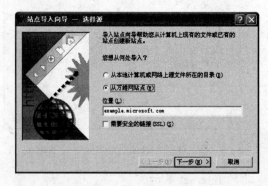
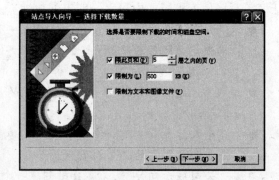

图 8-5　"选择源"对话框　　　　　　　图 8-6　"选择下载数量"对话框

3）如果源站点是"从本地计算机或网络上源文件所在的目录"获得，要求进一步的文件选择。

"文件"菜单中的"导入"命令利用菜单操作也同样允许用户从本地计算机、局域网或 WWW 的一个站点实现导入操作。主要操作如下：

1）选择"导入"命令后，弹出如图 8-7 所示的对话框。

2）如果需要添加文件和文件夹，需要选择相应的命令按钮即可。如果需要导入站点，需要选择"来自站点"命令按钮，其余操作等同于"导入站点向导"操作。

5. 删除站点

删除站点操作可以删除整个站点也可以删除站点中的 FrontPage 信息或部分文件。其操作是，首先打开站点，在文件夹视图或导航视图下，在文件夹列表区选择将要删除的文件或站点，单击鼠标右键，在快捷菜单中选择"删除"命令，弹出如图 8-8 所示的对话框，按照自己的要求选择将要删除的内容即可。需要特别指出的是，不是所有的用户都具有删除信息的权限。一旦拥有该权限，也要小心使用，否则删除的信息是不可以恢复的。

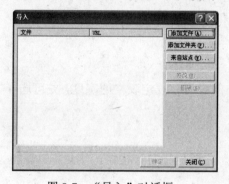

图 8-7　"导入"对话框

图 8-8　删除站点或信息

6. 更名站点

重命名一个站点与重命名一个文件和文件夹不同，它需要使用"工具"菜单中的"站点设置"命令，在"站点名称"文本框中重新输入新名称即可。

8.3.4　使用表格

表格，是 FrontPage 2002 中的重要概念，正是表格的适当应用实现了网页中各元素的布局。这是 FrontPage 2002 与 Word 的一个重要区别。

网页的基本内容是文本和图片，为了控制文本和图片在网页中的位置，我们必须借助于表格。

FrontPage 2002 中的表格与 Word 中的表格相似，都是由若干行、若干列组成的，如图 8-9 所示。

图 8-9　一个两行 3 列的表格

表格中的每个小方格称为一个单元格,单元格是网页布局的最小单位。

在网页中添加、改变、设置表格有两种方式:使用"表格"菜单,或使用"常用"工具栏和"表格"工具栏。下面分别介绍:

1. 使用"表格"菜单

依次打开"表格\插入\表格",弹出"插入表格"对话框,如图 8-10 所示。

在"插入表格"对话框的"大小"中设置表格的行数和列数,在"布局"中设置表格的"对齐方式"、表格的"边框粗细"、"单元格边距"、"单元格间距"。

如果将上述后面 3 个选项都设置为 0,则在网页中不显示表格的边框,表格单元都紧贴在一起。

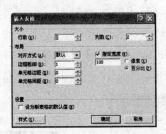

图 8-10 "插入表格"对话框

如果选中"指定宽度"复选框,则可以在右边的方框中设定表格的宽度,并可选择以"像素"或"百分比"为单位。

2. 使用工具栏处理表格

在常用工具栏上,有一个"插入表格"按钮。将鼠标指向该按钮,然后拖动鼠标,可以插入一个表格。

如图 8-11 所示,正在用"插入表格"按钮,并拖动鼠标插入一个"3 乘 4 表格"。

图 8-11 利用"常用"工具栏的"插入表格"按钮插入表格

利用"表格"工具栏,可以针对表格进行更为细致的操作。比如:手绘表格、擦除表格线、插入行列等。

在 FrontPage 2002 中,与 WPS、Word 等的主要不同之处是,所有文本、图片等内容基本上都要和表格发生关系,即 FrontPage 2002 中的网页布局是通过表格实现的。在 FrontPage 2002 中,没有段落、分栏、标尺等概念可用来排版。这是 FrontPage 2002 与其他编辑软件最大的不同之处。

表格是网页布局的基本框架,可以在表格中加入文字、图像甚至动画等各种内容。我们可以在单元格内再插入新的表格,有时为了布局的需要,可能需要在表格中反复插入新的表格,以实现更复杂的布局。表格的单元格还可以拆分或合并,如果拆分或合并后的结果仍然不能达到布局要求,则需要在表格中插入新的表格。

8.3.5 框架网页的制作

选择"文件\新建"命令，打开"新建网页或站点"任务窗格，单击"网页模板"链接，打开"网页模板"对话框，如图 8-12 所示，其中有 3 个标签："常规"、"框架网页"和"样式表"。选择"框架网页"标签，其中有若干种框架的格式，在对话框右下侧有相应格式的框架的预览。

在图 8-12 中，选择一种适当的框架格式，多数情况下选择"横幅和目录"。然后单击"确定"。一个空白的框架页面就建成了，如图 8-13 所示。

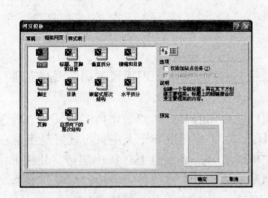
图 8-12 "网页模板"对话框

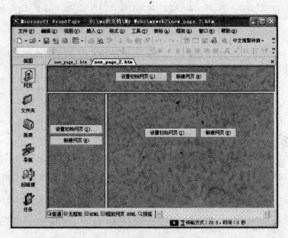
图 8-13 新建的空白框架网页

现在框架将整个网页分成 3 个部分，上面的部分一般称为"横幅（Banner）"框架，左下角部分叫做"目录（Contents）"框架，右下角部分叫做"主（Main）"框架。

在图 8-13 中，每个框架中有 2 个按钮，分别为"设置初始网页"按钮和"新建网页"按钮。单击"设置初始网页"按钮，将弹出"插入超链接"对话框，从中可键入或选择已有的某个网页作为该框架中显示的初始页面。单击"新建网页"按钮，则在该框架中直接创建新的页面，并在存盘时将其"另存为"一个 HTML 文件。

实际上，上面 3 个框架中的 3 个网页都对应一个独立的网页（HTML）文件。整个框架网页也对应一个 HTML 文件，在该文件中保存了对各个框架的引用和设置。见图 8-13 中"框架网页 HTML"部分。

8.3.6 测试与发布站点

1. 测试站点

主页设计完成后，并不意味着工作的完成，如果要向全世界发布，还必须对站点进行测试。

用几种常用的网页浏览器去浏览网页不失为一个测试的好办法，而且 FrontPage 2002 中也提供了相应内容的测试方法，下面将对这些方法作简要介绍：

（1）拼写检查

拼写检查可以发现并纠正网页中出现的英文单词拼写错误。

启动 FrontPage 2002 打开站点,用鼠标单击"工具(T)"菜单下的"拼写(S)"命令,然后在出现的"拼写检查"对话框选择"整个站点(W)"和"为有拼写错误的网页添加任务(A)",单击"开始(S)"按钮,开始对打开的整个站点进行拼写检查。检查的过程中可以按"停止(S)"按钮暂停拼写检查。

(2)使用网页浏览器测试站点

测试的目的在于确认文本、图像和声音是否正确,超链接是否正常到达相应的页面。

一般都是使用 Internet Explorer 和 Netscape Communicator 这两种网页浏览器进行测试。主要检查文本是否有乱码、声音是否正确、超链接能否链接到相应的页面、URL、E-mail 或者书签。测试过程中要做好测试记录。测试无误后,你就可以向全世界发布站点了。

2. 网站的发布

站点发布就是将你制作的网页放在网络服务器上。

(1)网站发布的条件

要发布网站一般需要以下几个条件:

第一,必须连接上网。可以通过拨号上网、专线上网,或者利用网线通过局域网与互联网连接。

第二,必须在互联网上拥有一块主页存放空间以保存你的网页。如果你自己是某一个网站的网络管理员,直接放在自己的服务器上就可以了。如果你是发布个人主页,最好是申请免费主页空间。如果你是一家公司或企业,应该先申请域名,然后向 ISP 提出申请,让 ISP 给你提供一块硬盘空间来保存自己的网页。如果你属于某一所学校或科研机构,可以向本单位的网络中心询问是否可以在你们自己的服务器上开辟一个存放个人主页的空间。

第三,由于某些 ISP 服务器不支持 FrontPage 服务器扩展,你必须有一个能上传文件的软件(如 cute FTP,WS-FTP 等),它能将你设计好的网页由你的计算机上传到你的 ISP 所提供的服务器上。

(2)使用 FrontPage 2002 发布站点

通过 ISP 发布站点,需将站点复制到一个装有 FrontPage 服务器扩展的 ISP 服务器上。发布之前,首先必须连接 ISP,然后使用"发布网站"命令将站点复制到 ISP。

在 FrontPage 2002 中打开你的站点,用鼠标单击"文件(F)"菜单,选择"发布站点(U)"进入"发布站点"对话框。

可以在"站点目标位置"下的文本框中输入站点网址。单击文本框下边的链接,可以找到支持 FrontPage 网站的网络提供商 ISP,也可以通过它找到完全支持 FrontPage 2002 中各种扩展工具的 ISP。另外,这个对话框中还有一个"选项(O)"按钮。单击它,就会在"发布站点"对话框下弹出 4 个选项。根据你的要求选择好后,单击"发布(P)"按钮,FrontPage 2002 就会将你的站点复制到目的服务器,并会通知你。

当然,你也可以通过其他 FTP 软件上传你的主页。

3. 网站的推广

网站推广主要是在一些著名搜索引擎上(如:www.yahoo.com,www.sohu.com 等)链接自己网站的网址、在网络上发电子邮件通知、利用传统媒体进行宣传等。

8.3.7 站点的维护

没有一个浏览者愿意访问一个始终不变的网站，WWW 的根本特性就是动态的、不断变化的，因此发布站点后，定期维护站点、更新站点内容是十分必要的。这也是保持网站吸引力的前提。

维护和检测站点的工作包括：更新站点内容、维护超链接、改进站点结构等。定期更新站点内容可以直接在 Web 服务器上进行，也可以在本地计算机上修改，大多数用户采用后一种方法添加、删除和编辑网页，待更新完毕，重新发布并检验更新结果。网上的信息不断地变化，我们也在经常更新自己的站点，这就难免使网页中的一些链接失效，比如链接了已经不存在的 WWW 站点，链接的网页名称或位置发生了变化，删除了网页却没有删除指向该页面的链接等。因此维护站点的另一个重要的工作就是检测和修复超链接。幸好 FrontPage 2002 提供了非常方便的维护功能，才使这项工作事半功倍。

要想检测当前站点的超级链接失效的状态，需要切换到"报表视图"或使用"视图""工具栏""报表"选项实现，在"报表"工具栏中，选择"验证超链接"按钮可以验证所有或选定的超链接，利用右键单击某个超链接，在快捷菜单中选择"编辑超链接"选项，修改失效的超链接，重复修改操作直至满意为止。

维护站点是一个长期的有计划的工作，此外，合理的设置站点、创建站点映射等工作有时也很重要，限于篇幅，我们不在此赘述，有兴趣的读者可以参考 Office 专业书籍深入学习。

【本章小结】

本章主要介绍了一些网页制作技术方面的知识，重点讲解了 HTML, FrontPage 2002 的使用方法与技巧，包括如何建立网页，如何建立站点、测试与发布站点及站点的维护等方面的知识。

【习题】

简答题
1. 什么是网站？
2. 什么是网页？
3. 什么是主页？

【实验】

1. 使用 HTML 制作一个个人宣传网页，要求用到本章中所讲到的主要知识点。
2. 使用 FrontPage 2002 运用所讲解到的知识制作一个班级的主页。

第 9 章　局域网的组建实例

【学习目标】

1. 了解局域网设计的一般原则。
2. 熟悉局域网设计的一般步骤。
3. 熟悉在 Windows 环境中组建对等网的一般方法。
4. 熟悉组建一个中小型网吧的一般方法。
5. 掌握组建一个中小型办公局域网的一般方法。

9.1　如何组建局域网

9.1.1　局域网设计的一般原则

1. 实用性原则

实用性是系统的基本要求，也是最高需求。要使规划设计的系统实用，除了要全面了解技术上的动态外，更要了解企业的实际需求和经济承受能力。要做到一切面向实用，一切面向企业的实际，根据企业的真正需求和财力确定网络的规模，由网络规模确定网络构件的档次和带宽需求。当然，在这种前提下，要有一定的前瞻性的考虑，要考虑企业的发展，要考虑技术进步，从而确保系统的持续稳定发展。在强调实用性的同时，也要兼顾先进性，这是一个很主要的原则。

2. 开放性原则

系统的开放性是指网络结构的开放性、连接的开放性和网络协议的标准性以及应用的开放性。开放性的考虑要贯穿于系统的整个规划、设计过程中。

3. 安全可靠性原则

作为一个面向企业生产、经营和管理的企业内部网络系统，其安全可靠性是十分重要的。首先是一个安全可靠的系统，然后才能是一个实用先进的系统。安全可靠性是指系统信息处理的保密性和信息存储的分级性。可靠性要从硬件、软件、网络构件、通信介质、布线、电源供给等方面进行考虑，要按照可靠性工程的方法实现系统。软件的可靠性和信息存取的分级要用存取控制方法来实现。

9.1.2 局域网设计的步骤

1. 需求分析

需求分析是要了解局域网用户现在想要实现什么功能、未来需要什么功能,为局域网的设计提供必要的条件。

2. 确定网络类型和带宽

(1) 确定网络类型

现在局域网市场几乎完全被性能优良、价格低廉、升级和维护方便的以太网所占领,所以一般局域网都选择以太网。

(2) 确定网络带宽和交换设备

一个大型局域网(数百台至上千台计算机构成的局域网)可以在逻辑上分为以下几个层次:核心层、分布层和接入层。三个层次的关系如图 9-1 所示。

在中小规模局域网(几十台至几百台计算机构成的局域网)中,可以将核心层与分布层合并,称为"折叠主干",简称"主干",称"接入层"为"分支",如图 9-2 所示。

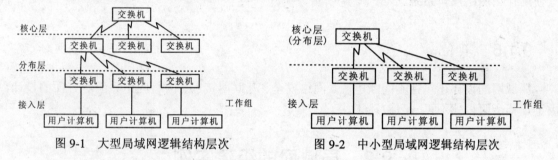

图 9-1 大型局域网逻辑结构层次   图 9-2 中小型局域网逻辑结构层次

对于由几十台计算机构成的小型网络,可以不必采取分层设计的方法,因为规模太小了,不必分层处理。

目前快速以太网能够满足网络数据流量不是很大的中小型局域网的需要。但是在计算机数量超过数百台或网络数据流量比较大的情况下,应采用千兆以太网技术,以满足对网络主干数据流量的要求。

网络主干和分支方案确定之后,就可以选定交换机产品了。现在市场上交换机产品品牌不下几十种。性能最高的当属 Cisco、3Com、Avaya 等国外交换机品牌,这些产品占领了高端市场,价格也是非常昂贵的;以全向、神州数码 D-Link、实达、长城、清华紫光、TCL 为代表的国内交换机厂商的产品具有非常高的性能价格比,也可以选择。交换机的数量由联入网络的计算机数量和网络拓扑结构来决定。

9.1.3 布线方案和布线产品的确定

现在布线系统主要是光纤和非屏蔽双绞线的天下,小型网络多以超五类非屏蔽双绞线为布线系统。因为布线是一次性工程,因此应考虑到未来几年内网络扩展的最大点数。

布线方案确定之后,就可以确定布线产品了,现在的布线产品有许多,如安普、IBM、IBDN、德特威勒等,可以根据实际需要确定。

9.1.4 服务器和网络操作系统的确定

服务器是网络数据储存的仓库,其重要性可想而知。服务器的类型和档次应与网络的规模和数据流量以及可靠性要求相匹配。

如果是几十台计算机以下的小型网络,而且数据流量不大,选用工作组级服务器基本上可以满足需要;如果是数百台左右的中型网络,至少要选用3~5万元左右的部门级服务器;如果是上千台的大型网络,5万元甚至10万元以上的企业级服务器是必不可少的。

市场上可以见到的服务器品牌也非常多,IBM、惠普、康柏等国外品牌的服务器享有比较高的品牌知名度,但是价格也比较高;国产品牌服务器的地位也在不断提升,如浪潮、联想、长城、实达、方正等。

服务器的数量由网络应用来决定,可以根据实际情况,配备E-mail服务器、Web服务器、数据库服务器等,也可以让一台服务器充当多种服务器角色。

网络操作系统基本上是三分天下:微软的Windows 2000 Server或Windows Server 2003、传统的Unix和新兴的Linux,可以根据网络规模、技术人员水平、资金等综合因素来决定究竟使用什么网络操作系统。

9.1.5 其他

局域网的设计还包括不间断电源、网络安全、互联网接入、网络应用系统等方面的设计,由于篇幅所限,就不再一一叙述了。

9.2 局域网的组建实例

9.2.1 Windows环境中对等网的组建

1. 对等网络的基本概念

在一个对等网络里,没有专门的服务器,计算机之间也没有级别之分。所有的计算机都是平等的。每一台计算机都作为它自己的服务器,并且在网络上没有负责管理整个网络的网络管理员。各个用户自己决定在网络上共享他或她计算机上的哪些数据和不共享哪些数据。每一台计算机都可以当作一个独立系统使用。这和客户机/服务器结构不同,因为在客户/服务器结构里,一些计算机被指定用于为其他计算机提供服务。

2. 对等网络优点

对等网络有4个主要优点:

①对等网络相对较容易实现和操作。它只不过是一组具有网络操作系统允许对等的资源共享的客户计算机。因此,建立一个对等网络只需获得和安装局域网的一个或多个集线器、计算机、连接导线以及提供资源访问的操作系统就可以了。

②对等网操作的花费较少。它们不需要复杂、昂贵、精密的服务器和服务器需要的特殊管理和环境条件。位于桌面上的每一台计算机只需要由使用它的用户来维护就可以了。

③对等网络可使用人们熟悉的操作系统来建立,例如 Windows 98/2000/XP 等。

④对等网络由于没有层次依赖,因此,它比基于服务器的网络有更大的容错性。对等网络中任何计算机发生故障只会使网络连接资源的一个集变为不可使用。

3. 对等网络的局限性

①用户必须保留多个口令,以便进入它们需要访问的计算机。

②由于缺少共享资源的中心存储器,增加了用户查找信息的负担。

③和网络资源一样,安装也是平均分配的。对等网络中的每一台计算机的用户都可作为计算机的管理员。

4. 硬件配置

①个人计算机或者工作站。

②网卡。选用与 Novell NE 2000 兼容的符合 Windows 即插即用的网卡。网卡与网络电缆的接口有两种,一种是同轴电缆的圆形接口,一种是双绞线的方形接口,有的网卡是两种接口都兼容的,可根据所用网线选用不同接口的网卡。

③网线。可用同轴电缆或双绞线。

④HUB 的选用。HUB 有 8 口、12 口、16 口等各种类型,选择时,其接口的数量要大于你的计算机的数量。

⑤双绞线接头(RJ-45 接头)。

5. 规划对等网络

将集线器放置在一个离公司里所有的计算机都比较近并且靠近电源的地方。要确保所有的电缆都不能通过走道,并且电缆要足够长,以插到集线器接口上。使用集线器的一个首要好处是,当某条电缆或者某台计算机出故障时,仅仅连接这条电缆的计算机和出故障的计算机会受到影响,而网络上的其他计算机不会受到影响。有很多种类型的集线器可供选择。选择哪种类型取决于网络的类型和使用的电缆类型。

6. 网络硬件的安装

(1) 网卡的安装

与安装其他任何硬件卡一样,将网卡插入 PC 机的一个 PCI 插槽中,固定好即可。

(2) 双绞线接头(RJ-45)的标准及制作

关于 RJ-45 头的边接标准有两个,即 T568A 和 T568B(如图 9-3 所示)。二者只是颜色上的区别,本质的问题是要保证 1-2 线对是一个绕对、3-6 线对是一个绕对、4-5 线对是一个绕对、7-8 线对是一个绕对。

不要在电缆一端用 T568A,另一端用 T568B,因为这个混用跨接线是特殊接线方法(如图 9-4 所示)。如两台电脑接连时为了省去一个 HUB 就可以用 T568A/T568B 的混用方法;两台 HUB 连接时,也采用此接法。T568B 接线方法与制作(如图 9-5)和(如图 9-6 所示)。

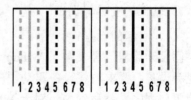

图 9-3 RJ-45 头的边接标准

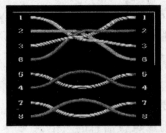 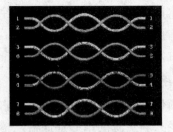

图 9-4　混用跨接线法　　　　图 9-5　T568B 接线方法

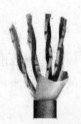 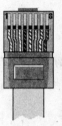   

图 9-6　RJ-45 头的打线步骤（从左至右）

其具体制作方法如下：
1）先抽出一小段线，然后把外皮剥除一段。
2）将双绞线反向缠绕开。
3）根据标准排线：注意这里是非常重要。
4）剪齐线头。
5）插入插头。
6）用压线钳夹紧。
7）使用万用表或测试仪测试。

（3）HUB 的安装与连接

把接好接头的双绞线的一端插入计算机的网卡上，另外一端插入 HUB 的接口中，接口的次序不限，然后将 HUB 所带的小整流器的电源输出端插入 HUB 的电源接口，接上电源。最后的结果是每一台计算机都用一根双绞线与 HUB 连接，这种网络的布线方式被称为"星形拓扑"。

7．软件的安装与调试

（1）网卡的设置

假设计算机已经安装了 Windows 系统，如果用的是即插即用的网卡，开机时系统会提示发现新设备，要求加载设备驱动程序，这时可插入随卡所带的软盘，找到该网卡 Windows 98 下的驱动程序，然后安装。对于 Windows XP 来说，一般能自动识别大部分网卡，不需另外安装驱动。

如果 Windows 98 启动时没有找到网卡，可双击"我的电脑/控制面板"下的"添加新硬件"，然后选择"搜索新硬件"，再按上述方法加载设备驱动程序，确认后重新启动计算机。有可能计算机提示网络适配器工作不正常，这有可能是网卡的中断或输入输出地址与其他设备有冲突，可以在"控制面板/系统/设备管理/网络适配器/属性/资源"中重新设置网卡的中断和输入输出，可解决冲突问题。网卡的设置完成以后进行网络的设置。

（2）网络的设置

如果安装的是 Windows XP 系统，基本上不用对网络进行设置；如果安装的是 Windows 98 系统，则进入"控制面板\网络"，可以看见安装好的网卡已经在里面了，这时单击"添加"。

1）双击"客户"，选"厂商"下"MICROSOFT"中的"网络客户\MICROSOFT 客户"，然后按"确定"。

2）双击"协议"，选"厂商"下"MICROSOFT"中的"网络协议—IPX/SPX 兼容协议"及"NetBEUI"，然后按"确定"。

3）双击"服务"，选"厂商"下"MICROSOFT"中的"网络服务\MICROSOFT 网络的文件和打印机共享"，按"确定"。

4）在"基本网络登录方式"中选"MICROSOFT 网络登录"。

5）确认"文件和打印共享"中的两项都已选中。

6）在"标识"中输入计算机名称和工作组名称，每台机器应该有不同的名称，而工作组的名称最好相同，这样在互相访问时要方便一些。

7）最后按"确定"，这时系统会提示你放入 Windows 98 的安装盘，安装好相应的驱动程序后，重新启动系统。开始系统会提示你输入登录的名称和密码，如果不输入密码，以后进入系统时，就不需要密码了。这时一个网络已经在你的几台计算机之间形成了。

8．网络资源的共享

双击"我的电脑"，在其中一项，将鼠标移到一图标，比如 C 盘，用右键单击，会弹出一个菜单，单击"共享"，将"共享为"一项选中，在"共享名"一项中为 C 盘起一个名字，比如"DISKC"，设置访问类型可以是"只读"（只能读不能写）、"完全"（可读、可写、可删）和"根据口令访问"（由口令决定访问权限），然后输入相应的口令，一般情况下设为"只读"即可。你可对任意的软驱、硬盘、光驱甚至是磁盘上的某一目录或者文件设置为共享与否，这样在共享磁盘的同时，还可以在硬盘上保留你自己的一个目录，用来存放私人信息。当所有的机器都设置好了以后，就可以像访问自己的一样访问其他计算机的硬盘了。在 Windows 桌面上，有一个"网上邻居"的图标，双击"网上邻居"，所有联网的计算机都会出现在上面，只要双击一台计算机，就可以访问该计算机的共享资源了。

如果经常用某个网络驱动器，可以把某个网络驱动器映射到自己的计算机上。首先在桌面上用右键单击"我的电脑"，会弹出一个菜单，选"映射网络驱动器"，在"驱动器"中选择你所映射的网络驱动器在你计算机中所占的盘符，"路径"指你所要映射的网络驱动器，"登录时重新连接"是选择重新启动计算机时是否再次连接此映射。比如，你想映射的驱动器在网络中的名为"COMPUTER1"的计算机上的驱动器"C："，它的名字是"DISKC"，把它映射到自己的计算机上作为"G："盘，下次启动时还保留此驱动器，那么在"驱动器"一项中选"G："，在"路径"一项中输入"\\COMPUTER1\DISKC"，选中"下次登录时重新连接"，再按"确定"，再次打开"我的电脑"时，就能看到"G："盘了，不过对"G："盘的读写操作要受到网络驱动器最初共享级别设置的限制。

到此，一个简单好用的局域网就设置完了。在网络上共享资源，无论是文件的传递还是打印机的使用都十分方便。这种网上每一台计算机都可以互相访问，计算机之间也没有主次之分，各自都有绝对的自主权的网络被称为对等式的网络（Peer To Peer），也叫点对点的网络。这种网络的优点是安装维护方便，不需要专门的服务器，价格也就相应地便宜很多。

9.2.2 网吧的组建

网吧是向公众开放的、通过计算机等装置提供上网经营服务的互联网上网服务营业场所。本实例提供了一般中小型网吧组建方法:

1. 软件配置

- 操作系统: Windows 98 操作系统。
- 浏览器: IE5.0 浏览器。
- 通信聊天工具: ICQ、OICQ。
- 压缩、解压工具: WinZip。
- 虚拟网关软件: SYGATE。
- 其他工具: 东方快车、东方网神、下载工具、上载工具、网页制作工具等等。

再用一个 GHOST 备份一份安装完全的系统,这样恢复起来很方便。

2. 硬件配置

由于使用 Windows 98 操作系统,硬件配置如下:

- 服务器: CPUPⅣ2.4G, 内存 256M, 硬盘钻石 120G, 网卡 D_LINKPCIRJ45 单口, 外置 56KModem (如果上机客户超过 5 位,可以考虑 ISDN), 光驱、软驱、声卡、显示器等。
- 客户机: CPUPⅡ400, 内存 128M, 硬盘 QT20G, 网卡 ISA 单口 RJ-45, 声卡, 显卡, 显示等。从经济角度考虑客户机上可不安装光驱和软驱。
- 网络工具: 压线钳、万用表、打线器 (可选)、专用测试仪 (可选)。
- 网络设备: HUB16 口一个、双绞线 (若干)、RJ-45 接头 (若干)、线槽 (可选)、接线盒 (可选)。

3. 布线方案

有两种布线方案: 一种是总线型结构组成的网络,一种是星形结构组成的网络。这两种结构各有优缺点,在前面的相关章节中已有较详尽的介绍,这里就不多述了。本实例采用星形结构,如图 9-7 所示。

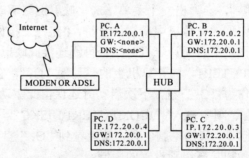

图 9-7 本实例网络结构图

4. 网络电缆 RJ-45 头制作 (见上节相关内容)

5. 软件设置

1) 拨号网络的配置,先安装好 Modem ("开始/控制面板/调制解调器");然后建一个拨号连接("我的电脑/拨号网络/建立新连接")。

2）网络适配器的安装、协议及服务的安装，前面已有详尽的介绍，这里就不再赘述。

3）SyGate 软件的安装设置（参见第 5 章第 1 节的相关内容）。

9.2.3 办公局域网的组建

下面以一个学校的办公局域网的组建为例来说明一般办公局域网的组建步骤：

1. 网络规划

（1）拓扑关系

采用总线—星形混合结构，服务器、管理机各楼层 HUB，用细缆连接，构成总线网；各楼之间以 8 口 HUB 为中心，用双绞线连接，构成星形结构，如图 9-8 所示。

（2）操作平台

采用 Server/Client 方式，服务器放在三楼主机房，操作平台采用 Windows 2000 Advanced Server 版；工作站分布在一号楼的一至四楼和二号楼的二楼至三楼，共 24 台，操作系统采用 Windows 98 中文版；管理机采用 Windows 98 中文版，在管理机上安装代理服务器软件 WinGate3.05。

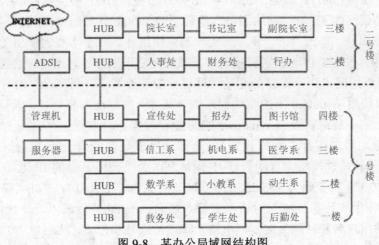

图 9-8 某办公局域网结构图

（3）硬件配置

● 服务器：一台

配置：CPU，P4/2.4；内存，512M；硬盘，QT120G；软驱，1.44M；CD-ROM，52x；网卡，PCI 双口（RTL8029）。

● 管理机（兼作 Internet 代理服务器）：一台

配置：CPU，P4/2.4 或更高；内存，512M；硬盘，QT120G；软驱，1.44M；CD-ROM，52x，网卡：PCI 双口（RTL8029）。

ISDN 设备，电话线一根。

● 工作站：24 台

相对服务器和管理机而言，其配置可以要求低一些。

（4）软件配置概述

在 Windows 2000 服务器上配置 DCHP、DNS、IIS 服务；建立网络用户，为各用户建立共享目录及设置安全权限。在管理机上配置代理服务器；在工作站上设置 Web 浏览器和连接映射共享目录。

2．Windows 2000 Advanced Server 的安装、设置页首

（1）安装

Windows 2000 Advanced Server 支持即插即用技术，操作系统能够自动识别 PNP 设备，若使用了非 PNP 设备，则需手工配置一些参数以避免设置冲突。Windows 2000 Server 中文版的安装盘为自启动光盘，所以，先在 cmos 中设置为 CD-ROM 启动，用安装启动系统，安装过程会自动进行，Windows Advanced Server 中文版提供了一个中文的安装向导，总的安装流程为：硬盘分区设置→区域选择设置→个性化 Server 设置→用户许可协议设置→管理员密码设置→安装组件的选择→网络设置→服务器的配置。

在建立分区时，以 NTFS 格式进行格式化；区域选择完毕后，系统提示输入计算机名，用户可自行输入，本实例为：LBFS,安装过程中系统会自动创建一个名为：Administrator 的用户账号，此账号用户具有管理计算机所有设置的特权，一定要为此账号设置一个口令（此口令区分大小写）；选择用户许可时可选择"每服务器"方式。在作"Windows 2000 组件选择"时，选以下组件：Internet 信息服务 IIS（此组件为用户提供 Web 站点的创建、设置和管理技术）；NNTP 服务；SMTP 服务；World Wide Web 服务器；FTP 服务器；域名服务器（DNS）；动态主机配置协议（DCHP）；"网络服务"组件下的 Windows Internet 命名服务（wins）。

组件选定完毕后，单击"下一步"开始安装网络组件，对于本实例使用的网卡（TE3500 芯片为 RTL8029）系统能自动识别和驱动，若系统无法识别你的网卡，便会提示要求插入驱动盘，此时，可以用网卡厂家提供的驱动程序进行安装设置，若驱动盘上没有 Windows 2000 驱动程序，可以使用 Winnt4.0 下的驱动程序试一试，一般都能顺利通过，若仍不能通过可以到厂家的网站上去下载最新版的 Windows 2000 驱动程序。

网卡正常驱动后，进行"网络设置"，选择"自定义设置/下一步"，选"Internet 协议（TCP/IP）"显示其属性，将"自动获取 IP 地址"改为"使用下面的 IP 地址"并输入 IP 地址，如：172.20.0.1 子网掩码为 255.255.255.0 默认网关为 172.20.0.1；单击"确定"，单击"下一步"，在"工作组或计算机域"对话框中输入域名：toplan，单击"下一步"，在"授权把计算机加入域的用户名和密码"文本框中输入管理员账号和密码，然后单击"确定"，忽略警告信息，单击"是"加入域，开始安装设置以上选择的组件，完毕后单击"完成"，计算机重新启动，服务器安装便完成了。

（2）设置

重启系统后，在出现用户登录信息时，按"Ctrl+Alt+Del"组合键，输入系统管理员密码，按回车后进行首次登录，进入后，系统自动运行"配置服务器"程序，如图 9-9 所示。

活动目录的配置（Active Directory）。活动目录是管理的基础，只有配置了目录服务之后管理员才能对用户账号、组进行设置和管理。在"Windows 2000 配置你的服务器"窗口中，单击"Active Directory"，单击"启动"，启动"Active Directory 向导"，单击"下一步"，在"创建目录树或子域"窗口中选定"创建一个新的域目录树"；单击"下一步"，在"新域的 DNS 全名"文本框中，输入域名，例如：xgzd.com；单击"下一步"；等待一段时间，在域 NetBIOS 名文本框中，输入识别域名，例如：toplan；单击"下一步"；出现"数据库和日志文件位置"设置框，可以按默认路径设定；单击"下一步"继续安装，保持共享系统卷位置不变，单击"下一步"，出现"无法与 xgzd.com"的 DNS 的服务器取得联系，提示单击"确定"选定"是"，在这台计算机上安装和配置 DNS，单击"下一步"进入 DNS 设置；"权限"按默认值选定；单击"下一步"，输入目录服务恢复模式的管理员密码，单击"下一步"；此时出现摘要信息，若一切正常，则单击"下一步"系统将根据你的选择，配置 Active Directory，经过几分钟左右运行，安装结束，单击"立即重新启动"重启后，指定活动目录即建立完毕。

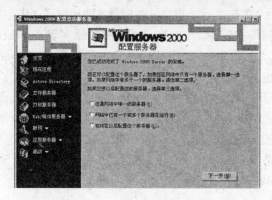

图 9-9 "配置服务器"程序

域名服务器 DNS 的配置。单击"开始/管理工具/配置服务器/联网/DNS/管理"，DNS 启动"DNS"管理界面，如图 9-10 所示。

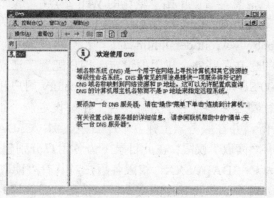

图 9-10 "DNS"管理界面

单击"操作"菜单下的命令"连接到计算机"，选定"这台计算机"和"立即连接到指定计算机"，然后"确定"。此时服务器机器名出现在管理窗口中，本实例为：LBFS，依次单击 LBFS、正向搜索区域、xgzd.com 前面的扩展分支号"+"，出现域名 xgzd.com 时，在 xgzd.com 上右键单击，在弹出菜单中选取"新建域"命令，输入新域名，本例为：toplan，确定后在 xgzd.com 目录下出现 toplan 目录，右击此目录，选择"新建主机"命令出现"新建主机"对话框，依次输入主机名称和 IP 地址，主机名称：www，IP 地址为 172.20.0.1。然后单击"添加主机"按钮，再添加 3 个主机，分别为：ftp、mail、news IP 地址均为：172.20.0.1。经过以上设置后，我们已经建立了 4 个主机，对应的域名分别为：www.xgzd.com 用于内部主页服务。

- ftp.xgzd.com 用于文件传送服务。
- mail.xgzd.com 用于内部电子邮件系统。
- news.xgzd.com 用于内部新闻组。

DHCP 服务器的配置（若在工作站人为指定 IP 地址，则此步骤可省略）。与配置 DNS 类似，打开 DHCP 服务器配置界面单击"打开"出现 DHCP 管理界面。右键单击服务器名，选择"新建作用域"，出现新建作用向导，单击"下一步"；任意输入一个名称，单击"下一步"；输入 IP 地址的范围，例如：172.20.0.100－172.20.0.160 单击"下一步"；在添加排除中，不输入任何信息，单击"下一步"在租约期限中，按默认值设定，单击"下一步"选择"是我想现在配置这些选项"后，单击"下一步"在路由器（默认网关）中设定 IP 地址为 172.20.0.1，单击"下一步"在"子域"中输入"xgzd.com"，服务器名输入"LBFS"，单击"解析"；再单击"添加"，然后单击"下一步"；出现选择 WINS 服务器，输入服务器名称：LBFS；单击"解析/添加/下一步"，选择"是，我想现在激活此作用域/下一步/完成"。

IIS 服务器的配置。IIS 是一个信息服务系统，主要是建立在服务器一方。服务器接收从客户发来的请求并处理它们的请求，而客户机的任务是提出与服务器的对话。只有实现了服务器与客户机之间信息的交流与传递，Internet/Intranet 的目的才可能实现。在 Windows 2000 中集成了 IIS5.0 版，这是 Windows 2000 中最重要的 Web 技术，同时也使得它成为一个功能强大的 Internet/Intranet Web 应用服务器。

具体设置如下：

与配置 DNS 类似，打开"配置服务器"界面，单击"Web/媒体服务器"；选择"Web 服务器"，在右边窗口中单击"打开"链接，此时出现 Internet 信息服务窗口；展开后，可以看到默认的 FTP 站点等站点信息，右键单击"默认的 Web 站点"，选"属性/主目录"可设置本地路径、权限等；选"文档"卡片，可设置默认文档顺序。将公司内部首页以 defalt.htm 命名，并将其覆盖 C:\Inetpub\wwwroot\defalt.htm。

域用户各共享目录的建立及其安全权限的设定。用户配置了活动目录并指定子域之后，可以使用"Windows 2000 Server"中提供的"Active Directory 用户和计算机"管理工具对网络上的用户和计算机进行管理。本实例中为每一台工作站设定一个用户名，例如：RSC（人事处）、SXX（数学系）等，并在服务器上建立一个目录，例：C:\DATA，将此目录共享，并将权限设为各用户对其有"读取"权限；在此目录下为各用户分别建立一个共享目录，例如：SXX（数学系）的目录为 C:\DATA\SXX，权限各用户对其有"读取"权限，SXX 用户对其拥有"完全控制"权限。对于一些公开性的文件（如教案、课件等）存放于此目录下，便于各办公室间的信息交流；对一些需要加密的文件（例如：试卷、内部财务数据、商业机密等），可为此类用户另建一目录，根据情况设置各用户对它的权限。

3. 代理服务器的架设

要使建立好的 Intranet 与 Internet 实现连接，可以采用多种解决方案，本实例使用代理服务器软件，使整个局域网共用一个 ISP 账号连接 Internet，代理服务器软件采用功能强大的 WinGate。

（1）准备工作

安装 TCP/IP 协议。WinGate Server 与工作站是通过 TCP/IP 协议进行通信的，因此在安装 WinGate 之前，必须为网卡捆绑 TCP/IP 协议。IP 地址为 172.20.0.3，子网掩码为 255.255.255.0。

检查管理机能否正常连接 Internet。驱动 ISDN 设备，配置好"拨号网络"，并为其建立新的连接，使用 ISP 商提供的账号及密码，连接 Internet，确保能够正常上网。

（2）安装 WinGate 3.05

安装时，双击下载的 EXE 文件，就可以进行安装，安装过程比较简单，可以按默认值一直进行到底，结束安装时，系统将重新启动，并且将 WinGate 自动设置到启动组中，因此，每次启动管理机时 WinGate 将自动运行。

（3）代理服务器的设置

安装 WinGate 完毕重启计算机后，可以在任务栏看到 WinGate 的图标，如图 9-11 所示。右键单击此图标，选择"Start Gatekeeper"单击，启动 WinGate 的看门人管理程序，此程序用于 WinGate 的各项设置。初次启动 Gatekeeper，将出现一个登录窗口，确定后进入，系统提示输入管理员 Administrator 新密码，输入后再次启动 Gatekeeper，就必须输入密码，才能进入 Gatekeeper。

图 9-11　WinGate 的图标

Gatekeeper 界面分为左右两栏，如图 9-12 所示。右边为当前活动记录，显示用户访问 Internet 的情况，左边为各种设置项，包括 3 个功能卡，分别是"System"、"Services"、"Users"。在"System"功能卡中，可以设置 DHCP、GDP、DNS、Caching、Scheduler 和 Dialer。大多数设置可以按默认值设定。双击 Caching 项可以设置缓存区的大小，设置缓存可以使访问速度成倍提高，在本实例中将缓存的大小设为 50MB；双击 Dialer 项，可以进行拨号网络的设置，在"Dialer Properties"窗口中，从"Connect as required……"下拉式列表中选择用 ISDN 建立的连接，单击"OK"设置完毕；在"Services"功能卡列出了各种代理服务的端口号，这给我们在客户端设置一些软件，提供了数据来源，例如：POP3 Proxy Server 的端口为 110，FTP Proxy Server 的端口为：21，WWW Proxy Server 的端口为：80。在 Users 功能卡中可以管理用户和组。

图 9-12　Gatekeeper 界面

4．工作站端的安装及设置

（1）常用办公软件的安装

在工作站端安装 Windows98 简体中文第二版之后，安装 Office 2000、Foxpro 6.0、各部门专用软件，例如：各教学办公室的课件系统、人事处的人事管理系统、教务处的自动排课系统等。

(2) 网络设置

①添加协议。为网卡捆绑 TCP/IP 协议,并设置其属性。右键单击"网上邻居",选择"属性",出现"网络"窗口,在此窗口下的"配置"卡上设置主登录方式为"Microsoft 网络用户"并将 Microsoft 网络用户的属性设置为登录到 Windows NT 域,域名为:Toplan,在网络登录选项中,选定"登录及恢复网络连接",如图 9-13 所示;若服务器已安装 DHCP,则设定网卡 TCP/IP 的 IP 地址设为"自动获取 IP 地址",若服务器没有安装 DHCP,则可直接指定 IP 地址。在 DNS 配置、网关、WINS 配置的设置中,将 172.20.0.1 添加到搜索区来。

②共享目录的连接。以 SXX(数学系)为例说明如下,SXX 用户对共享目录 SXX 有完全控制权限,对 DATA 目录有读取权限,为方便日后文件的保存和交流,将 SXX 目录映射为 G 盘,将 DATA 目录映射为 H 盘,并将其图标拖放至桌面,根据需要将其重命名,使之更加直观。

③浏览器的设置。作为客户端,并不需要安装任何附加软件,只需简单地设置一下浏览器,就可以共享管理机(代理服务器)上的 ISND 设备上网冲浪。具体设置如下(以 IE5 为例):打开 IE5 浏览器、单击"工具"菜单、单击"Internet 选项"、单击"连接"卡片、单击"局域网设置"、在"局域网(LAN)设置"对话框中,选定使用代理服务器,地址为管理机的 IP 地址:172.20.0.3,端口号为:80,如图 9-14 所示,设置完毕后按"确定"按钮退出。

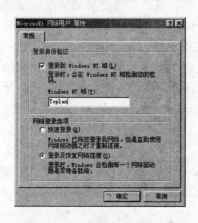

图 9-13 选定"登录及恢复网络连接"

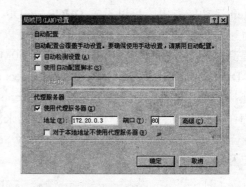

图 9-14 局域网设置

5. 测试网络功能

经过以上的安装设置之后,所有功能需经测试后,才能投入使用,主要测试包括以下几个方面:

①内部文件的传送和处理。登录各用户端工作站,检查该用户对各共享目录的权限是否正确,文件能否正确地传送,例如用户 SXX(数学系)对 G:有完全控制权,数学系的教师,可以将需公开的文件写入此目录,而对 H:则只有读取权,在 H:下的各目录为其他办公室的公开文件。对于本办公室的秘密目录(例如试卷目录),本用户有完全控制权限,打字室用户对其有完全控制权限,教务处以其有读取权,便于对试卷的审核,其他办公室用户对此目录无任何权限,以保证信息的安全。

②Intranet 功能测试。可以在任一台网络工作站上登录服务器,打开 IE5 浏览器,在地址栏中输入服务器的域名,例如:http://www.xgzd.com 此时应可以打开公司内部主页。其他软件的设置,可以根据 WinGate 提供的端口数据进行设置,例如 FTP、OICQ、E-mail 等。

③Internet 连接测试。打开管理机,并通过 ISDN 连入 Internet,登录一工作站,输入一个互联网网址,看是否能够连接。

6. 总结

建立 Intranet 的目的是为了拓展信息资源的应用范围、提高信息管理的质量、简化信息资源的管理和访问,最终达到提高工作效率。与 Internet 的连接是要建立企业或事业单位与互联网交换信息资源的通道。本实例建立的局域网基本上能够实现上述功能,然而网络建成,仅仅是应用的基础,基于网络的数据库开发、与生产信息的连接、与管理软件有机的结合,才能真正发挥网络巨大的作用。

【本章小结】

本章在已具有前面相关知识的前提下,给出 3 个局域网组建的实例,即:在 Windows 环境中对等网的组建、中小型网吧的组建及一般办公局域网的组建方法。

【习题】

简答题

1. 在组建局域网时,一般要遵循哪些原则?
2. 在组建局域网时,一般的设计步骤如何?

【实验】

在实验室或寝室(如有条件的话)里组建一个 Windows 系统对等网。

内 容 提 要

本书系统地介绍了计算机网络的基本概念、数据通信的基础知识、计算机网络的体系结构、网络互联、Internet及其使用、网络操作系统、网络管理和网络安全、Intranet与电子商务等内容。为方便读者在学习理论知识的同时，又能获得一些实用技能，本书最后两章还讲到了网页制作技术及局域网的组建方法。本书难度适中，理论结合实际，能够反映网络技术的最新发展。

本书既可作为中等职业教育的计算机网络课程教材，也可作为计算机网络管理人员的参考用书。

图书在版编目（CIP）数据

计算机网络技术与应用/武马群主编．—北京：北京工业大学出版社，2008.6
ISBN 978-7-5639-1512-5

I. 计… II. 武… III. 计算机网络—基本知识 IV. TP393

中国版本图书馆 CIP 数据核字（2005）第 132838 号

计算机网络技术与应用

（第2版）

武马群　主编

刘　冰　编著

※

北京工业大学出版社出版发行
邮编：100022　电话：（010）67392308
各地新华书店总经销
徐水宏远印刷有限公司印刷

※

2008年7月第2版　2008年7月第1次印刷
787 mm×1 092 mm　16 开本　14.25 印张　342 千字
ISBN 978-7-5639-1512-5/T·246
定价：23.00元